科学与中国

十年辉煌 光耀神州

科技创新方法集

白春礼 主编

图书在版编目（CIP）数据

科学与中国：十年辉煌 光耀神州（10集）/白春礼主编. —北京：北京大学出版社，2012.10

ISBN 978-7-301-21103-8

I. 科… II. 白… III. ① 科技发展–成就–中国 ② 技术革新–成就–中国 IV. ① N12 ② F124.3

中国版本图书馆CIP数据核字（2012）第189567号

书　　　名：	科学与中国——十年辉煌 光耀神州（10集）
著作责任者：	白春礼　主编
丛 书 策 划：	周雁翎
丛 书 主 持：	陈　静
责 任 编 辑：	陈　静　李淑方　于　娜　郭　莉
	邹艳霞　刘　军　唐知涵　周雁翎
标 准 书 号：	ISBN 978-7-301-21103-8/G·3485
出 版 发 行：	北京大学出版社　　新浪官方微博：@北京大学出版社
地　　　址：	北京市海淀区成府路205号　100871
网　　　址：	http://cbs.pku.edu.cn
电　　　话：	邮购部 62752015　发行部 62750672
	编辑部 62767857　出版部 62754962
电 子 信 箱：	zyl@pup.pku.edu.cn
印　刷　者：	北京中科印刷有限公司
经　销　者：	新华书店
	650毫米×980毫米　16开本　200印张　1690千字
	2012年10月第1版　2013年5月第2次印刷
定　　　价：	860.00元（10集）

未经许可，不得以任何方式复制或抄袭本书之部分或全部内容。
版权所有，侵权必究
举报电话：010-62752024　电子信箱：fd@pup.pku.edu.cn

编委会名单

主　编　白春礼

委　员（以姓氏笔画为序）

王　宇　　王延觉　　石耀霖　　叶培建　　戎嘉余
朱　荻　　朱邦芬　　朱雪芬　　刘嘉麒　　安耀辉
孙德立　　李　灿　　吴一戎　　何积丰　　张　杰
张启发　　陈凯先　　陈建生　　周其凤　　南策文
侯凡凡　　郭光灿　　曹效业　　康　乐

秘书处

周德进　　王敬泽　　刘春杰　　曾建立　　李　楠
邱成利　　刘　静　　李　芳　　欧建成　　丁　颖
赵　军　　谢光锋　　林宏侠　　马新勇　　申倚敏
张家元　　傅　敏　　向　岚　　高洁雯

序　言

　　十年前,由中国科学院牵头策划,并联合中共中央宣传部、教育部、科学技术部、中国工程院和中国科学技术协会共同主办的"科学与中国"院士专家巡讲活动拉开了帷幕。这项活动历经十载,作为我国的一项高端科普品牌活动,得到了广大院士和专家的积极响应,以及社会公众的广泛支持和热烈欢迎。十年来,巡讲团举办科普报告800余场,涉及科技发展历史回顾、科技前沿热点探讨、科学伦理道德建设、科技促进经济发展、科技推动社会进步等五个方面,取得了良好的社会反响,在弘扬科学精神、普及科学知识、传播科学思想、倡导科学方法等方面作出了突出的贡献。

　　"科学与中国"院士专家巡讲团由一大批著名科学家组成,阵容强大,演讲内容除涉及自然科学领域外,还触及科学与经济、社会发展等人文领域,重点针对"气候与环境"、"战略性新兴产业"、"科学伦理道德"、"振兴老工业基地"、"疾病传染与保健"等社会关注的焦点问题和世界科技热点,精心安排全国各地的主题巡讲活动。同时,该活动还结合学部咨询研究和地方科技服务等工作开展调查研究,扩大巡讲实效。近年来,巡讲团针对不同人群的需要,创新开展活动的组织形式,分别在科技馆和党校开辟了面向社会公众和公务员的"科学讲坛"科普阵地,举办了资深院士与中小学生"面对面"对话交流活动。这些活动的实施在激励青少年学生成长成才和献身科学事业、培养广大领导干部科学思维与科学决策、引导社会公众全面正确认识科学技术等方面都起到了积极作用。如今,"科学与中国"院士专家巡讲活动已经成为我国高层次的科学文化传播活动,是科学家与公众的交流桥梁,是科学真谛与求知欲望紧密联结的纽带,是传播科学的火种。

科技创新,关键在人才,基础在教育。进入21世纪以来,世界科技发展势头更加迅猛,不断孕育出新的重大突破,为人类社会的发展勾勒出新的前景,世界政治、经济和安全格局正在发生重大变化。随着人类文明在全球化、信息化方面的进一

序　言

步发展，国家间综合国力的竞争聚焦于科技创新和科技制高点的竞争，竞争的重点在人才，基础在教育。胡锦涛同志在2006年全国科学技术大会上曾经指出，要"创造良好环境，培养造就富有创新精神的人才队伍"。是否能源源不断地培养出大批高素质拔尖创新人才，直接关系到我国科技事业的前途和国家、民族的命运。由于历史的原因，作为一个人口大国，我国公众整体科学素养水平相对较低，此外，由于经济、社会发展不均衡，公众科学素养存在很大的城乡差别、地区差别、职业差别。所以，我国的科普工作作为公众科学教育的重要环节，面临着更加复杂的环境。中国科学院应当充分发挥自身的资源优势，动员和组织广大院士和科技专家以多种形式宣传科技知识，传播科学理念，积极开展科普活动，把传播知识放在与转移技术同样重要的位置，为培育高素质创新人才创造良好的环境条件并作出应有的贡献。

中国科学院学部联合社会力量共同开展高端科普工作的积极意义，不仅在于让公众了解自然科学知识，更在于提高公众对前沿科技的把握，特别是加深其对科学研究本身的思想、方法、精神、价值、准则的理解,这是对大中小学课程和社会公众再教育的重要补充。只有让公众理解科学,才能聚集宏大的人才队伍投身于科技创新事业,才能迸发持续不断的创新源泉,凝结为创新成果。

我们向社会公开出版院士专家的演讲报告文集,希望读者能够通过仔细阅读,深度体会科学家们的科学思想和科学方法,感受质疑、批判等科学精神和科学态度,理解科技的道德和伦理准则,把握先进文化和人类文明的发展方向,并在实际工作和社会生活中切实加以体会和运用。这也是中国科学院学部科学引导公众、支撑国家科学发展的职责之所在。

是为序。

2012年春

目 录

宋心琦：化学中的机会和挑战 / 1

韦　钰：科学教育和建设创新型国家 / 45

夏建白：突破人才培养障碍，培养创新型人才 / 79

秦伯益：文理交融　多元并举 / 105

徐光宪：化学与信息科学交叉的新园地的探索 / 135

柳传志：通过联想看中国企业发展的两个阶段 / 169

张　杰：超短超强激光与物质的相互作用 / 201

陆　埮：爱因斯坦与诺贝尔奖 / 239

贺贤土：参加核武器研制的经历与体会 / 261

林　群：从平面三角到微分方程 / 301

郑时龄：为创新型城市创造空间 / 319

杨福家：自主创新的关键 / 361

杨叔子：民族文化教育与自主创新道路 / 383

化学中的机会和挑战

宋心琦

一、我研究化学教育问题的原因
二、化学中的机会和挑战
三、如何提高科学素养
四、结束语：增强信心，迎接挑战

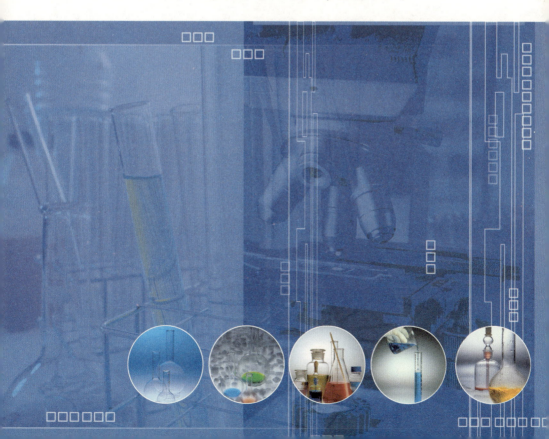

【作者简介】宋心琦,教授、博士生导师。1928年出生于江苏常熟,原籍江西奉新。1951年毕业于清华大学化学系,1952年清华大学化学系研究生肄业并留校任教。1983年任清华大学化学系教授,1991年任博士生导师,1992年起享受政府特殊津贴。曾任清华大学化学化工系副主任,清华大学现代化学与化学工程研究所副所长,清华大学化学系学术委员会主任,国家教委理科化学教学指导委员会(第一届)委员,中小学教材(化学)审查委员;担任过《物理化学学报》、《化学通报》、《应用化学》、《感光化学与光化学》、《大学化学》、《中国大百科全书》、《化学化工大词典》等刊物及词典编委;曾受聘为中科院化学研究所学术委员、北京化工大学、首都师范大学、北京教育学院、青岛大学、郑州大学、河北大学兼职教授;先后担任过北京化学会、中国化学会理事、常务理事、理事长等职。

长期从事无机化学、物理化学、结构化学及普通化学等课程的教学和研究生培养工作,并进行光化学和化学教育方面的研究工作。出版专著、译著约20部,发表论文近200篇。译著有《光化学——原理技术应用》、《光化学原理》、《化学动力学与传递》、《化学的今天和明天》等;科普著作有《未来化学中的激光》、《点石成金——神奇的碳》、《科学发现真伪辨》、《分子智能化猜想》、《化学的明天》、《大气的奥秘》等。

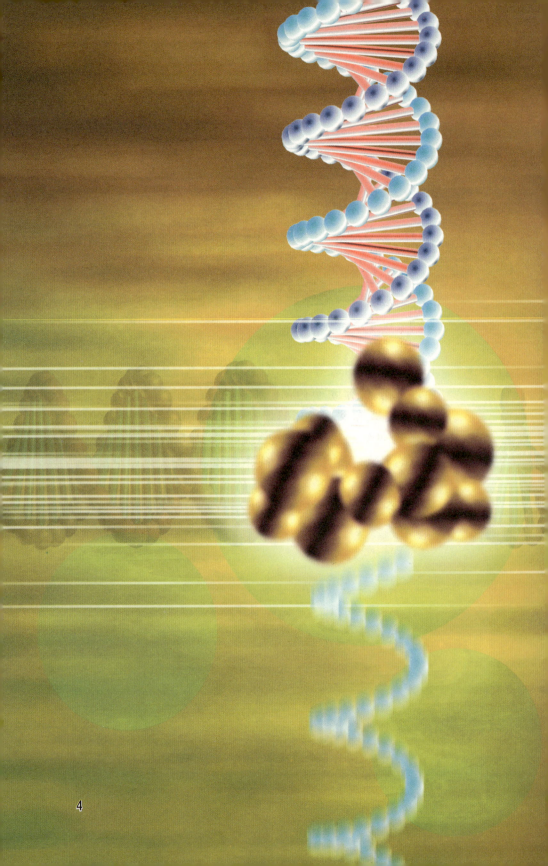

一、我研究化学教育问题的原因

除去研究激光与光化学之外,化学教育是我的另一个主要研究方向。研究这一问题的原因在于《科学的终结》这本书。1996年,《科学美国人》资深撰稿人、科普作家约翰·霍根(John Horgan)写了这本名为《科学的终结》(*The End of Sciences*)的书。我看到书名后感到非常吃惊,难道科学已经到达终点了吗?真是难以置信。当时国内找不到这本书,于是托在德国的一位留学生给我买了一本。书到后匆匆读了一遍,才知道这是作者通过对多位著名科学家,包括诺贝尔奖获得者的访谈后写成的。书中涉及的学科领域很多,如经典物理学、生物分类学、力学等等。受访者们认为,这些学科里可研究的基本问题已经剩下不多了,也就是接近完成了(这本书的中文译名可能不很恰当)。书的中译本出版后,曾经引起我国科学界的强烈反应,提出过许多批评和反对意见。当时我最关心的是,霍根是怎样介绍化学的,化学也将要终结吗?但是在书里找不到关于化学的论断。为什么不包括化学?我想有两个可能的理由:一个就是认为化学不算基础科学,只是一门实用性很强的学科,虽然几乎所有的和物质或材料相关的科学技术领域都离不开化学;另一种可能就是化学还远远没有成熟,有待于继续发展。也就是说,化学里还有很多基本问题仍有待于深入研究。这两种可能性的孰是孰非,化学界一直没有定论。由于这关系到化学教育的改革方向,值得花时间来研究。当时我还没有退休,为此专门立了一个课题,开始研究与21世纪化学学科和教育发展有关的问题。我的几位研究生对此也非常感兴趣,参与了有关资料的收集和分析研讨工作,在活跃学术思想和推进研究工作等方面,我们都得到不少启示。所以我对这项研究情有独钟,一直在做,化学教学研究也从大学扩展到了中学。

  我教书的时间很长,教过好几门课程。学科研究时间较短,主要在光化学领域。由于研究生们非常优秀,他们的工作成果和研究方法对我有很大的教益,也提高了我对研究化学教育改革的认识和兴趣。我认识到,化学的传统教育从内容到模式和学科的发展现状之间,存在着严重的脱节现象。学科发展生气蓬勃,日新月异,令人目不暇接,实在是太有趣了,但是教科书上写的东西好像就没多大意思。听说北大、清华化学系的同学对于基础课不太感兴趣,感觉化学好像就是需要死记硬背的一大堆事实、公式、名词定义;也有人说化学就像是第二外语,但是这个第二外语是没用的,就是符号等等。我相信这些情况的真实性,所以觉得这个问题很严重,这么一门重要的学科,生命力是如此之旺盛,应用是如此之广,为什么不能让学生感受到它的魅力和诱发深入学习的兴趣呢？并不完全是教学的问题，可能和大家对化学学科的现状和发展前景了解不够有关。因为基础是为将来的发展做准备的，假若对学科的发展前景不了解，就不会知道基础课的价值和重要性。

二、化学中的机会和挑战

21世纪的化学究竟存在什么样的机会和挑战？首先介绍外场效应。经典热力学除引力场外，是不考虑外场效应的。如果通过环境向体系输入除热能以外的其他形式的能量时，原来经典热力学中所判定的非自发过程，都有可能变成自发过程。而外场效应在现代科学技术中已经得到广泛的应用，有关外场效应的系统介绍和理论整合，应当是物理化学的一个发展方向。与化学相关的外场效应大都形成了化学中的一个个新的分支。其中电化学是大家所熟悉的，其次是同样已为人熟知但教材中涉及较少的光化学（Photochemistry）。利用光能改变化学体系的反应条件和产物，已经成为行之有效的研究方法之一。例如过去认为由于受到结构张力所限，无法合成的立方烷、正四面体烷，由于利用了光化学方法都获得了成功。近年来由于对能源日益匮乏的忧虑以及显示技术的不断更新换代，促使光化学的研究热情与日俱增。植物能够吸收太阳光里的一部分能量，实现光合作用并使之转化为储存于碳水化合物中的化学能，这个在地球上经历了亿万年的光化学反应，是化石燃料所储能量的起源。太阳能电池是另一种利用并储存光能的装置，目前这些过程或技术对太阳能的利用率并不高。根据观测和计算，太阳每天通过辐照向地球输送的能量，只相当于它所发出的总光能的几亿分之一，但是地球每天接收的光能却和人类有史以来所消耗的能量总和相近，所以太阳能是值得着重开发的新能源。目前利用率不高的原因在于，太阳光的频谱太宽，而植物或人造器件所能利用的频率却非常有限；具有挑战性的问题在于，模仿植物光合作用的研究一直没有取得实质性的突破；而太阳能化学电池对辐照光的频率要求过于苛刻（而且这个频段的光在太阳光中所占份额甚低），此外光催化剂价格昂贵和废弃后的污染等问题也都有待于解决。如果人工光合作用能够实现，粮食将可以成为工业产品，从而彻底摆脱靠天吃饭、靠地种粮的困境，这个设想目前还远未完成。

另一个是声化学（Sonochemistry），也称为超声化学。超声在化学合成、表面处理、选种，金属或硅片切割等方面应用很广泛。这个领域近年来一直受到重视。实验表明，超声进入液态体系后，声波周围将产生许多微型气泡，气泡内的瞬时压强能够达到10^5kPa的数量级，瞬时温度可高达10^4摄氏度的数量级。气泡爆裂过程中释放的能量作用于周围介质时,可以诱发很多效应,固体表面上的效应最为明显。所以对于很多包括固体反应物或催化剂的多相反应体系,在超声作用下都可以得出与平时不同的结果。20世纪60年代以前,我国在超声的物理效应和以此为基础的应用技术方面的研究已有相当的基础,60年代声化学曾一度受到关注,但是侧重于应用技术的探索,系统的基础研究工作一直做得不多,影响了它的发展。因为物体接受超声所施加的能量时,没有严格的选择性,所以声化学反应的机制和产物分布以及产率的重现性一直很差,以至于很难形成一种实用型技术。

另外还有磁化学(Magnetochemistry)。近年来国内外市场上出现了很多磁疗装置和器具,像能够产生可溶解胆结石的磁化水的磁化杯、可以改进血液微循环状态的磁配件等一类的发明专利层出不穷,CA上也可以查到利用磁化防止锅炉结垢的工艺,以及磁场对种子或生物产生某种效应等方面的有关信息和专利报道。由于一般磁场所能提供的能量量级较低,对于非磁性物质或分子的作用机制,始终是个谜。国外对这个领域的研究多侧重于磁生物学方面,磁化学的基础研究做得也不多。1980年左右,我曾经做过一个实验,有一次我到中科院物理研究所和朋友们讨论光声光谱方面的问题,无意中谈及对所谓磁化水可以溶解胆结石的说法有所怀疑时，物理所的朋友告诉我，他们有一台能够产生高强磁场的设备，建议做一次探索。于是我用试管取了20mL蒸馏水，磁化10分钟后，骑车回到清华，利用分析中心的红外光谱仪进行测试。开始时谱图的高频方向有两个吸收峰远远高于正常值，在反复扫描的过程中，这两个峰逐渐衰减直至恢复为正常值。从开始磁化到水的红外光谱谱图恢复正常，前后约2小时。这个实验结果表明，水对磁化后所产生效应的记忆时间约为2小时，这是我所了解的化学原理无法解释的。遗憾的是，事隔多年，这张谱图已经找不到了，后来也没有机会再做这个实验，至今仍然难以置信。1988年去日本访问时，才知道国外对磁化学感兴趣的化学家已经很多，但是对于磁场作用于化学体系的机制，仍然讳莫如深。随着化学生物学的发展，我想，磁化学将会是一个极具挑战性的研究领域。

再一个就是力化学（Mechanochemistry），力化学研究的是外加机械能对化学体系的影响。研磨可以导致某些固态物质分解（如硫化汞）的事实，见诸炼丹术时期，目前这种方法在某些改变晶体构型的工艺中仍然使用着（称为结晶化学方法），也有用于固态合成方面的报道。此外，雷管和汽车中配备的气囊（air bag）是力化学在现代生活中得到广泛应用的例子。力化学里面有一个分支，叫做摩擦化学（Tribochemistry）。在通常情况下,摩擦产生的热量很有限,随着技术的发展,机器运转的速度越来越快,摩擦面之间的相对运动速度也就越快,局部温升瞬间可以达到10^3摄氏度的数量级,从而引起摩擦面发生物理化学变化。这种变化为什么重要?有个引发事故的例子,苏联曾经用一艘新油船从加拿大运油,因为这批油是含硫量较少的高质量成品油,所以船长决定用做动力油和机器润滑油。令人料想不到的是,行驶了一大半路程之后,机房失了火,最后把整条船都烧掉了。事故的原因是什么呢?油船的机器是新的,而新机器的摩擦系数较大,因为金属表面即使经过精加工,加工后的金属表面上仍然存在着很多微细的凹凸不平之处(在金相显微镜下很容易观察到)。如果用含硫的油作为润滑油,运转过程中可以通过摩擦化学作用在金属表面上生成一层摩擦系数较小的硫化物膜,而加拿大油含硫量低,不能生成完整的硫化物膜,致使机器在运转过程中因摩擦使得局部产生高温,最终酿成这次不幸的着火沉船事故。此外,在宇航、高速飞机等技术领域都有涉及摩擦化学方面的问题。国内于20世纪80年代开始重视这个领域,为此在清华大学还建立了一个国家级的摩擦化学实验室。

还有一则非常有趣的科技消息,IBM公司想把硬盘的转速提高一倍,即从7200转提高到14400转。这在传动技术上不存在问题,但是转速提高后发现硬盘寿命却缩短了，最后找到的原因和摩擦化学有关。读盘时激光头和硬盘表面并不直接接触。硬盘转速提高后，附着在硬盘表面上的空气薄层，会因为黏性系数较大，转速跟不上硬盘，于是在空气和硬盘之间产生了摩擦，导致硬盘表面局部出现瞬时温升，从而使得高分子密封材料和硬盘被损坏。所以IBM公司准备投入力量研究一种能够抵抗摩擦化学所产生的高温的新材料来解决这个问题。这个事例让我们认识到，在高新技术发展过程中成为关键的问题，往往是些平时容易被忽略的问题。由此可以看到基础知识和相应的思维训练对于培养新一代科技人才的重要性。

　　上面介绍了几种能够推动化学反应的外场效应，其中有的已经发展成为新技术或新工艺。遗憾的是，在现行教科书里仍然很少涉及，有时只当成一门技术略加介绍，并没有纳入到理论体系中去。如果能够把现在已有的科技成果和某些实验事实与基础理论结合起来，我们的眼界就开阔了，思维也活跃了，学习的兴趣就会转化为源源不断的动力，重要的是，这些欠缺是可以通过自己的努力来弥补的。不要认为现在的基础课程没有用处，如果只是念那几本书，只相信那些书上说的东西，不主动了解科技发展的现况，不能从中看到面临的机会与挑战，当然就会觉得它没有什么太大的用处，可能就是拿来应付一下考试而已。

第二个大的方面是化学跟物理技术结合的问题。过去研究的化学反应,速率都不是太快,因为缺乏相应的测试技术。随着新技术新工艺的发展,快速及超快速反应的研究已经无法回避,这种需求推动了化学动力学实验技术的发展。我们以时间分辨技术作为一个例子。时间分辨技术的基本思想,就是把完成某个过程所需的时间设法分成足够多的等值的时间间隔(就像米尺或方格纸那样),以便把事件"分段"地连续"记录"下来,从而获得对整个过程的了解。过程经过每个间隔所需时间的数量级,决定了这种技术的时间分辨率。举一个大家都熟悉的例子,例如世界运动会百米赛跑成绩的数据精确度现在达到了 10^{-2}s 的数量级。过去靠裁判拿停表做计时仪器时,裁判操作引起的误差可能就达到或者超过了这个数量级。现在把整个竞赛过程连续地用快速照相机拍摄成100张或者几百张照片记录下来,就可以确切地知道究竟是谁最先冲线了。这是时间分辨技术在竞技体育中的应用。用于化学可以帮助我们了解很多快速过程。根据时间间隔的数量级,时间分辨技术可以分成不同的档次,如纳秒(ns)、皮秒(ps)、飞秒(fs)等。

20世纪90年代,美国CIT(加州理工学院)有一位同时具有埃及和美国双重国籍的泽维尔(M.Zewail)教授,因为在飞秒化学研究方面的优异成绩获得了1999年诺贝尔化学奖。他得奖的原因不是因为用了飞秒时间分辨技术,而是因为他成功地找到了一个可以用飞秒时间分辨技术来记录有关变化过程的化学体系。这个体系是由碘化氢和二氧化碳结合而成的分子间化合物。在化学实验研究中,寻找或选择适当的化学体系往往对实验的成败起着关键的作用,化学史中不乏这样的例子。就飞秒化学来说,时间间隔非常短(10^{-15}s的数量级),如何确定过程的起点(即$t=0$),是一个关键性的问题(有点像如何确定赛跑运动员的起步时间一样),对于飞秒化学而言,更是一个难度非常大的问题。本来时间就很短,确定不了过程的起点,记录下来的谱图对于了解所研究的过程将无法提供准确而且完整的信息。制造飞秒数量级的脉冲激光器的技术问题在这之前已经解决,1988年我访问日本分子科学研究所时看到,该所的飞秒脉冲激光器已有4台之多,但是一直未能得到具有突破性的研究成果,可能和始终未能找到适合当时技术条件的化学体系有关。泽维尔找到的IH—OCO体系,端部的I原子相对质量较大,激光脉冲首先把它和H之间的共价键(由于形成分子间化合物已经有所松弛)"打断"。处于激发态的I原子所发射的荧光。可以成为标示下续过程起点($t=0$)的信号(有点像径赛裁判发出的枪声),从而首次得到残基H—OCO分裂成为OH自由基和CO分子的飞秒数量级的时间分辨光谱,并因此而获得了诺贝尔化学奖。所以，获奖的原因不仅因为他成功地应用了先进的激光技术，更重要的是因为他解决了应用这种技术于"解读"超快速化学过程这一关键问题，并开创了飞秒化学的新领域。泽维尔的成功，为化学动力学的研究提供了一种新的技术和方法，使得研究化学过程中的原子、自由基、质子、电子运动成为可能。但是到目前为止，飞秒化学的重大研究成果仍然屈指可数，这可能和选择适当的化学体系或过程的问题仍然有待于进一步解决有关。

  从这个例子可以认识到，化学家在发展某种新理论或者新技术时，寻找（或选择）适当的化学体系往往是最困难的事情。要解决这个问题，常常要经历一个漫长而艰苦的摸索过程。这个过程的长短和能否成功，也和你对于化学中常见物质的性质、结构及变化是否熟悉（包括查询手段）直接相关，在此基础上才有可能形成对现有体系进行有效的选择、修饰或重构。基础课教学的设计和主要价值就在于此。所以现在那些曾经或者仍然使你感到"乏味"的课程内容和实验训练，是创新工作的基础。如果意识到了这点（通过阅读科学家传记和科学史，特别是诺贝尔奖得主在颁奖会上的报告，可以增强这种认识），感觉肯定会不一样了（就像玩电子游戏一样，学会了指法才有资格参加正式比赛）。因此，学习要有目标，这个目标不只是为了考试，也不只是为了拿学位,而是为了将来能够做一些真正有水平、有益于社会的科学技术工作。确立了学习和工作的目标,对于前人的经验就会感到亲切,通过持续地学习和思辨,在积累知识和经验的同时,智慧和科学素养也会随之增长。

　　下面介绍一点关于激光化学(Laser chemistry)的情况。激光的单色性很高,而且已经具备从连续激光中精确地选用某个频率的技术。于是有人想到,当分子中的某根键的振动频率和激光频率相同时,就会通过共振吸收获得光子的能量,于是这根共价键的结合变得松弛,以至于断裂。因为由不同的原子组成的键的振动频率是不同的,而且分子吸收光子时对其频率的匹配要求极其严格。所以利用激光可以选择地活化或"打断"分子中的任何一个键,从而决定该分子发生反应的位置并人为地决定反应的历程与结果,这个设想称为"分子剪裁"(就像裁剪衣料一样,把分子"剪裁"成自己想要的样子),它在20世纪70年代一度成为化学中的热门课题。这个设想具有很高的挑战性,如果能够实现,将彻底改变合成化学的面貌。当时,分子中任何键的振动频率,不仅可以用实验方法精确地加以测定,也可以通过理论计算求得它们的数值。而且发射连续光谱的染料激光器和选频技术也已问世,探索"分子剪裁"的理论假设和实验所需技术条件都已具备,致使这个领域的研究热情一时风起云涌,在激光化学(如激光分离同位素、激光光疗等），特别是化学动力学方面取得了很多高水平的成果，但是"分子剪裁"的设想却一直未能实现。因为光子所提供的能量注入某个键之后，向同一分子中其他键传递能量的速率很高，远超过这个最早受到激发的键的断裂速率，以至于后续的化学反应不再能够按照预先设计的方式进行下去。"分子剪裁"设想的"失败"，和对于分子吸收光子后各个振动模式之间的耦合作用缺乏深刻的认识有关。飞秒时间分辨技术的应用，有助于了解分子内及分子间的电子转移、能量传递和耗散过程，这些基础性的工作，将有助于评价或实现"分子剪裁"设想。目前，与此相关的选键化学仍然是值得研究的课题，研究工作的开展要借助于物理学和激光技术。和现代物理学的理论及技术相结合的情况，同样出现在化学的其他领域中，因此学习物理学，和物理学专家做朋友，向他们请教，是现代化学家所必须重视的一个方面。近年来多位诺贝尔化学奖得主的学术经历和主要合作者的学术背景是这个建议的依据（泽维尔在CIT既是化学系教授也是物理系教授）。

　　顺便介绍一点关于物理化学课程的改革方向问题。阿特金斯（P. Atkins是一位国际知名的物理化学教授，他编写的物理化学教材，2006年已出至第7版）曾撰文介绍他对物理化学教学改革方向的一些看法，颇有见地，我很赞同他的许多提法和改革建议。例如他指出，经典物理化学是以平衡态热力学为基础形成的,平衡态实际上应该看成是一种"静态"或"准静态"。在实际生活或工作中,遇到的体系大多数属于开放体系,而且所要处理的体系多处于非平衡态,所以,逐步增加非平衡态热力学的内容应当是物理化学的改革方向;另一个改革方向是从以理想体系为主改变到以非理想体系为主,因为实际体系基本上都是非理想体系。经典物理化学构建在理想体系之上的原因在于,理想体系的变量最少,容易求得解析解;非理想体系的变量比较多,很难求得解析解。现在有了计算机技术和数值方法,处理非理想体系的运算技术问题也就迎刃而解了。阿特金斯也谈到,过去讨论平衡体系时,假定物质体系只有一个稳定态,也就是说当条件确定之后平衡状态是唯一的。这个理解并没有错,但是在大多数情况下,只有相对其邻近的其他状态而言时,这个结论才是准确的。实际的物质体系可以有多个平衡态。外界的轻微作用就有可能引起体系从一个平衡态转向另一个平衡态。自然界的风云突变和生命过程中出现的许多现象,都可以应用这个理论模型来处理。阿特金斯的这篇短文曾刊登在世纪之初的 *Chemistry in Britain* 上,有兴趣于物理化学课程改革者,不妨一读。

由于和表面化学以及生命现象密切相关,分子的自组织、自组装、分子识别等现象成为近期的热门课题。

使得这个领域的研究进展非常突出。中国科学院上海有机化学研究所的蒋锡夔院士在这个领域取得了高水平的研究成果,并因此获得了国家级的自然科学一等奖。自组织、自组装、分子识别过程是分子由无序转变为有序的自发过程。这种现象很普遍,表面活性剂分子的簇集、胶束、泡囊的形成,以及细胞膜的构建过程都属于自组织过程。由于这些过程源自早已熟知的亲液(水)憎液(水)现象,在洗涤、浮选和润滑等工艺的发展过程中积累了大量的实验数据和经验,传统的胶体化学则为之提供了基本理论和测试方法。当人们将关注点转向介观体系和生命体系时,这个领域的研究范围也随之扩大,很多新技术,如激光散射方法、扫描隧道显微技术、LB膜方法等也得到发展,而且和纳米技术也有密切的关系。这个领域和物理学、生物学关系密切,因而为化学的发展提供了许多具有挑战性的理论问题和技术需求。

  分子簇集、自组织或自组装等过程,主要属于物理或物理化学过程。分子间的作用力仍属于分子间引力的范畴。莱恩(J-M.Lehn)等人所开拓的超分子化学(Supramolecular chemistry)中的超分子化合物,却和上面讲的分子通过自组织或簇集等方式形成的体系有所不同。化学上对于化合物有着严格的定义,只有组成一定、结构一定,而且具有一定的稳定性的、由两种以上的原子组成的分子才能叫做化合物。不符合以上条件的化学物种，不能称之为化合物。超分子化合物虽然是由两种能够单独存在的分子通过分子间作用力结合而成的，但是符合组成一定、结构一定，而且具有一定的稳定性等条件，所以它是化合物。人们不禁要问，为什么不用化学键结合的两个分子能够成为稳定的超分子？既然分子间引力没有方向性和饱和性，为什么超分子化合物有一定的组成和结构。根据传统的化学结构理论，很难得出令人满意的回答。但是超分子化合物的存在非常普遍，和化学的多个领域以及生物科学、材料科学等关系密切，超分子化学是一个非常值得关注的新领域。

莱恩在构建超分子化学时，从近代生物化学中借用了许多概念和术语，例如把组成超分子的两种分子分别称为底物和受体，形成过程称为分子识别（Molecular recognition，显然借用了细胞识别中的"识别"概念）。这个概念的提出产生了很大的反响（国际上已有以分子识别为中心议题的学术会议）。不仅因为它新颖而又形象地表达了这类新型化合物的特征（因为不是通过形成化学键相结合的），它同时意味着，至少就超分子化合物而言，经典的随机碰撞模型将由分子识别模型所取代，对化学反应机制的全新视角，将对化学学科的发展起到重大的影响。分子识别概念的提出，隐含着一个必须回答的问题，识别是由特定信息推动的一种过程，没有信息或者信息不具备唯一性时,就不可能触发并引导某个特定过程的完成。那么在超分子化合物形成分子时赖以识别的信息是什么？这是一个极具挑战性的问题。莱恩就这个问题提出了化学信息的概念。这个概念目前也很流行,遗憾的是,包括莱恩本人在内,针对化学信息的基础研究工作一直止步不前。

底物分子确定之后,莱恩根据"锁钥模型"提出了设计受体分子的基本原则,可以归纳为:空间匹配、电性匹配和能量最低原则。虽然他也提到受体在结构设计上应当保留一定的柔性(即允许受体分子通过结构骨架的微调以满足和底物间的空间匹配要求),但这些原则依然是些物理的、几何的,并不直接和反应物的化学特征相关的一般性原则。对分子识别起决定性作用的化学信息是什么,仍然是一个谜。这个问题很难着手,但已无法回避。由于已经受到普遍关注,估计在21世纪会有所突破。

纳米技术(Nanotechnology)是另一个备受关注的领域。目前的研究基本上集中在纳米材料的制备、表征和应用等方面(值得提醒的是,有些所谓的纳米技术有商业炒作之嫌,缺少可信的事实依据和严格的科学验证,不可轻信)。纳米材料的尺寸范围和经典的胶体大致相当,胶体化学是化学中比较成熟的基本分支学科之一,在该领域出过很多位大化学家。为什么纳米科技直到现在才被提上日程？因为过去把胶体体系仅仅当成一类特殊的物质分散系来进行研究，如它的介稳性、带电性、光散射效应、电泳现象等等，侧重于这类体系的物理性质和物理化学性质。在此基础上，胶体化学在很多重要技术领域中得到广泛的应用，表面活性剂的设计、合成和应用是一个突出的例子。制备胶体体系的行之有效方法已有不少，但是对于处于纳米尺寸范围内的每种物质的物理性质和化学性质却缺少系统的研究。而这个方面的研究正是目前的热点。纳米颗粒所包含的原子或分子数大约在 $10^3 \sim 10^5$ 的数量级，和我们所熟悉的宏观体系中的粒子数相差约有 10～20 个数量级，由于扫描隧道显微技术等的发明和普及，纳米科学的研究成了直接"观察"和操纵原子或分子的实验和理论预演。所以纳米科学的重要意义，不仅在于为我们提供了一类全新的材料，对于物理学和化学的学科发展也有重要的意义。纳米材料的制备方法，如水解法、溶胶凝胶法、电弧分散法、研磨法、化学气相沉积法等等，也是制备胶体的经典方法。可以预见，胶体科学也将因纳米科学的进步而继续发展。

20世纪80年代发明的扫描隧道显微技术，使得操纵少数甚至单个原子和分子已成为可能。著名物理学家费恩曼在一次讲演中曾预言，利用扫描隧道显微技术将可以把大英国家图书馆的藏书存在一根针尖上。随后,MIT的德克斯特勒(Dextler,现就职于斯坦福大学未来研究所)在题为纳米机器(Nanomachine)的博士论文中,提出了有关纳米科技的许多设想,其中不乏很有前瞻性的预测,但也有近乎科幻故事的畅想。他在论文中提到,有了扫描隧道显微技术,操纵原子直接构建分子将成为现实,只要推动原子,使它们之间的距离接近到一定程度后,就可以结合成为分子了。维持生命所需的糖、脂肪和蛋白质,以及医治疾病的药物等都可以通过这种方式在体内直接由原子合成。体内存在的水、空气、二氧化碳等简单分子是所需原子如C、H、O、N等的来源。他设想的步骤是,先在体内制造能够合成某种功能分子的机器人分子,通过自我复制,使机器人分子数达到百万的数量级(要实现某种宏观效应,必要条件是存在具有所需功能的分子,充分条件是这种分子必须达到一定的数量),然后由机器人分子执行合成的任务。可能大多数人都会认为这个类似于童话的设想是脱离实际的一种幻想,但是也有不少知名的科学家认为言之有理,而且预言20年后有可能成为现实。扫描隧道显微技术的出现,胶体科学的积累,德克斯特勒的大胆设想,科技界的争论思辨以及科学技术和社会发展的需要,形成了关注纳米科技的热潮。这里值得注意的是德克斯特勒所起的作用,他以一位在读博士生的身份,能够对科技发展起到重要作用的原因。善于吸收、勇于发现、勤于思考、敢于创新这样一些青年人应有的基本品质,在德克斯特勒身上得到了充分的体现,我们从中可以获得很多有益的启示啊!

德克斯特勒的设想中有一个非常关键的问题,即分子能否自我复制的问题。这个问题没有现成的答案,至今仍然悬而未决。就自然界而言,复制好像和生命相关。但是有研究表明,非生命界也可以找到"自我复制"的现象。比如晶体的形成,地形、地貌的相似等,都显示出"自我复制"的特点。在有机合成化学反应过程中,继第一个产物分子之后,生成的都是同样的分子,这个过程更是典型的复制。复制的概念由此进一步拓宽了。也许因为复制是一种耗能较低(或能量利用率较高)的过程,因而认为这是自然过程自动优化时的一种选择。在非均相催化和合成化学中已经广泛应用的模板模型,也可以用在复制现象的研究中。

除了以上介绍的20世纪化学提供的一些机会以外,还留下了一些悬念。有的已经是几十年前的事了,遗憾的是,至今在我们的教材里仍然讳莫如深。第一个悬念是由稀有气体化合物的合成引发的。大家知道,1962年,巴特勒(N.Bartlett)当时还是一位在读研究生,在研究PtF_6和O_2合成络合物$O_2^{+1}[PtF_6]^{-1}$时发现,O_2和Xe的第一电离能相近(O_2为1171.5 kJ·mol^{-1};Xe为1176.5 kJ·mol^{-1}),而且O_2和Xe的范德华半径相近(分别为201pm

和210pm），因此估计 $Xe^{+1}[PtF_6]^{-1}$ 的晶格能和 $O_2^{+1}[PtF_6]^{-1}$ 相近，从而认为络化物 $Xe^{+1}[PtF_6]^{-1}$ 应当能够稳定地存在。实验证实了他的设想，第一个稀有气体化合物（原来叫做惰性气体化合物）诞生了。所以开创性的研究工作需要有更多的青年科学家的参与，年轻人经验虽少但包袱也轻，经验少可以在工作中积累；包袱沉了不仅会影响对新鲜事物的敏感性，而且会抑制科技工作者的主动性。

巴特勒之后，稀有气体化合物的合成不再是化学中的一个禁区，目前合成出来的稀有气体化合物（不包括He和Ne）已有几百种，并已形成一个名为稀有气体化学的分支学科。稀有气体化合物的合成，在化学史上应当是一件非常重要的事情，不仅迫使科学界把惰性气体改名为稀有气体（这在化学史上至少是空前的），对于在元素周期系以及化学基本概念和理论都是一次挑战。门捷列夫时期的元素周期表没有后来的0族（当时稀有气体尚未发现），由第Ⅶ主族的强非金属到第Ⅰ主族的强金属间的突然变化，对于元素周期表所显示的元素性质变迁的和谐性是一败笔。加上0族的惰性气体作为二者间的过渡之后，元素周期表显得更加完美了。经典的化合价理论和它也有密切的关系，如碱金属族在化合物中呈+1价，卤素族在化合物中呈-1价（或+7价）等等，都是以惰性气体原子结构为相应离子的稳定结构为基础的。这个理论到巴特勒合成第一个稀有气体化合物时为止，已经约100年之久。从巴特勒合成第一个稀有气体化合物算起，至今又将近半个世纪。但是，对于卤素、碱金属等元素的典型化合价的这种理论解释在现行教科书中仍然沿用着；在以量子力学为基础的理论化学计算中，以惰性气体原子外层结构为能量最低的构型依据至今仍未改变。在稀有气体化学已经成为一个独立的化学分支学科的今天，化合价理论和理论化学应当如何与之相适应，这已成为一个悬念。

第二个悬念与高温超导陶瓷的发明有关。陶瓷是一种很好的绝缘材料，高压输电塔上用的绝缘子都是陶瓷的。过去研究超导体时，一直以金属或合金为主，后来加上高分子化合物，几乎很少有人想到陶瓷。目前高温超导陶瓷的研究已经进入实用阶段，但是为什么高温超导陶瓷具有超导性，至今仍然缺少令人信服的解释。化学教科书上所列举的导电机制，仍然只有电子导电和离子导电两种理论模型，都无法用于解释超导现象，当然对于发展超导材料的指导作用就更是欠缺了。至今仍然是一个悬念。

技术发展超越学科当时的水平，在科技史中不乏范例。不要轻视技术，技术往往是实践经验的总结，包含着非常丰富的科学知识和未知的事物，是科学的重要营养之源。所以除了学习课程，阅读参考书籍和期刊、参加学术会议和听学术报告外,还要努力学习技术人员的实际工作经验,从中汲取科学营养。中医中药就是一个值得认真探索的领域,需要研究的问题很多。

下一个悬念和C_{60}有关,C_{60}曾经红极一时(有3位科学家因为发现了C_{60}而获得诺贝尔化学奖),在大学和中学化学教材(包括部分小学科学教材在内)中都有专门的介绍。C_{60}的样子很好看,像个足球。现在公认为它是碳元素的第三种单质(其余两种为金刚石和石墨)。但是有位以色列的化学家却有着不同的认识,他认为既然石墨是一种由碳原子组成的正六边形集合而成的二维片状晶体,具有类似结构的无机物晶体也有不少,如MoS_2,WS等。石墨在电弧轰击下能够变成封闭的球状C_{60},MoS_2、WS在同样的条件下是否也能成为和C_{60}那样的封闭球体?在电弧轰击下,得到了预期的空心球形MoS_2和WS,他把它们称为无机富勒烯。作者在论文中介绍的思路,很具启发性。从石墨变成C_{60},从结构方面来考虑,要有一定比例的正六边形变成正五边形,在电弧轰击下完成了形变。是否可以看成是在电弧作用下发生几何性质的物理变化,并不取决于电弧作用时的基质是石墨或是MoS_2,WS。他提到,结构的这种变化和织毛衣时为了从平面变成拱形时所采用的"收针"方法相仿。这个比喻真是妙极了!几个世纪之前,大数学家欧拉早就研究过由正多边形形成封闭多面体的几何条件问题,得到了一个普适性的公式。为了纪念欧拉发现这个公式,还出过一张纪念邮票。遗憾的是,对欧拉感兴趣的主要是数学家,化学家很少问津,以至于在 C_{60} 问世的时候,发现者克罗特(H.W.Kroto)等人还不敢相信呢!有趣的是,鳞片状的 MoS_2 和 WS 本来就是常用的润滑剂,成为球形后,润滑效果就更好了。

虽然这位以色列化学家的工作未能像 C_{60} 那样受到重视,但是它给予我们的启发却超过 C_{60} 的发现。说明从几何角度来思考化学问题(也就是从结构化学的角度思考问题),在化学研究中是一条应当重视的思路。关键在于要勤于思索,善于从一些常见的事物中寻找灵感。由此引发的悬念是,C_{60} 系列是否能够算是碳单质的第三种同素异形体?我无意深入研讨这个问题,只是说明即使是某些已经得到公认的结论,仍然可以进行思辨。而思辨正是科学工作者兴趣和快乐的源泉。

另一个悬念来自组合化学(Combinatorial chemistry)。过去寻找目标化合物,特别是有机化合物的时候,因为无法判断不同的取代基对分子性质的影响,必须把他们一个个地合成出来,然后逐个进行测试。整个过程很冗长,当合成的条件和步骤又基本相同时,更有一种繁复的感觉(这种方法在寻找药物时用的很多)。现在,只要合成条件基本相同,根据排列组合方法求出必须合成的样本数后,利用现代自动化技术就可以同时把这些

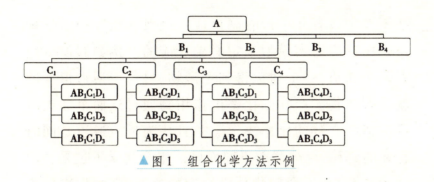

▲ 图1　组合化学方法示例

化合物合成出来。例如,A跟4种B作用,生成AB_n(n=1,2,3,4),然后AB_n再跟4种C作用得到AB_nC_m,就可以同时得到$m×n$种ABC型化合物(见图1)。然后通过扫描的方法从化合物阵列中找出所需要的目标化合物。时间缩短了,效率反而提高了,被誉为从稻草堆里寻找绣花针的技术,这就是大家已经熟知的组合化学。它在寻找催化剂和最优合成反应条件等方面都受到科技界的青睐,技术设备更新很快。我这里要讨论的不是组合化学本身的问题,而是由组合化学引发的理论问题。文献中在介绍组合化学时提到:"用组合化学方法得到的化合物纯度很高,没有杂质"(当然不一定没有杂质,至少是测不出来)。其实这是必须满足的条件,否则在最后进行扫描式查找目标化合物时,对杂质极为敏感的生物活性物质的信号就可能检测不到。

在上述事实的前提下,有一个问题不容回避,某个化学反应原来是有副反应的,为什么用组合化学合成时就不发生或者几乎没有副反应？经典的反应动力学理论是用反应通道模型来定义副反应的。例如假设反应有两个通道，一个通道得到主产物，另一个通道得到的就是副产物。产物的比率由作用物通过这两个通道时反应速率常数的比率决定。并且认为反应通道是同时存在的，只是反应截面不同而已。组合化学不过是合成技术的改变，不会影响化学反应的机制，产物比率应当基本不变。探索上述现象的思路之一，就是假设反应通道可能不是同时打开的，这个假设是否有点离经叛道？我不这样认为，因为反应通道同时存在也是一种未经实验证明的假设。科学理论在发展的过程中，应当允许并鼓励人们从不同的角度进行探索，提出假设。然后通过严格地验证和修正，去伪存真，从而获得正确的认识。组合化学的试剂用量和经典方法不同（后者通常以反应式所示摩尔比为准），先把A通过形成化学键固定在一根根高分子棒的顶端，排成阵列后分别浸入盛有大量的$B_n (n=1, 2, 3, \cdots)$的反应槽中进行反应。反应完毕后，再分别浸入盛有$C_m (m=1, 2, 3, \cdots)$的反应槽中。如果通道不是同时打开的，也许当第二个通道打开时，第一个通道已经把固定在高分子棒顶端的反应物用完了，不再具备发生副反应的必要条件，因而得到的产物很纯。这个设想未必一定是最终的解释，但是它提出了一种新的思路，过去思考化学问题时的习惯做法是从结果推原因，很少反过来思考。如果改变一下这种思维习惯，可能有利于更全面地认识客观事物。对某些理论持怀疑态度，要求验证，要求发展，才是真正的科学精神，何况对于已经超过100多年的经典化学动力学理论。

对于化学家来说，有机合成是一门艺术，在思维和感官方面都能产生持久的美的感受。但是就工作程序而言，有时步骤很多，分离、提纯不断，而且致使目标产物的产率下降（当转为生产工艺时，每个步骤都会产生废液废渣，成为新的污染源）。近年来发现，有些有机合成反应可以采用一锅法（One pot process）来完成。虽然并不是一种普适的方法，目前仅限于某些利用有机金属化合物催化的反应。但是那些本来只能一个个分步骤往母体分子上连接的基团，在一锅法中就能够自动地连接上去，而且能够得到较高的产率。图2中所示的这个反应，反应物有3种，一步就得到了产物，产物纯度接近

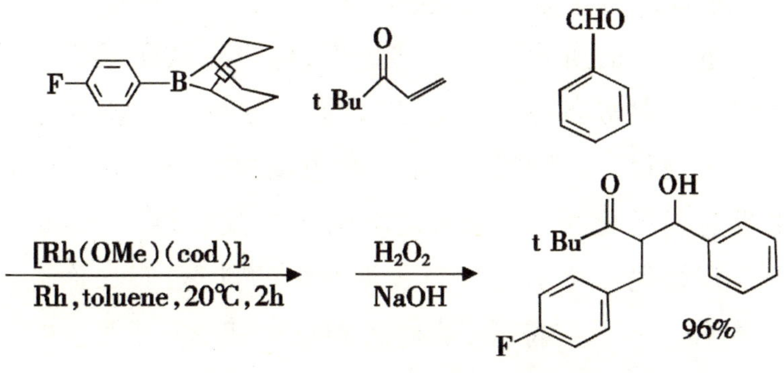

▲ 图2 铑催化串联反应一锅法之一例

96%。真是匪夷所思！为什么会是这样？是否有可能成为一种普适方法？以及对原先的有机反应机理研究方法产生什么影响？这些至今仍然是悬念。

　　大环有机化合物的光化学合成也是一件很奇怪的事情。也是一个比较有趣的工作。反应物是两端带有活性基团的长链有机分子，用光辐照它的溶液（溶液中加有某种钠盐），发现长链分子的两端可以通过反应形成大环分子。这里的疑点很多，大量长链分子在溶液里面是互相纠缠在一起的，就像一团乱麻（这是熵效应决定的），每个分子能够自动而且无误地找到自己的另一端，这个概率太低了（因为它也可以和另一个分子发生反应）。实验事实证明，产物确实是大环有机分子，而且有一定的产率。作者认为钠离子起了催化作用（也有人用模板效应来解释），但是都无法解释长链分子两端基团件的识别和反应的选择性是如何得以实现的。这个工作距今已有十余年之久，至今仍然是一个悬念。

　　通过上面所列举的一些事例，应当承认化学仍然是一门生机勃勃的学科。给我们提供的机会和挑战是如此之多，而且又都如此有趣。我想霍根在《科学的终结》里没有包括化学，是因为化学确实是没有终结，甚至还没有开始呢！化学是一门非常有趣的科学，假如你觉得化学不过是一些符号、结构式和反应式，学习方法就是死记硬背，学习起来就会索然无味。中国有句古话："学而不思则罔,思而不学则殆",也许可以帮助我们正确处理好打好基础和拓宽视野之间的互动关系。

三、如何提高科学素养

如何迎接在新世纪里化学为我们提供的机会和挑战?必须重视全面地提高自己的科学素养。关于科学素养,已经出版了很多有关的著作,可供参考。这里就个人的零星体会,提供一些供大家思考的事例。美国加州大学伯克利分校化学系有一位皮门特尔(G.C.Pimentel)教授(他和J.A.Coonrod合著的《化学中的机会——今天和明天》1990年出版有中译本),是一位高水平的激光化学的专家,也是一位教育家。他在一次国际会议上曾就青少年的科学素养问题做了一个很有见地的大会报告。他认为,科学活动可以分为:观察,记录、测量,提出假设或理论,寻找所提出的假设或理论的不确定性并加以验证或在此基础上进行新的探究活动等四个阶段。他强调指出,最后的那个阶段对于科学素质的培养最为重要。我非常赞成他的看法,也就是对所有的理论或实验结论,都应当承认存在着不确定性。发现它们并通过持续地探究活动,使不确定性不断降低,正是一切科学工作的灵魂。因为对自然界任何事物起影响的因素很多,往往面对的是一个多因素控制的体系。在科学实验中,固定一部分或大部分因素,从而可以对个别因素的作用做出确定性较高的结论,是一种行之有效的科学实验方法。但是当其他因素有着不可忽略的作用时,原来的结论的确定性就要受到挑战。即使分别对每个因素的影响都得到了确定性较高的结论,综合后形成的结论的确定性未必一定较高。所以对实验已有结论的综合,要求工作者具有较丰富的经验和良好的科学素养。学习和交流可以弥补经验和素养的某些欠缺。这点在后面的故事中将专门谈到。

　　这里有几个和科学素养有关的故事(按照现代教学论的说法,叫做案例)。第一个是"两种学习理论"。有一位德国教育学家写了一篇名为《两种学习理论》的文章,文章是由一个小故事开始的。德国的城市一般不大,城外有开放的森林公园,公园内的树木和小动物种类很多,环境也很整洁。晚饭后母亲留在家中做家务,父亲就带着孩子到森林公园里面散步,同时给孩子介绍见到的植物和小动物。这样做的目的大概有两个方面:一是教给孩子一些科学知识,再就是希望在孩子跟大自然界和小动物之间培养和谐感。有一天,故事中的小孩跟他的同学一起到森林公园里去玩的时候,看见一只美丽的小鸟,同学问他:"你知道这种鸟吗?"小孩说:"我不知道。"同学说:"看来你的父亲没有教给你多少科学。"小孩说:"其实父亲告诉过我这种鸟的名字,包括它的德文、英文、拉丁文以及中文的名字。我为什么回答说不知道呢，因为只有知道了这种鸟的主要习性，才能认为是知道；仅仅知道鸟的名字，尽管多种文字的名字，也不能认为是知道。"这就是两种不同的学习理论。这个小故事所论及的两种学习理论，很值得我们认真思考。在课程学习过程中，应当提倡什么，避免什么，以及应当怎样评价我们的教学质量等，都可以得到启示。

怎样才算"知道"？下面的这个小故事可以给我们一点启示。这个故事来自一篇名为《蚂蚁的智慧》的短文。中心思想是介绍一位日本初中生物课老师对一名学生课外活动报告的评语。生物课老师布置学生在周末进行一次课外活动，题目自选。这位学生选择的活动内容是观察蚂蚁。她知道蚂蚁在天黑时是要"回家"的。所以她设计了一个与此有关的实验。在屋前的小院子里有一棵小树，她用强力胶在树干上涂了一个宽约3cm的胶圈，然后捉了一只蚂蚁放在胶圈上部的树杈上。为的是想观察天黑时，蚂蚁将如何爬过这个会把它粘住的胶圈。想象中的情景应当是：蚂蚁在胶圈中不断地挣扎。出乎意外的事情发生了，蚂蚁衔了一些土和树叶碎片在胶圈上为自己铺了一条路，就顺利地爬了过去。学生就此写了一篇名为《蚂蚁的智慧》的报告。

生物课老师在这份报告上写了三句评语。第一句是：活动的设计很好，报告写得也很好。第二句是：生物的行为要受到环境的制约,因此报告中应该包括实验时所处环境的经纬度、当时的温度、气压和湿度等数据。我认为这位老师的水平很高,她的第二句评语体现了她对生物学的深刻理解。"生物的行为要受到环境的制约"应当是学习生物学时最应把握,却常被忽视的一个关键概念。现在养宠物的人很多,被宠物咬伤的事件已经不算是新闻了(此外还有动物饲养员被咬伤的情况),这些都和当事人没有把握住这个基本概念有关。老师的第三句评语是:这是蚂蚁的本能,不是蚂蚁的智慧。这才是生物学的解释,科学不反对童话,但是科学不是童话,当然更不是迷信。现在还有很多不了解的自然现象,如果不崇尚科学精神,不坚持用科学方法来探究和验证,就很容易受骗,就可能会相信水可以变油之类的谎言。

  第三个故事和非智力因素有关。英国教育心理学家有一篇研究报告,研究的问题是为什么在学校学习时,看不出存在性别差异,但是走向社会以后,成就较大的成年人中男性比率较高?性别差异对学生今后发展的影响问题,国内外一直都有人在做研究。因为影响因素很多,如社会原因、政策原因、生理因素以及文化传统等等。上面曾经提到过,有关多因素体系的研究结论,往往有很高的不确定性,以至于至今仍然得不出一个普适性的结论。我不具备讨论这个问题的条件,也没有做过这方面的研究。只想就对教育工作的启示谈一点体会。为了研究这个问题,他们设计了一个实验。在一间屋子里放了很多的玩具,让妈妈带着7岁左右的孩子进到屋子里,测试者通过隔壁屋子墙上的观察孔进行观察和录像,收集有关的活动细节。主要研究母亲们是怎样教育自己的孩子的。观察发现,如果是个男孩,当他拿了一只玩具老虎并对妈妈说"妈妈,你看,一只老虎"时,绝大多数(约95%)情况下,妈妈都会对儿子说:"你再去给我拿只狮子来。"母亲对儿子的教育就是要他不断地进取和更新,心理学称这种教育模式为进取型模式(aggressive mode)。如果是女儿,当她拿了一个玩具娃娃并对妈妈说"妈妈,你看,这是个洋娃娃"时,绝大多数(约95%)情况下,母亲会搂住自己的女儿并对她说:"乖乖地在这儿玩,不要跑动啊。"心理学称这种教育模式为保守型模式(conservative mode)。研究者认为,性别对儿童成年以后成就的影响,和他(她)们童年时所受的家庭教育模式有关,也就是非智力因素起了相当重要的作用。

  这个心理学测试所得的结论,对于所期望回答的问题,存在着很大的不确定性,这是不言而喻的。但是这个研究结果,对于探讨教育改革问题却有可以借鉴之处。中国学生基础扎实、聪明勤奋,但是创新能力方面有所欠缺,这是国内外教育界比较流行的一种说法,值得我们反思。我认为这和我国的教育传统有关,准军事化的管理模式和过分强调纪律,对于学生的成长有可取之处，但是如果不能适应学生在各个学段时的生理和心理特征，就可能产生不同程度的负面影响。使得他（她）们输在非智力因素方面。讲一个例子，1985年我奉命前往美国考察大学理科教育，在耶鲁大学见到一位从科大少年班保送出去的学生。当我向他问及对于美国理科教育的看法和感受时，他讲了两件事。一件是他进入耶鲁大学的经过，另一件是他在耶鲁大学学习时发生的事。先说第一件事。他告诉我开始时把他分派到了一所一般的大学，他感到不满意，于是向使馆负责官员提出调换学校的要求。得到的回答是："这是按中美双方约定的计划分配的，如果今年没有学生去这所学校，明年就会少一个保送的名额，所以不能调换。"申请没有批准。他所在学校离耶鲁大学不远，耶鲁大学的生物化学也非常有名，他非常希望能够转到耶鲁。当他知道美国教授每周有固定的对外接待时间时，他就利用这个接待制度所提供的机会，向耶鲁大学化学系教授介绍自己的情况和志愿。当所有化学系教授都对他有所了解之后，经过教授会讨论，接受了他的转学申请。听完他的故事后，我赞叹地说："你真不简单，初到美国，就敢于主动找教授介绍自己，而且要求他们支持你的转学要求。"他回答说："和美国学生相比，我还差得远呢！"他接着讲了另一件小事。有一次在做实验研究时，他和另一位美国同学都需要在仪器上加一台装置，当时导师出差在外，无法向仪器室领取，但是他们也都知道，导师自用的设备上有这个装置。他认为没有征得导师同意是不能把它拆下来的，但是那位美国同学却把它拆了下来用于实验。他以为导师知道后一定会批评那位同学，结果完全相反，导师反而表扬了那位学生，夸他有主动性，能够想到从他的仪器上把那个装置拿来做实验。这件事反映了中国和美国教育理念的不同，其中包含有值得我们学习的地方。所以我想，只要学生做到遵纪守法，崇尚道德，不妨碍他人，为什么不能多给他们一点发展个性的空间，使之有利于鼓励和培育不断进取，积极主动的精神？不应当低估非智力因素的影响和制约作用。

　　和科学素质有关的另一个方面，就是要学会提问题。提问不应当只是向对方索求答案，更应该是带着自己的想法和疑问去向对方求教，所以提问是一种有效的交流和学习的方式。学问，学问包含着学会怎么去问。有一个例子很能说明问题。我参加审查中小学教材的工作已有多年，通过这项工作认识了很多其他学科的专家教授。彼此成了朋友之后，互相提出一些在对方看来属于常识性的问题时，不会感到难堪，讨论时也可以充分发表自己的想法。在这样一种氛围下，会发现大家的奇思妙想不断，非常有收获。一次我向一位昆虫学教授请教，我的问题是："蜘蛛网能够粘住撞到网上的虫子，为什么不会把蜘蛛自己粘住？"他说："这个我可不知道。"我说:"昆虫如此之多,即使是专家也不要求什么都知道。有位日本教授研究过这个问题,我可以把他的结论告诉你。蜘蛛织网的时候要分三遍才能完成,第一遍织的网,虽然结构已经完成,但是不具备捕捉飞虫的功能,强度较低而且无黏性(起着脚手架或建筑屋的骨架的作用)。然后在它上面涂一层强度较高的膜(这层膜的强度很高但是密度很低,被认为是宇航用织物的理想材料)。最后再涂上一层具有很高黏性的水溶胶,这层胶膜在干燥过程中会因收缩发生断裂,断裂以后的裂口上没有黏性,蜘蛛行走时立足于这些裂口上,就不会被粘住。"他思考了一会儿,表示同意这位教授的结论。于是我向他提出另一个自己曾经思考过的问题:"蜘蛛网上的裂口分布,对于捕捉飞虫这样的随机事件来说,是否是最佳分布?"在他肯定了这个想法之后我继续问道:"这种分布的数学模型,如果用于气象站或雷达站的分布,是否会优于现在的等距离分布方案呢?"他认为这个想法值得进一步探讨。我又问他:"是否所有蜘蛛网上的裂口分布都是一样的呢?"他想了一会儿,回答说:"应该一样。根据物竞天择原理,如果裂口分布不是最优分布,蜘蛛可能就饿死了。所以存活的蜘蛛的网上裂口分布应该相近。"我觉得他说得很有道理,但是继而一想,好像并不尽然。我说:"物竞天择的原则当然是对的,但是用在这里要满足一个前提,那就是,所有的蜘蛛所处的环境里的飞虫是一样多的。假如一个地方虫子很多,即使网织得不好,蜘蛛也不会饿死;如果那个地方没有虫子,网织得再好也会饿死。所以物竞天择的原则是对的,但是你这个结论应该只是一个实验结论。"通过这次讨论,对于如何读书,如何学习前人的研究成果,如何从自己所不熟悉的其他领域吸取"营养",用以扩展自己的视野和研究思路都有所裨益。

下一个是关于生物降解塑料的问题。大家知道,为了解决所谓"白色污染"问题,在自然环境中能够"自动降解"的塑料已成为一个重要研究课题。光降解、微生物降解以及复合方式降解塑料的研究成果已经纷纷进入市场。有一次和一位微生物学专家一起开会,我曾就生物降解塑料向他讨教过。我的问题是:"生物降解塑料膜存放在仓库里的时候会不会降解?"他想了想说道:"有可能,但是可以想办法防止。"我接着又问:"这种膜用在地里时,经过一段时间后,通过微生物降解可以变成碎片,基本上可以解决原来聚乙烯薄膜带来的问题。但是是否会引发另一方面的问题呢?因为生物降解塑料中含有某种微生物所喜爱的食物,可以假想为存在着这种微生物的'培养基',它的繁殖速率将远远高于其他菌种,是否会破坏环境中原有微生物物种间的平衡,从而酿成微生物污染?这种污染对环境的破坏作用是否更为可虑?"这位朋友认为存在着我说的这种产生微生物污染的可能性,是一个值得进一步研究的问题。

我举这个例子主要想说明一个问题,当我们为了解决某个问题而进行研究和创造发明时,不能只关注眼前的问题,一定要认真考虑新工艺、新材料等可能带来的新问题。这个问题也许不属于你的专业领域,但是对于一位对社会负责的科学技术专家来说,应当通过学习和广泛地交流,使得自己的创造发明更有价值,时效更久。科技史上不乏与此有关的教训,氟利昂就是一个典型的例子。我的有机化学老师,是20世纪50年代初从美国来到清华的。他在讲到氟利昂时,列举了这类化合物的许多优点,如化学性质稳定、无毒、溶解性好、凝固点低而沸点却不低、不燃等等。具有这样一些基本性质的有机液体,应当属于非常理想的溶剂。可是过了不到30年,它却成了破坏臭氧层的罪魁祸首,以至于要用国际公约的形式来限制它的应用和生产。回顾DDT和666的兴衰史,也能从中获得同样的教训。

四、结束语:增强信心,迎接挑战

化学是一门极具挑战性的学科。现在讲化学是中心学科,是应用性学科的人很多,我更倾向于认为它是一门极具挑战性的学科。化学研究的重点已经不再局限于合成和分析,也不只限于为其他科技领域提供新材料和新工艺,化学学科本身的发展向我们提出了很多属于基本理论方面的问题。化学如果仍然满足于现状,不去建立和发展自己的学科理论,就不能认为是一门成熟的自然科学。我们再也不能仅仅关注化合物数量的增长速度,也不能满足于化学文献的数量与质量超过其他领域的现状,要更加努力地促进化学学科的全面发展和化学教育的改革进程。

化学的研究对象包括了从单个原子、分子到摩尔量级的各类物质体系,涉及的范围很宽。化学的研究方法和手段包括实验和理论研究两个方面。创建学科理论和利用理论方法解决问题的重要性,已经引起化学界的普遍关注。不久的将来,理论和实验将成为化学工作者不可或缺的两只手。化学的发展迫切需要有天才、有志气、有恒心的青年人来参与。这是一个极具挑战性的领域。你只要认清了这样一个学科的发展前景,认识了学科现在的这种面貌,认识了这样一种学科对人类、对整个社会发展的重要性,就应该立志成为真正杰出的化学家。

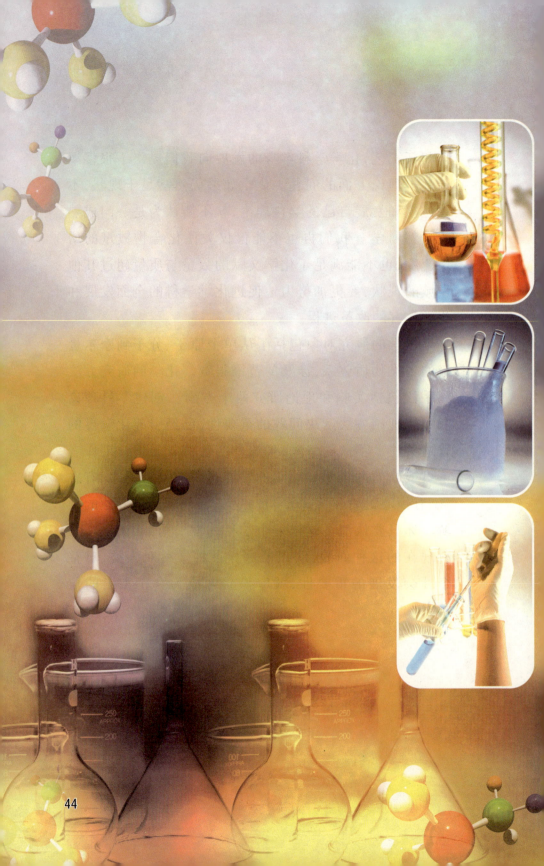

科学教育和建设创新型国家

韦 钰

一、建设创新型的国家必须从娃娃抓起
二、创新思维是激情驱动下的直觉思维
三、科学技术的发展为我们研究教育改革提供了新的平台和新的机遇
四、探究式科学教育是培养21世纪合格公民,增强国家竞争力的有效途径

【作者简介】韦钰,女,1940年生。1965年南京工学院电子工程系研究生毕业。1981年获西德亚琛工业大学工学博士学位,是第一位获得博歇尔奖章的中国人。她获美、英、加、日、港、澳等八校名誉博士。1994年当选为中国工程院院士。1993—2003年曾任国家教委副主任、国家教育部副部长。历任东南大学学习科学研究中心名誉主任、中国民族教育学会理事长、中国电子学会副理事长、中国科协副主席、全国政协科教文体委员会副主任等职。

韦钰在电子学领域工作了40多年,作出了系统的和重要的贡献,特别是在发展中国生物电子学和建立分子电子学学科方面作出了开创性的工作,在电子学领域发表了300多篇论文。她在中国高等教育改革和发展现代远程教育方面也作出了重要的贡献。

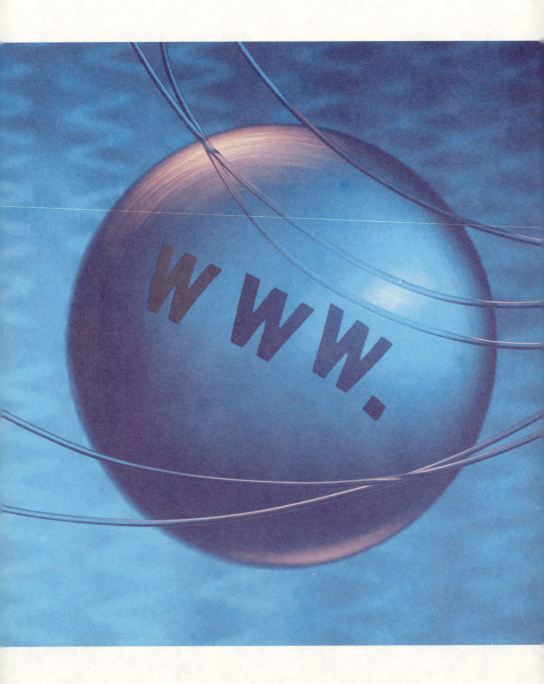

一、建设创新型的国家必须从娃娃抓起

在十六大报告中,江泽民同志代表党中央指出:21世纪的前二十年是我们的一个战略机遇期,大家必须紧紧抓住这个战略机遇来建设一个小康社会。当时提出的内容中,一方面是经济发展的指标,另一方面包括民主的健全、科教的进步和文化的繁荣,也提出了社会的和谐和人民生活的更加富裕。当时大家记得比较清楚的指标是国民经济总量翻两番,这是经济指标。今年,新一代的中央领导集体把其他一些目标更加明确了。影响比较大的一个新提法就是我国要在2020年建设成为一个创新型的国家。随之,中国科协提出到2020年我国公民科学素质要达到发达国家21世纪初的水平;中国科学院提出到2020年要进入世界同类研究机构的前三名;教育部在"985工程"里已经有一批学校,比如说清华提出2011年达到世界一流,还有北大、复旦说需要20年左右,那也差不多在2020年左右会达到世界一流。这些指标比较具体,有了时间,有了国际可比的标准。在这以后,很多城市都提出要建设成为创新型城市,现在创新成为领导和很多会议中大家都比较关注的话题。

我觉得建成一个创新型的国家不是少数精英的事,它需要提高整个民族的科学文化素质,是一个创新文化的培育过程。在这个过程中,教育是必不可缺的,而且

必须从娃娃抓起,从基础教育抓起,我们才有希望变成一个创新型的国家,而不是某个企业变成创新型企业或某件事情上我们有创新,创新型国家就建成了。全体国民素质的提高才是国家行为进步的基础。什么时候开始重视基础教育改革,然后至少再经过15—20年,国民科学素质提高了,创新型国家才能建立。

为什么要15—20年呢？现在开始受教育的孩子,在15—20年后会成为国家的栋梁。假设他们从现在开始,我们已经给他们良好的创新型教育,那么这一批小孩长大以后,就会具有创新型国家的国民素质。我认为领导讲要建设一个创新型国家,省长讲要建设一个创新型省,这都是一个战略部署。对于我们搞教育的人来说,我们就需要研究如何落实。创新型国家一定由创新型人才组成,虽然创新的类型可以不同,但所具有的基本素质和文化应该是相同的。什么人能创新？创新的过程是怎么发生的？创新型人才具有什么特点和素质？他们是如何成长的？下面就我们近年来对这些问题所作的一些探索,介绍一些情况和观点。

二、创新思维是激情驱动下的直觉思维

我们看看爱因斯坦怎么说。大家都承认爱因斯坦在科学上作了重要的创新,其影响是非常巨大的。他

说:对表面现象之后隐藏的规律的感觉,使我们产生直觉(The way of intuition, which is helped by a feeling for the order behind the appearance)。他用的词是feeling, feeling就是感受、感觉。爱因斯坦的意思是说,当我们创新的时候,我们是有感情的,是有激情的,是靠一种直觉,而不是靠逻辑思维过程。如果说是有规律可循的逻辑思维过程,再复杂也可以交给计算机去做,可以重复和控制的过程,就不是创新了。再看看我国著名的计算机科学家王选院士怎么说的,他说:"我们为什么能够成功,情商起着决定性作用。"他怎么会提出和强调一个情商的问题呢?现在很少有老师和家长真正注意这个问题,绝大多数的老师和家长都是注意孩子今天数学题做对了没有,今天孩子一分钟能做多少口算题,孩子语文生词默对了没有。有多少老师或家长会问孩子,你今天社会情绪方面有没有出问题,或是关注孩子社会情绪能力的培养。但是为什么获得巨大成功的科学家,像爱因斯坦和王选都说:成功的决定性因素不是智力,而是情感呢?

我们再看看作家们怎么说。作家尼尔·西蒙说:"我在想,怎样才能确切表达出我一生的主题。"我的结论是,有一个词可以最恰当的表述,那就是"激情"。热情是主宰和激励我一切才能的力量,如果没有激情,生命会显得苍白和凄凉。再看看企业家怎么说。前几年刚刚卸任的可口可乐公司总裁唐纳德·基奥是这样讲的："激情一直是我生活的核心。"无论你们是从事商业、科学，还是法律、宗教或教育；无论你们是绝顶聪明，还是和我们常人一样资质平平；无论你们是高矮胖瘦，还是贫富悬殊，你们是怎样的人并不重要，如果你希望生活得有成就感，希望过得充实，有一样东西必不可少，那就是激情。所以，这些成功的人告诉我们，真正创新的那一刻，我们用的是激情驱动下的直觉思维。在人的一生中，不论职务高低，成就大小，有一样东西不能少，那就是激情。

什么是激情？什么是情商？如果我们用专业名词来说，我们称它们为社会情绪能力(social emotion competency)。社会情绪能力在不同的文化背景下有不同的含义，但是下面我介绍的是比较普遍接受的定义。它包括：(1)正确地估价自己：能觉察和正确地认识自己的感情。能够控制自己的感情，使其适当。比如说恐惧的时候、焦虑的时候、愤怒的时候、悲伤的时候，能知道原因在哪里，自己能控制自己。现在我国患忧郁症和自杀的人数在增加，还有一些突发的暴力行为也很触目惊心，这些都属于不能正确的了解和控制自己的情绪。(2)激励自己，能够克服自己的自满和迟疑，能调动自己的情绪去达到某一个目标，不论在成功或是遇到挫折的时候，都能较持久地保持一种上进的激情和前进的动力。

（3）同感力，这一点非常重要，也是我们现在很多孩子欠缺的。同感力指能够了解别人的情感，对别人的情感和利益具有敏感性，并能理解别人的观点，欣赏不同人对事物所具有的不同认识和持有的感情。比如说，当你跟一个人谈话或合作的时候，你如果知道人家对这个问题的看法，人家的感情是什么，你才能调节自己的行为，去建立积极的关系。（4）最后一个就是要善于处理人际关系，具有和别人合作共事需要的交流、表达能力和技巧。社会情绪能力的形成和人的所有行为相似，有先天因素的影响，更重要的是要靠后天的培养。

　　我们说，创新依靠的是一种直觉。直觉在复杂情况下的决策过程中，在创新过程中必不可少，它是一种快速的意会，你并不知道它怎么来的，也没办法解释它为什么能突然呈现在脑海里，没有激情就没有直觉。当然直觉并不意味着都是对的，都是有用的，直觉大部分情况下都是不完整的，甚至是错误的。所以直觉是在复杂情况下，你对一个问题有突破性想法时，一种你想求不一定求得到，你不求也许会来到的跳跃性的思维，而这种思维在很多情况下是错误的，你必须反复矫正，但在某一刻突现直觉是你必须有的创新思维的基础。在直觉中有一类我们常常称它为灵感，它是指直觉当中比较有用的那类。某一个灵感，某一个创新思维出现之初不是细节，只是思路；不是思想的重复，是思想的飞跃；不是冷静地通过逐步逻辑思维的推理而产生的,而是突然浮现。了解了创新思维的特点,你们就知道创新不是靠行政命令就能立竿见影的。现在有个别单位,说要求大家聚在一起"胡思乱想","胡思乱想"就能创新吗?创新不是靠给钱就能产生的,当然没钱也是不行的。总之,创新不是可以命令出来的,它有自己的特点、产生的条件和规律;创新也不是今天需要人才,所有人都变成了创新人才,人才需要一个漫长的培养过程。

再介绍一下2002年诺贝尔经济学奖获得者Kahneman教授的研究工作。Kahneman教授是普林斯顿的一位教授,著名的心理学家。他长期和斯坦福大学的Amos Tversky教授一起研究人的决策过程。人在生活中经常需要做决策,包括你今天早上起来需要决定是否吃早饭,你今天中午需要选择在哪里吃饭,吃什么等等,这些都是比较简单的决策。人在复杂情况下是如何决策的呢,Kahneman教授长期致力于研究这个问题。他是一位心理学家,但2002年得到的却是诺贝尔经济奖。为什么呢?因为他的研究成果可以给经济投资决策以启示,对新发展的一门学科——行为经济学作出了贡献,所以他获得了诺贝尔经济奖。他目前在研究快乐,研究快乐是怎么回事,人怎么会得到快乐的,快乐不是只用钱可以买到的。他的研究工作就是一种创新,他的研究课题不是大家认为正常的、常规的研究课题。他的研究被他原来工作的学校认为意义不大,学校不支持,后来他转到普林斯顿大学工作,得到诺贝尔奖时是普林斯顿大学的教授。普林斯顿大学很得意,慧眼识英雄,原来的学校就不好意思了。图1简要地表示了Kahneman教授的研究结果,揭示了人有两种决策系统。第一种决策系统是直觉决策系统;第二种决策系统是推理决策系统。就决策过程来说,直觉决策系统快速地、平行和自动地处理信息,需要联想,不是你刻意追求的,还不容易学到。就过程来说,直觉决策系统跟感知过程十分相像,但是具有不同的性质,具有不同的内容。什么叫感知的直觉呢?小孩常常会用感知的直觉。例如小孩看到某个人,会说讨厌死了,像特务,看到另一个人,会觉得很好,像英雄,你问他理由,他也说不清楚,他就是凭

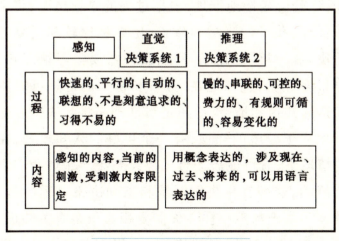

▲图1 人的两种决策系统

借当时直觉感知的内容，当时获得的刺激印象来做结论，这也是一种直觉。成年人有没有这类直觉呢，也有，例如两个年轻的男女一见钟情，在瞬时的刺激下钟情了。在这种情况下做的抉择，有时可能是对的，特别在一些文艺作品里是这样描述的，但很多情况下也会判断错误。有的人第一次见面以后，回去会再琢磨琢磨，他是否有房子，现在有的人考虑问题比较现实，当然更重要要看他人品如何，职业上表现如何等等，再做决定。这就不是直觉，是要利用你的知识和获得的信息，运用逻辑思维来进行推理判断。因此，人有第二种决策系统，依靠推理来判断。依靠推理判断决策的过程是一个慢的、串联的、可控的、费力的、有规则可循的过程。这种决策过程我们经常在用，比如你今天为你的孩子选择学校，你就会慢慢地推理，根据过去的录取情况，将来的就业情况，孩子的兴趣和特长，做多种比较和反复考虑以后决定。科学上也是一样，我们需要学习很多知识，积累很多经验，包括现在、过去和将来的许多可以用语言表达的知识和情节，运用逻辑推理来进行决策。如果我们积累了较多的知识，有一个更好的认知模型，在一定的情境下，有可能启动直觉决策系统。正如我们上面所介绍的，这种直觉决策系统和感知决策过程类似，但是内容和基础都不一样。你需要积累很多有关知识，而且这个知识必须是有结构的，有组织的，有正确模型

科学教育和建设创新型国家

的。重大的创新一般多出在研究基础比较好的团队里，因为这个团队里积累了一些正确的，用概念表达的知识和模型，在激情驱动下，直觉决策系统才有可能启动，并产生创新，出现一种可欲不可强求的灵感。

什么是我们可以训练的呢？我们可以训练的是推理决策系统，我们可以学习的是概念表达的很多知识，而且这些概念表达的知识应具有正确的模型和结构。近三十年来认知科学研究的进展，揭示了人如何有效的学习和进行知识综合的规律，今天没有时间详细地介绍这方面的内容。

总之，来自成功者的经验和心理科学的研究告诉我们，创新是激情驱动下的灵感。无论科学上的创新，还是在艺术上的创新都一样。这种激情来自于对人民、自然、科学的热爱，来自于对真理的追求，对完美的追求。这样的例子在科学史和艺术史上是很多的。在感情的急剧激荡时，会产生出创新的火花。总是在百思不得其解，如痴如醉地追求之中，才能得到忽然醒悟。中国有句古话"急中生智"说的就是这个道理。

因此，不是每个人读完大学、读完研究生甚至拿到博士学位了，你就能够创新了。你积累的知识够不够，你知识积累的过程是否合理，你能否激发你贮存在脑子里的知识去产生新的火花，所以我描述创新是划破黑暗天空中的那道闪电，是可以燎原的火花，你抓住那种火花,抓住那点思维,然后再扩展。那点火花,那种思维是在你非常想解决某件事,非常喜欢这件事,而且是在你自己已经想得走投无路,死去活来的时候,差不多有可能出现了。现在我觉得很可怕的是有一批学生到了大学就不想学习了,他觉得学得太苦了,已经学够了,他不再愿意研究了,没有研究的激情了,这种学生绝不会有创新。我有一次和一位青年教师谈话,他很聪明,很有能力,但是在研究工作中就是不出成绩。他说:"老师,我从幼儿园开始就被逼着学习,学得这么苦,我好不容易研究生毕业了,还要我学习和研究,现在不玩什么时候玩。"如果我们的年轻一代,小的时候学得很苦,没有玩的机会,长大了,需要他们拼搏的时候,已经厌倦了,没有热情了,怎么能创新呢?所以基础教育的改革是很重要的。

三、科学技术的发展为我们研究教育改革提供了新的平台和新的机遇

Kahneman教授的研究属于心理科学的范围。心理科学是研究心智的科学(Science of Mind)。科学技术的迅猛发展,给我们提供了一个新的平台,可以把心理科学和脑科学结合起来,研究心理活动和脑的关系,并从中获得有用的知识,促进我们教育的变革。

由于在20世纪,特别是近三十多年来有关领域科学技术的进步,我们有可能获得许多有关脑的活动情况,而不需要把脑剖开。图2给出在什么时间和空间尺度上,用什么技术可以得知脑的活动情况。图的横轴表示的是时间,单位是秒的对数;纵轴表示的是空间尺度,单位是毫米的对数。纵轴最上面是脑的大小,最下面是突触的尺寸范围,横轴的范围从毫秒到几年,在这些时间和空间范围内脑的活动可以用不同的技术去探测。其中最主要的两项技术是正电子CT和功能核磁共振CT。

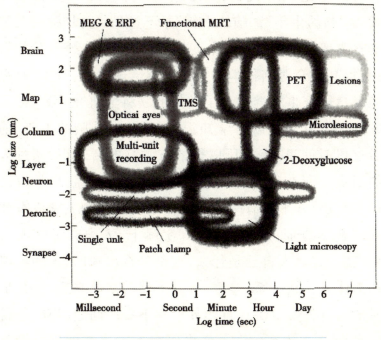

▲ 图2 不同时间和空间分辨率时使用的技术

CT就是计算机断层成像的缩写。在医院里使用得比较普遍的是X射线CT，它能拍出病人脑中的占位性变化，如肿瘤和出血等。而功能核磁共振CT和正电子CT可以探测到不同脑区的活动状态，比如人讲话的时候，脑子里的哪个区域被激活，可以用这些新技术来探测，这就对研究我们的认知、情感和决策过程很有用了。加上分子生物学的进展，使人类对脑的认识有了飞跃性的进展。这是很重要的，人和其他动物不同，就在于我们有一个独特的脑。

20世纪90年代初，美国总统布什宣布20世纪90年代为"脑的十年"，"脑的十年"并不是只是为加强有关脑的科学研究而提出的，更重要的是要向公众普及脑的知识，提高公众对脑科学的关注。继美国之后，日本、欧洲等发达国家也相继建立了类似的脑科学研究计划，以及发动向公众普及脑科学知识的行动。在"脑的十年"前后这段时间里，人类所取得的有关脑的新知识，超过人类历史上所获得的对脑知识的总和。现在脑科学发展得非常快，几乎没有一个发达国家的研究型大学没有建立脑科学方面的研究队伍。实际上，人类有了文明以后，就一直对人自己是什么，人是怎么出现的，人的灵魂和肉体是什么关系，等等，有着天然的浓厚兴趣，但是那时的人首先要解决在自然界生存下去的问题，当时的科学发展水平又不允许人们去研究人脑这个世界上最复杂的系统,所以人类就把对人心智问题的解答归结到神那里。科学发展到今天,我们已经有可能研究人的心智和脑的关系,研究人的心智的家园在哪里,并给我们研究人的行为和教育改革以重要的启示。研究心智的心理科学和研究脑的神经科学结合而形成了认知神经科学和情感神经科学,研究心智的生物科学(Biology of Mind)。

有关脑的基本知识大家也许很熟悉,在这里我简单介绍一点关于脑的基本知识。人所以独特、复杂和高超,不是因为我们的手特别有力气,也不是因为我们的腿跑得最快,是因为我们的脑特别的独特、复杂和高超。在进化的过程中,人的脑变化最大,它不仅增加了体积,而且脑皮层的褶皱变得很多。假定把我们的大脑皮层抹平,并平摊开来,我们的脑皮层相当于四张打字纸那么大。但是很多动物,即使它们的身躯比人类大,它们的脑要比人的脑小得多,或者它们的脑没有我们的脑那样具有那么复杂的结构。我们的脑含有1000亿个神经元。神经元是脑里的工作单元。它的形状很像我们的手,手掌像细胞体,手指像树突,这些树突负责接受来自其他许多神经元的信号,把它们传至细胞体,神经元有一根粗的轴突,像我们的手臂,它把信号送出去。在这个神经元的树突和另外一个神经元轴突之间会形成许多接点,称为突触。我们脑里约有1000亿个神经元，每个神经元可以有多少与其他神经元的接点呢？可以有几百个、几千个，甚至更多。这些接点很奇特，绝大部分的接点不是直接接触的，而是在这些接点处形成很窄的隙缝，在隙缝中存在着上百种不同的化学物质。这些上百种化学成分必须在一定时间维持一定的浓度，我们的脑才能正常工作。即使脑的突触结构没有改变，但是突触间隙中的化学成分变化了，脑的功能也会变化。人脑的确是世界上最复杂、最高超的机器，比计算机要复杂得多。

　　学习是和记忆密不可分的，记住的信息在需要时可以重新提取出来，可以指挥和影响我们的行为。那么人是怎么形成记忆的呢？有的时候我们记住的信息只能是短暂的，比如你要打电话时，你需要记住一个新的电话号码，一般你只能记住7个到9个数字，你不停地念叨着这串数字，拨完电话后你大概就把它忘掉了。但是有的信息却可以长期记住，记住几天、几个月、几年，甚至一生。最初心理学家把我们的记忆分成短时程记忆和长时程记忆。怎么把短时程记忆变成长时程记忆呢？开始人们认为只要多念几遍，多背几遍就记住了。但后来心理学家们进一步分析，认为这个模型不全面，我们在进行思索的时候，既会从外面得到信息，也会调动我们脑子里已经存储的信息，认知心理学家进而提出了工作记忆的模型。像演讲者做演讲的时候，演讲者必须启动相应的工作记忆，注意听众的反应，掌握演讲的时间和进度，必须调动脑子里已经存储的知识来进行工作，所以在长期的记忆和工作记忆之间会相互通信。工作记忆中可以含有不同种类的信息，比如说，空间记忆、可以用文字和语言表达的记忆等，它们储存在脑的不同区域；但是，讲话的姿势和讲话用的中文文法就不需要有意识地调用了。

到了1973年，年轻的神经科学家Bliss和Lomo在海马中发现了突触连接之间有一种电信号可以较长时期存在，他们称它为长时程增强效应——LTP。LTP是在我们了解记忆如何形成的探究中很重要的发现。现在科学家知道人怎么会记住信息了，它是因为突触之间有LTP存在的时候，LTP到一定的强度或重复激发就可以激发神经元细胞核中的一种蛋白CREB。CREB蛋白存在于细胞核里，它会选择性地激活基因，使基因开始表达，进而产生加强突触的蛋白。这些新生成的蛋白很神奇，它会跑到应该加固的那个突触接点去，改变那个地方的连接强度和蛋白结构，这样就形成了长时程的记忆了。这个研究成果十分重要，它让我们了解人之所以会记住信息，是因为在我们脑的某一些突触中间改变了连接，真的有新的蛋白生成在那儿。

因此，孩子出生以后，他们建构知识的过程是非常重要的，学习过程中他形成的那些记忆已经是他进一步学习的基础,不是轻易能抹掉的,所以,早期教育很重要。我们需要引导学生学习,给他们提供最有效的学习环境和途径。这个研究结果也说明孩子形成的行为实际上是受两个因素影响:一个是基因,这是先天的因素,先天会决定一些倾向,一些大体的发展蓝图。另一个是后天的环境,后天为他的成长提供条件,甚至于基因的表达也是需要后天的刺激才能表达出来的。孩子的脑是在社会活动中形成的,是在教育中形成的,而这个形成过程是先天的基因和后天的环境在共同起作用,先天的基因和后天的环境形成一起改变了我们孩子的脑,才影响了他们的行为,而这种外部环境中最重要的是教养环境,特别是我们的教育系统,以及孩子的父母给他们的环境。过去我们可能有这样的直观感觉:不管是孩子有天分也好,孩子稍微有些方面欠缺一点也好,如果他幸运地遇到了一位好的老师,这是他一生的幸福。现在我们可以从脑科学的研究成果中找到一些依据了。孩子的天分是有的,但是后天的学习过程对他有很大的影响,学习过程在建构着孩子的脑,孩子记住的那些东西是先天和后天作用的结果。因此我们不主张让孩子自己去自我发现,去乱碰乱摸,不是只要孩子开心,这个教育改革就成功了,只要快乐了就行了,而是需要孩子在老师的指导下,在学校、家庭和社会提供的环境下主动地、有效地学习,有效地建构。

科学教育和建设创新型国家

人类积累的知识经历了几千年的时间,人类的文明史近一万年,到了17世纪,伽利略才搞清楚自由落体运动的规律,人们才承认思维坐落在脑里,而不是心脏里。你叫孩子自己去摸索,他有几千年的寿命吗?教育需要把我们人类积累的很多知识和智慧一代一代地传承下去,让后代在前辈的基础上进一步发展和创造新的文明,为此,我们需要研究孩子怎样才能更有效地学习和成长,老师怎样才能有效地指导他,当然,必须让学生自己主动地学,他不想学是学不进去的,教师指导下的学生的主动学习是我们教育改革应该坚持的方向。

在我们的脑子里不是储存着一种类型的信息,我们的记忆至少有两种类型。先让我们了解一下人脑的功能分区。18世纪德国的神经解剖学家Brodmann用显微镜观察了人脑中的细胞形态,按细胞形态的不同,把脑分成了52个分区,它们就像脑中的门牌号码。现在科学家大致知道了不同的功能涉及哪些脑区,只能说是大致的,因为尽管神经科学取得了惊人的进展,但是人脑那么复杂,我们只能逐步去认识它。我们已经知道什么区域是管讲话的,什么区域负责理解语言,什么区域和视觉有关,什么区域控制动作,等等。

在加拿大有个病人代号叫H.M.,他患有严重的癫痫病,那个时候医生经常用外科手术为癫痫病治疗。医生为H.M.开了刀,切除的是称为海马和海马边缘的区域。

这个病人开刀以后,发现他能保持他开刀以前两三年的记忆,但是再也形成不了新的长期记忆。譬如说,他的心理医生每天去看他,跟他谈了很久的话,可是当医生出去了,一会儿再回来,他就会问:你是谁?他不再认识这位医生了。他形成不了新的长期记忆,但是他还能学会一些技能,比如说打字,比如说骑自行车,这表明人记住的信息储存在某些区域里,这些区域被切除了,人就再也无法形成新的有关情节、人名等的记忆了,可是还能学习新的动作,这是一个故事。

另外还有一个故事,一个病人叫Gage,是在美国铁路上工作的一位工头。有一次他在作业时发生了事故,突然发生的爆炸使一个铁棒穿过了他的头颅,在他的头上打了一个洞。他很幸运没有立即死去。他跑到附近的旅馆去,让医生给他缝了几针,他又活下来了。Gage受伤治愈以后,他的智商并不低,可是再也不能正确地处理人际关系,再也做不了正确的决策,游手好闲,无所适从,比较年轻就过世了。Hanna Damasio博士和她的同事用现代图像技术把Gage头颅图像重新恢复,现在这个头骨放在哈佛大学的医学院的博物馆里。这个病例揭示了一个事实,原来我们脑子里有一个区域是负责决策的,是负责我们价值取向的。

以后神经科学家经过了很多研究,至少现在是比较主流的看法,认为我们脑中有两种记忆(见图3)。一种

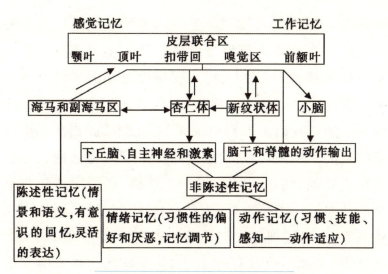

▲ 图3　我们脑中不同的记忆系统

叫做陈述性记忆,和我们在认知科学讲的明晰性的学习是对应的。那就是天天我们教给孩子的知识,叫他记住很多规则,教他那些数学和文字,那些有意识的,回忆得起来的,可以用语言和文字表述的知识,它存储在哪里呢?它存储在海马和副海马区里。但是情绪,特别孩子小的时候你对他的伤害,或者他受到了什么虐待或忽视,很幼小的小孩你忽视他就是对他的伤害,这些信息虽然不能明确的表达出来,但是已经进入了他的情绪记忆,变成他性格的一部分。此外还有我们的动作,我们的习惯,包括我们习得的母语文法等。这些技能和习惯是我们不假思索就执行的行为,它是通过通常称之为隐性学习,就是经过潜移默化而习得的,这些称为非陈述性记忆。科学家大致知道了不同类型存储区域最主要的脑区。杏仁体的部位是情绪记忆的主要区域。基底节包括尾核、壳核和小脑,是程序性记忆的区域。海马和它附近的区域是陈述性记忆区,是记忆说得清楚的那些知识的。我们天天问孩子你学到没有,就指在那里形成的记忆,当然那也是很重要的。可是非陈述性记忆也是很重要的,情绪记忆不仅影响性格,还影响认知和决策。动作记忆也很重要,为什么优秀的运动员要从小开始训练,小时候训练才能训练到很高的水平。如果一个球过来,例如乒乓球打过来了,乒乓球运动员开始推论从哪个方向去接,球早落地了,那准会输。好的运动员已经不需要慢慢想就反应了,这些就靠非陈述记忆。所以在人的记忆系统里并不是只有一种记忆系统。

这里我想特别强调一下情绪记忆。杏仁体被称做情绪的发动机,它是我们对恐惧情绪进行反应和记忆的区域。恐惧会影响到我们身体的激素系统,影响我们的身体状态。譬如说,在我们的身体里,脑和脑之外的部分可以通过称为HPA轴相通。简单地说,如果孩子长期受到慢性压力和恐吓,他的可的松水平会不正常。现在脑科学上已经知道,如果长期处在紧张的情况下,可的松水平全天分泌不正常的话,海马会萎缩,学习能力会下降。

需要强调的是:孩子先天的基因和后天的教养,特别是早期的教养,共同影响着孩子的情绪能力和性格的形成。这里可以举一个例子,哈佛大学的Kagen教授和马里兰大学的Fox教授进行了关于儿童气质的研究。他们发现在儿童四个月的时候,可以把孩子的气质通过一定的实验来进行分类。大致可以鉴别两种类型的孩子,一类孩子比较内向,一类孩子不太内向。当这些孩子长到了20多岁,重新找回他们中的22位,用功能核磁共振仪对他们的脑部进行成像。结果显示,幼年时不同气质的儿童长大以后他们脑中的杏仁体对陌生事件的反应仍然是不一样的。原来属于内向气质的孩子,他们的杏仁体对陌生事件的反应仍然较大,这说明先天有一定的影响。可是同样属于内向气质的孩子之中,成人以后情况是不同的,分成了不同的类型,有的人性格和情绪能力都正常,而有的人却较差,甚至有某些精神疾病的症状,这可能跟他们早期的教养有关系。所以早期的教养方法需要考虑孩子不同的气质,同样的教养方法,可能对这个孩子适合,对那个孩子不适合。而且我们可以发现他们对同样的事件承受能力是不同的。有的孩子你训斥他,他能承受;有的孩子你对他稍微严厉点,说不定他就受不了了,甚至自杀了。

这里还可以介绍另外的一个研究成果,美国Wisconsin大学的科学家的研究结果。这个研究说什么呢?人类和一些动物都具有一个称作单胺氧化酶MAOA的基因。最初，科学家在荷兰发现有一个家族，他们MAOA基因的启动子区域有变异，这个家族男性后代中有恶性犯罪行为的明显较多。后来美国Wisconsin大学的科学家研究了新西兰一项对儿童跟踪研究的情况。这项研究表明MAOA基因有变异的孩子对早期教养的条件要敏感得多。有基因变异的孩子如果早期教养对他有忽视和虐待行为的，他们成年以后恶性犯罪的概率就高。而没有MAOA基因变异的孩子长大以后的行为对早期教养的情况就没有那么敏感。

总之，社会情绪能力对人的一生很重要，实际上是社会情绪能力决定了人一生的成功和快乐，我们的智力只是决定我们在什么层次上，什么领域里能够成功。比如说工程师，一般可能没有科学家和文学家那么聪明。但不同职业的人，都可以有快乐和成功的人生；而社会情绪出问题，那么这个人的一生既不快乐，也很难成功，甚至会毁于一旦。

在中国一项统计显示可能有80%的父母主要关心的只是孩子学了什么知识，记住了多少课文和生字，会算多少算题，对儿童情绪能力的培养不够关心。调查的结果还显示，孩子现在很不希望父母老师总否定他，希望老师和家长能多了解和关心他们的想法。现在无论是少子家庭的社会也好，独生子家庭的社会也好，组成儿童发育的四个环境——家庭、同伴、学校、社会都发生了变化,特别是家庭和同伴的环境。现在中国处于社会转型期间,儿童分成了不同的群体。我们必须要特别关注他们社会情绪能力的培养。

中国古话说,三岁看大,七岁看老。现在看来,古训是有道理的,早期的发展和教育,对儿童陈述性的知识积累也许不是决定性的,但是对他们的社会情绪能力,对他们的性格形成,对他们的语言表达能力都是十分关键的。即使是知识积累,早期的概念和认知模型也是他们以后继续建构何种知识结构的重要基础。

从介绍的这些脑科学研究成果来看,大家可以进一步理解为什么创新型国家建设要从娃娃抓起。

四、探究式科学教育是培养21世纪合格公民,增强国家竞争力的有效途径

我们承认世界上有些国家是创新型的国家,研究它们的发展过程和目前采取的政策,对我们建设一个创新型国家可以有些启示。以美国为例,二次世界大战以后,当时的美国总统杜鲁门决定要在美国系统地建立和加强科学研究能力,因此而设立了国家自然科学基金会。美国的国家自然科学基金会从成立之初,就把支持学校科学教育的研究作为它的主要任务之一。1957年,苏联载人卫星的成功发射震撼了美国。美国感到在科

学领域落后之际,首先想到的是教育改革,特别是科学教育改革,并认为最重要的投资应该是对基础教育的投资。从小培养起来的新一代,更为有希望,也更为重要。1983年,美国感到在市场竞争方面日本对美国有威胁,发表了教育报告《民族在危机之中》。1985年,美国先进科学技术协会(AAAS),类似于我国的全国科协,公布了"2061计划",提出在2061年哈雷彗星重新回归地球附近的时候,全体美国人科学素质应该达到的标准。1995年,在已经进行了三十多年科学教育改革的基础上,美国颁布了它历史上第一部科学教育标准。2006年,布什在他的国情咨文里就"美国竞争力行动计划"只强调了三点:第一,对物理研究包括超导、能源、纳米等领域增加投资。第二,对工商业实施一项长期的免税政策。如果投资到研究上,可以长期免税。第三,加强中小学的数学和科学教育,要增加经费投资,具体提到要增加多少科学教育师资。布什的有句话值得我们深思,他说:"如果我们能保证美国的儿童在他的生活中获得成功,他们将确保美国在世界上获得成功。"

现在提出要加强我国国家创新能力的建议和措施不少,包括专利、投资、机制,加强高等教育,等等,就是很少有人强调基础教育,特别是基础教育中的科学教育。

发达国家和一些发展中国家都在20世纪末相继公

布了国家的科学教育标准,三十多个国家开展了幼儿园和小学中的探究式科学教育改革,以使新一代的国民有效地掌握科学概念和概念之间的联系,以及正确的推理方法和模型,培养语言表达和交流能力、探究能力和探究的热情,培养科学精神和合作精神,在大批培养创新人才的基础上,希望能造就一些顶尖人才。

儿童生而具有强烈的好奇心和学习科学的巨大潜力,但是,儿童也会形成一些对科学概念的错误理解。对5—12岁的儿童进行探究式的科学教育,不仅可以保护和激发儿童的好奇心,帮助儿童建立正确的科学概念,发展探究能力,而且有利于儿童情绪能力、语言能力等方面的培养。它既让儿童有一个愉快的学习经历,又为他们的终身学习和发展奠定了重要的基础。科学教育的目的不是在简单地传授知识,而是在建立一种新的文化,包括对我们生活所处世界的态度、思维方式、价值取向。科学文化中核心的精神是实事求是,追求真理,这是我们坚持建设有中国特色社会主义道路,建设创新型国家必须具有的。

2001年,教育部和中国科学技术协会共同倡导和推动了一项有示范意义的科学教育改革,取名"做中学"("Learning by Doing"),即在幼儿园和小学中进行的基于动手做的探究式学习和教育,此举对促进我国幼儿园、小学科学教育发展,实现素质教育的目标有着重要的推动作用。

"做中学"科学教育从一开始就确定了以下的九项基本原则：(1)面向每一个儿童,尊重儿童间的差异；(2)为儿童终身学习,更为儿童学会生活奠定基础；(3)教学案例应来源于生活,从儿童熟悉的周围取材；(4)引导儿童主动探究、亲历发现过程；(5)教师是儿童学习科学的支持者和引导者；(6)采用激励性评价；(7)科学工作者和教育工作者共同推进科学教育；(8)充分动员社区和家庭的力量,支持科学教育；(9)运用现代化的互联网络,增进国内和国际间的交流与合作,建立了汉博网站:www.handsbrain.com。

这项实验进行之初,选择了教育水平和教师水平非常好的3个城市中的3个区,北京的崇文区、上海的静安区、南京的玄武区,以后应李嘉诚基金会的要求增加了汕头市。实践五年多来,在数百所学校取得的效果是显著的,特别是科技界和教育界正在共同携手推进这项试验,例如上海市科协和上海教育委员会共同在上海的6个区启动了这项科学教育实验,科技界的努力进入了教育的主渠道。

然而,从我国科学教育的整体情况上看,认识还没有统一,在国家标准制定、教育科学研究和教师培训上和发达国家之间存在明显差距,特别是教育科学研究和教师培训方面,对这些问题的研究还没有提到议事日程上来。目前的基础教育状况是不利于创新人才培养的，相当一部分学生的好奇心和创新热情在儿童时期已经被消磨殆尽，到大学阶段，许多学生已经失去了学习和研究的热情，过多的知识记忆和过重的为了应付考试的作业负担，使得学生的动手能力和探究能力得不到很好培养，只有能力特别强的"压不垮"的极少数人，可以脱颖而出，这样下去，创新型国家如何能建成。

有的人认为我们的数学和科学教育水平已经很高了，从掌握知识和技巧上看，也许是这样，但是从培养适应21世纪的创新人才来看，远不是这样。我们目前的教育不利于创新人才的培养，这是国内外教育界比较清醒的一致评价，也是我们不能不承认的现实。

"80后"的孩子大多来自独子家庭，对孩子来说，独子家庭的成长环境是一个非常大的变化，我认为，我们教育领域没有对此作研究，没有采取足够的应对措施。根据近年来我们的研究，独子家庭生长的孩子至少在两个方面需要特别关注，一个方面是同感力的培养（Empathy），就是对他人的痛苦，他人的感情表达，他人的不同意见感受的敏感程度。有了感受才谈得上为他人着想，具有同情心，才有可能与人建立好的合作关系。有两个小孩在一起成长，他们经常在一起相互培养同感能力。例如哥哥打弟弟，弟弟就会还手，这中间就有人际关系的协调，他们要知道什么时候出手能重些，什么时候得轻点,什么时候要向父母告状,他们天天在学"同感"。现在,一个家里只有一个小孩,出手打过去是面对六个大人,大人怎么会跟孩子计较,说不准还高兴呢。有的父母也许会说,"孩子,别打人",但没人解释给他听,你打人,人家是什么感受。北京现在出现"啃老族"了,父母的痛苦子女不知道,他没有感受。我认识一个北大的孩子,家里借了几十万让他到英国去,在英国一年多得到一个统计数学硕士,回国找不到工作,不敢告诉家里,家里准备再借钱供他。我们在幼儿园做实验,发现中国孩子有个特点,老师问"你会吗",人人抢着举手,但别的小孩讲述的时候,大多数孩子都不听,没有倾听别人意见的习惯。

  另外一个特别需要关注的是培养自尊和自信,这很重要,我们的文化本来对孩子就喜欢包办代替。一个美国教授给我们看一张图,图中很多小孩在滑雪,最前面是自己的小孩,跌倒了,在图的旁边写的文字是"伟大的摔跤",意思是说,你这个跤摔的好,你自己得爬起来。我们的孩子别说摔了以后,家长会赶紧去扶,有时是还没有摔倒,就好几人扶着,生怕他跌倒了,如果这样,他将来长大了怎么能够自尊、自信,怎么能够在困难面前勇往直前,这能怪他们吗?我们现在就必须在教育里强调这方面的培养,这就是要重视儿童社会情绪能力的培养的原因。

现在不少人也觉得应该加强对学生关心他人、合作精神和自尊、自信的培养,但是认为这是通过人文教育,例如背古文,靠说教就能培养的。这种方法对成年人有没有用,我不敢说,对孩子用处不大。社会情绪能力需要通过社会实践活动才能培养。毛主席讲过,社会实践就三种:阶级斗争、生产斗争和科学实验,前两种引入幼儿园和小学是困难的,但是科学实验可以。我们已经积累了不少实践的案例,证明通过探究式科学教育可以培养儿童的社会情绪能力。我们经常提醒实验校的老师,务必注意对孩子这方面的培养,这比让学生懂得"水是一种物质","流动的空气是风"这些概念有时更加重要,因为儿童时期,对他们进行这方面的培养,对他们良好的社会情绪能力的培养以及性格的培育是很关键的。

总之,教育不是消费,教育是对未来最重要的投资。教育是在为学生、家庭、民族、世界准备未来,教育要为未来负责。我看到有个文件说,教育要为实现小康社会而奋斗,我认为这样的提法不对,因为现在培养的大多数的学生不是为2020年工作的,他们要为2020以后工作,教育就不能只考虑2020年建成小康社会的要求,要考虑得更长远,要考虑未来。教育还不能只考虑中国的情况,要考虑世界。小平同志对教育发展和改革提出三个面向的要求是十分正确的。教育要正确地发展和改革,不基于实证性的教育研究之上,也是不可能的。

　　未来是很难预测的,但是可以估计到未来我们的孩子会面临比我们大得多的竞争压力。未来世界人口会达到90亿,甚至更多,环境会进一步面临严峻的挑战。中国占世界人口的比例这么大,可是主要资源占有的比例远远低于世界的平均水平。原油不到3%。未来我们孩子面临的挑战的确比我们严峻。所以,科学家不仅要像传统的科学家那样,要关心科学研究工作和高等教育,或是加上关心技术转化,现在需要更多的科学家关心科学教育,科学家需要积极参与决策过程,需要参与提高公众科学素质的活动,这些都是科学家义不容辞的社会责任。

参考文献(略)

突破人才培养障碍,培养创新型人才

夏建白

【作者简介】夏建白,半导体物理专家。生于上海,原籍江苏苏州。1965年北京大学物理系研究生毕业。中国科学院半导体研究所研究员。在低维半导体微结构电子态的量子理论及其应用方面进行了系统的研究。提出量子球空穴态的张量模型,获得重轻空穴混合的本征态,并给出正确的光跃迁选择定则。提出介观系统的一维量子波导理论,对任意复杂的一维介观系统给出了直观、简单的物理图像和解析结果。提出(11N)取向衬底上生长超晶格的有效质量理论,解决了一大类非(001)取向衬底生长超晶格的空穴子带的理论问题。提出计算超晶格电子态的有限平面波展开方法,用赝势理论研究了长周期超晶格,解决了用平面波方法计算大元胞晶体电子态的困难。提出半导体双势垒结构的空穴隧穿理论,发展了多通道的传输矩阵方法。

2001年当选为中国科学院院士。

突破人才培养障碍，培养创新型人才

一个国家、一个地区，甚至一个企业、一个学校要发展，关键是要有创新型人才。创新型人才有两类：一类是天才型创新型人才，自然科学方面有爱因斯坦、杨振宁、李政道，还有我的导师黄昆等，文学方面有鲁迅、郭沫若、胡适等。天才出于勤奋，凡天才一定勤奋，但勤奋的人不一定是天才。天才只能是少数。过去常说，中国在多少年内要培养出多少个诺贝尔奖获得者，其实是行不通的。诺贝尔奖获得者都是天才型创新型人才，我们常读他们的传记，发现他们的成长有各自的规律，各人有各人的特点，我们只能学习他们的精神，照样模仿是培养不出来的。如果能培养出来，那么导师更应该获得诺贝尔奖。我们国家固然需要天才型创新型人才，但是可望不可求，不能着急，只能等待。当前中国是人才辈出的时代，为各种人才，也包括天才的培养和发展提供了最好的环境和条件。

第二类是普通型创新型人才。我们周围绝大多数人在自己的岗位上勤勤恳恳工作一辈子，为国家的建设和发展作出了重要的贡献。这中间有很大的差别。有的人有创新精神，不论在哪个岗位上都不断地有所创新，突破自己，工作有主动性。有的人就比较平凡，工作一辈子也没有什么创新。我们国家需要成千上万个在各个不同工作岗位上的普通型创新型人才，只有他们每个人都发挥了自己的聪明才干，我们国家才有希望，才

科技创新方法集

能从目前的"经济大国"发展到科学技术强国。

普通型创新型人才的培养可以找到一定的规律,我们可以创造一定的环境,提供一定的条件,把本来就聪明的中国人培养成富有创新精神,又踏实苦干的开拓型人才。下文我主要讲的是普通型创新型人才,因为我自己也是一个普通型创新型人才,在这方面有一些体会。

怎样成为一个创新型人才?

1. 从小树立高尚的人生理想,热爱祖国,热爱人民,热爱科技事业,努力做到德才兼备,坚持在为祖国、为人民勇攀科技高峰的实践中实现自己的人生价值。一个人不可能生下来就有一个理想,也就是人生观、世界观。一个人的人生观是在成长过程中逐渐形成的。先是受家庭影响,然后是学校老师以及少先队、共青团、共产党的教育。下面讲讲自己的经历。

我念中学时,1950年,上海已经解放了。我们家在上海,父亲是个小职员,父母只有小学文化水平。家里有4个孩子,就我一个男孩。所以父母把希望寄托在我的身上,老是教育我要好好念书,将来出人头地。当时家里6口人靠父亲一个人工资养活。还好解放了,我和姐姐都考上了公立中学,不收学费。而且我和姐姐上的公立中学水平都很高,市西中学和市女二中,我们在这环境中受到很好的教育,后来都考上了大学。正因为家里穷,所以家里把一切好的东西都给我,好吃的都给我。我都记在心上,加倍用功读书,取得好成绩,以报答父母亲。我家有一个有钱的亲戚,他的2个儿子,夏志清和夏济安是我的堂叔,当时清华的高才生。新中国成立前公费考到美国留学,后来成为有名的文学家。我父亲总是以他们为榜样来鼓励我:"你好好念书,将来和他们一样出国留学。"所以我小时候就立志要像他们那样,因此念书就比较主动,中学时期差不多年年都是第一、二名。高中毕业那年,代表学校参加上海市第一届数学竞赛,取得了第五名的好成绩,父母都很高兴。

  进入大学以后,1957年开始反右派斗争,学校里就不断开展思想教育,进行又红又专教育,批判走"白专"道路,也就是政治上不太要求进步,只想念书的思想。我当时也受到批判和教育,认识到要将自己的学习与祖国的命运结合起来。现在回想起来,其实为国家而出人头地并不是什么坏的动机。刘翔在雅典奥运会上取得110米栏冠军,实现了我国男子径赛奥运会金牌零的突破。这难道不是"出人头地"?现在许多工作,如运动、科学研究、写小说、作曲、音乐演奏等都主要依靠个人的努力才能取得突出的成绩。有些工作需要集体的协作,如航天飞船、青藏铁路等,但是在这个集体中,也需要每个人作出创造性努力。因此每个青年人从小树立一个积极向上的理想,对他今后的成长将起决定性的影响。但有几点要注意:

（1）小孩的立志越早越好。现在的家长往往对孩子的物质生活很关心，对他们物质上的欲望尽量满足，而对他们的思想关心不够。其实现在孩子成熟得早，应该及早地对他们进行立志、理想的教育。

（2）家庭教育是十分重要的。贫困家庭的孩子能珍惜自己的学习机会，努力学习，取得好的成绩，这与从小的家庭教育有关。而有的家长教育孩子，你念好了书，长大了住大别墅、开小汽车，有好多好多钱可以享受，这样的孩子不会有大的出息。

（3）希望把自己的理想和祖国的命运、前途结合起来。我们国家现在是一个经济大国，但是和美国、日本等发达国家比起来，科学技术方面还比较落后，缺少拥有自主知识产权的核心技术，不少行业存在产业技术空心化的危险。带着"世界工厂"帽子的中国成了发达国家的"打工仔"。我们起早贪黑得到的仅是微薄的苦力钱，据说我们生产一亿件衬衫，就换一架波音飞机。

（4）讲究方式方法。现在家长望子成龙心切，恨不得一夜之间孩子就成龙了。于是对孩子逼得很紧。除了上课以外，还要上各种学习班、补习班，容易使他们产生逆反心理。需要采取一种生动活泼的、孩子们感兴趣容易接受的方式。

我们要有一种民族精神，一种不服输的精神。我们不能老是跟在发达国家后面走，他们有的我们要有，他们没有的我们要超过他们,发愤图强,搞出自己的知识和技术产品。有了这样的目标,我们每个人从小就要好好学习,打好基础。

2. 在中学阶段,学好各门功课,打好基础。虽然每个人有不同爱好,但是不要太偏。因为中学阶段学的这些知识,包括:语文、数学、物理、化学、地理、历史、音乐、美术、体育,对于每个人的健康成长都是必需的。有些科学家、文学家或者艺术家在某一门上特别精深,而在其他方面不行,例如:

爱因斯坦中学功课很差,以至于老师认为他是"弱智"。

毛泽东、钱钟书、吴晗中学时数学很差,都不及格。钱钟书和吴晗的数学成绩分别为15分和0分,照样被清华大学录取。

郭沫若中学时的成绩单平均成绩79分,包括国文、图画在内的三门功课不及格,最差的仅35分,倒是理科成绩如几何、代数、生理等比较优秀。但这不妨碍郭沫若后来成为一位大诗人、大书法家、大考古学家。

著名物理学家、国家最高科学技术奖获得者黄昆在中学时语文没有学好。1944年黄昆和杨振宁同时报考清华大学庚子赔款留美,结果杨振宁被录取,而黄昆因语文成绩只有22分未被录取。后来在留英考试中,黄昆的作文又只写了3行写不下去了。只是由于中文考官眼界很高,对包括黄昆在内许多考生都只给了40分,因此他被录取了。

有些孩子从小就表现出在某一门上的特长,要精心培育,千万不要埋没。但是对绝大多数的人来说,将来可能还是做个普通型创新型人才,那么我建议你学好各门功课,不要太偏废。将来学理工的,语文、地理、历史也要学一些;准备将来学文的,数理化也要学一些,做到德智体全面发展。不说别的,就说目前为应对高考的现实情况,也应该学得全面一些。有一门课成绩不好,对考大学明显是很不利的。此外学得太偏对一个人将来的事业发展也会有影响。

黄昆作文不好,后来就有些后悔。他说:"以后虽然没有再考语文,但是语文这个关远没有过去。多少年来,在各个时期、各种场合都给我带来不小的牵累(从早年的考试到以后的工作,以至讲话发言)。近年来不少场合要你讲点话,或是让你题词,我只能极力推辞,而主持人则很难理解。"黄昆先生作为一位科学家,写科学论文没有问题,但是后来当了中国科学院半导体所所长,要经常写个文件或发言稿,就感觉困难,于是常由我这个"普通型创新型人才"来帮帮忙。

目前大家都强调要实行素质教育,反对应试教育。但"应试教育"是大环境所决定的。目前大家都挤在上大学这座独木桥上,差一两分能决定一个人的命运,这种情况短时间内不会改变。20世纪50年代的教育是素质教育。没有升学、就业的压力,老师轻松地教,学生轻松地学,培养了一大批新中国的有用人才。

  我在中学里开始对作文也是很头痛的,作文写不了几句就写不下去了。后来多亏我有一个好的语文老师。有一次做作文,题目是"向鲁迅先生学习",我就照语文书上学到的知识用自己的话写了出来,最后还引用鲁迅先生著名的两句诗"横眉冷对千夫指,俯首甘为孺子牛"作为结束语。这篇作文得到语文老师很高的评价,在课堂上还让我念了这篇作文。从此我好像开了窍似的,再也不对作文犯愁了。学地理课,本来是很枯燥的。那时我们做作业,就是描地图。在一张空白地图上,写上各地方的地名,并在旁边画上标志这城市特点的图案,如钢铁工业就画一个烟囱等。我对这个变得很感兴趣,精心画图,还描上颜色,作业每次都能得5分,从此也就把要背的内容记住了。高中数学有3门——代数、几何、三角。老师们讲得都很清楚,课后留的作业也不多,一般2~3题,吃晚饭前都能做完,课余有许多玩的时间。高三时,1956年,上海举行第一届全市中学的数学竞赛。我只是把上课学的复习了一遍,没有再做什么辅导题,老师也没有过问这件事。我过五关,斩六将,通过了学校和区里的选拔、市里的复赛,直至决赛,最后考了个第5名。由于中学里一批优秀的老师,我的中学教育是一种积极主动、轻松愉快的素质教育,这是教育的最高境界。

当前在应试教育的严峻环境下,家长不要太逼孩子,学生每个人都要把握好自己,该学习的时候学习,该玩的时候玩,该休息的时候休息,不要做应试教育的奴隶。要主动愉快地学习,千万不要对学习产生厌烦情绪。如果你整天为父母而学习,为分数而学习,为上大学而学习,把学习当一件苦事,那将来即使拿到了毕业文凭,也只是一个书呆子,不能成为创新型人才。

中学是长身体的时候,除了念书以外,还要注意玩。王选院士(中文激光照排的发明人,国家最高科学技术奖获得者)生前写过一篇回忆文章。大家都注意他是怎么发明中文激光照排的,可是我注意他小时候玩的情形。他家在上海,小时候很淘气,喜欢玩,如打弹子(在泥地上挖个小洞,两个人或者几个人把自己的玻璃小球放在地上。每个人把对方的弹子打进洞里,就算赢了这颗弹子)等等。王选打弹子的功夫很好,瞄得很准。我家也在上海,他讲的情形我深有体会。他玩的东西,打弹子、抽陀螺、拉空竹等我都玩过。我拉空竹的技术越来越高,就像杂技演员似的,抛到空中还能接住。拉空竹不过瘾,后来就拉茶壶盖、茶杯盖,把家里的茶壶盖、茶杯盖都砸了。我家住弄堂(北方称胡同),有较宽的水泥马路。我就和邻居小朋友一起玩打篮球、官兵捉

突破人才培养障碍,培养创新型人才

强盗的游戏。我跑不快,不是给官兵抓住,就是抓不住强盗。为此我发奋练跑,在高中时,在校运动会上居然得到50米跨栏第一名。

现在的条件好多了,现在的孩子不玩这些。家长们给孩子计算机,让他们在家里玩,玩上网,玩网上的游戏。电脑当然先进得多,我们当年玩的东西显得很"土"。但是玩电脑有下面几个缺点:(1)费眼睛,增加了许多近视眼。(2)整天坐着,吃饭不香,对身体没有好处。(3)时间不能控制,玩电脑一玩玩到深夜,影响睡眠和第二天上课。(4)不能培养集体观念。弄堂游戏能培养一个人的集体观念,学会如何和别人相处,和集体相处,养成了活泼、开朗的性格。整天一个人在家里上网,容易脱离集体,养成孤独性格,甚至得抑郁症。

3.大学阶段(或研究生阶段)要学好一生事业的基础知识。对于从事理工科事业的人,中学阶段所学的知识是远远不够的,主要知识还是在大学阶段取得的。这一点和从事文学事业的不同,他们可以从小学、中学或者自学取得所需的知识。一个人一生的成就和他在大学里打下的基础是否深厚、是否坚实有很大关系。大科学家,如杨振宁、黄昆等,正因为有坚实的基础,一辈子都有开创性的工作。

实际上,每一个有成就的人在他的一生中都有一段艰苦学习的过程。黄昆先生在抗战时期,在西南联大做吴大猷先生的研究生时,生活非常艰苦,住在一间泥地泥墙的小屋里,紧挨着放分光仪的实验室。黄昆在西南联大如饥似渴地吮吸着物理学知识的精华,他不但听物理系高年级以及研究生的许多课程,还选学了许多数学系课程,如群论、微分几何等。他在第一年里旁听了6门物理和数学的课,尽管没有完全弄懂,但仍感到受益不少。一是开阔了眼界,二是不同程度地学到几个领域的一些更深的知识,如分析力学、电磁理论、群论等。他后来的体会是:"较广的知识只要概括地有些了解,遇到问题就可能用得上,在用之中把它掌握起来。"

西南联大的物质生活条件十分艰苦,教室是铁皮屋顶泥巴地,窗户也没有玻璃。下雨时,叮咚之声不停;刮风时,师生必须用重物把纸压住,否则就会被吹掉。但是正如杨振宁在1989年的一篇文章中所写到的:"我们的生活是十分简单的。喝茶时加一盘花生米已经是一种奢侈的享受。可是我们并不觉得苦楚,我们没有更多物质上的追求与欲望。我们也不觉得颓丧,我们有着获得知识的满足与快慰。这种十分简单的生活却影响了我们对物理的认识,形成了我们对物理工作的爱憎,从而给我们以后的研究历程奠下了基础。"

我在1956年进北京大学,入学以后这几年正赶上中国政治大动荡时期,57年反右,58年大跃进,59年反右倾,这几年整天搞运动,下工厂、农村劳动,没有好好念过书。直到1960年全国困难时期,一天只有一斤粮食,没有油、菜、糖,肚子饿得发慌。这时才不搞运动,不劳动了,学校开始上课。难为了北大这些名教授,饿着肚子在上面讲课,我们饿着肚子在下面记笔记、听课。尽管这样,大家的精神状态还特别好,没有一个躺倒趴下,晚上还主动到教室晚自习。就这样,我们在2年的时间内圆满地完成了大学6年的学习课程。接着我又考上了黄昆先生的研究生。在3年时间里,我差不多天天在图书馆仔细阅读、钻研半导体理论的主要文献,完成了毕业论文,为我以后的工作打下了坚实的基础。

我自己在大学和研究生期间学的东西,到现在还是我从事研究工作的基础。半导体科学发展飞快,日新月异,各种新现象、新概念、新理论层出不穷,要想追踪它很不容易。正因为我有了这样的基础,我就比较容易进入这些新的领域,并且较快地取得有意义的结果。现在我的博士生每年做的文章都能发表在国际著名学术刊物上。相比之下,有些少年天才,一时能取得辉煌的成就,但由于根基不足,没有后劲,往往昙花一现,很可惜的。

学习要真正地下工夫,动脑筋。但也不是死读书,不是什么都学,并非书读得越多越好。黄昆先生在总结自己的学习体会时说:"一是要学习知识,二是要创造知识。归根结底在于创造知识:(1)学习知识不是越多越好,越深越好,而是要服从于应用,应当与自己驾驭知识的能力相匹配。(2)对于创造知识,就是要在科研工作中有所作为,真正做出点有价值的研究成果。为此,要做到三个'善于',即要善于发现和提出问题,尤其是要提出在科学上有意义的问题;要善于提出模型或方法去解决问题;还要善于作出最重要、最有意义的结论。"

4. 进入社会,参加工作。进入社会以后,环境比在中学、大学复杂严峻得多,每个人必须要有足够的思想准备。

(1) 增强心理承受能力,应对社会上的各种矛盾。这些年自杀现象有向大学生、硕士生、博士等高学历人群蔓延的趋势,近年发生了多起校园里的自杀事件。中国人民大学新闻学院一名即将毕业的女博士从校园宿舍楼8层跳下身亡。据该博士的同学介绍,由于完成博士论文的压力、养家糊口的沉重负担,特别是屡屡碰壁的求职过程,不仅极大地消耗了该博士的精神和体力,也严重挫伤了她的自信和对未来的希望。她变得越来越沉默,而沉默的背后是对生活的绝望。

现在引入竞争机制,不像以前大锅饭时期,国家包管一切。每个人都会碰到找工作、提职、升级、争经费等事情,不可能事事顺利,总有没有达到目的、不顺心的事。如果纠缠在这些事情里面,老是想不开,那一个人在身体和精神两方面很快就会衰老,就像那位女博士那样。所以一定要想得开,抱着只要我尽力了,我一定能进步,一定能克服困难的信念,勇敢地面对各种不顺心的事。

要有艰苦锻炼的思想准备。艰苦锻炼对一个人的一生不是坏事。大家毕业都想留在大城市,找一个好工作,但是现在就业形势严峻。我们上大学时,经常下乡劳动,拔麦子、插秧、修水库,什么重体力活都干过。我还在"三线"四川山沟里工作过8年。经过了这些锻炼,你会觉得现在这些困难都算不了什么,人的性格和心理都会坚强起来,对任何困难,你都有毅力和耐心去克服它。现在有青年志愿者,毕业以后先到贫困山区去教2年书,这是锻炼自己的好机会。年轻人如果有这样的经历,对以后一辈子都有好处。

生活上追求不要太高。现在青年人的生活条件比我们那时候好多了。记得1979年我刚调到半导体所的时候,就住在呼家楼一个简易楼的一间房子,没有暖气,中间生个大煤炉,一张双人床和一张钢丝床。当时半导体所大多数人都住在四合院的小平房里。后来随着经济发展,生活条件改善。我们家从一间搬到4号楼的2间,8号楼的3间,北沙滩的4间,直到最后搬到黄庄。每搬一次家,都特别幸福、满意。所以我总有一种感恩思想。从1979年到现在的27年中,眼看着周围不断变化,自己生活不断提高,有一种幸福感。而现在年轻人可能就没有这种感觉。因为一开始就什么条件都满足了,没有向上奔的劲头了,而且欲望是无限的,满足不了就不痛快。所以不要和别人比,别人再好,我也不羡慕。我只和自己过去比,一天比一天好,总有幸福感,心里就会比较平衡。

一个和谐的家庭,特别是有孩子的和谐的家庭是事业成功、一生平安的关键,这是我自己的体会。结婚生子有几个好处:第一,两个人在一起可以面对各种困难,克服困难。人的一生不可能永远一帆风顺,过去主要是生活上的困难,现在更多的是精神上的困难。如果有一个人在你身边,将会一起克服困难、渡过难关,比孤身一人强多了。过去在三线生活条件很艰苦,可是我们一家三口生活得很愉快。又如,申请院士,前两次都没通过,心里很郁闷,回家以后,太太跟我说,院士算个屁,说说就把情绪缓解了,想开了。如果是一个人就容易想不开、钻牛角尖。第二,有了孩子就有了天伦之乐,是维系家庭的重要纽带。我女儿三岁时,我太太买菜做饭,我就教她背儿歌,做买卖东西的游戏,练习算术,看她一点一滴地学会,心里特别高兴。这样做对她以后成长也很有帮助,她到现在还记得。

(2) 要有团结协作的精神,把自己融入到集体中。每个人的成长都是和集体、环境分不开的。有一个好的集体、环境,才能给个人提供发展的空间。每个人要善于团结、关心周围同志,在工作中搞好协作,这样集体、单位的工作才能进步,个人也能取得成就。

(3)有了一个好的环境,个人如何创新,做出优异的成绩?各人有各人的经验,正如一句俗语所说:"戏法人人会变,各有巧妙不同。"可以正向思维,也可以反向思维。根本在于有一个坚实的基础,这样才能发现问题,找到问题的实质和解决问题的方法。

像黄昆、杨振宁这样的大科学家他们往往采取"怀疑"的方法。黄昆说:"我文献看得比较少,因为看得多了容易被人牵着鼻子走,变成书本的奴隶。自己创造东西和接受别人的意见,对我来说,后者要困难得多。自己创造东西,一旦抓住线索,知道怎么做,工作就会进展得很顺利。"这也许是所有一流物理学大师们的共同态度。许多理论物理学家都不喜欢看别人的论文,其中最著名的要数费曼。杨振宁同样不喜欢读别人的理论文章,认为大多数理论文章是没有什么价值的。黄昆也持有这种保守的怀疑态度,即便阅读很少一些论文时,基本上也是以批判的眼光来读。正因为他们有这种"怀疑"的态度,所以他们做出的工作都是具有原创性的,具有里程碑意义的。顺便说一句,不是随便什么人都能采用这种"怀疑"的态度,首先必须要有很深的学术功底。你如果没有这样的功底,随便怀疑,那肯定是你自己错了。

我没有他们那样的功力,我主要采取"联想"的方法。就是碰到一个问题,想想有没有其他领域类似的问题,人家是怎么解决的,是否能用在我所碰到的问题上。用这种"联想"的方法我解决了半导体超晶格、微结构理论中的几个关键问题,在国际上引起较大的反响,文章引用率很高。我用量子力学的微扰论来处理超晶格电子结构的计算,克服了计算工作量很大的困难;想到了用球对称张量模型来计算半导体量子球中的空穴能级,得到了正确的能级、波函数和光跃迁选择定则;想到了用简单的量子力学来理解介观系统著名的"A—B环"实验,从而提出了关于一维介观系统输运的普遍理论。所以我的方法可以归结为"联想"的方法。

(4)要有健全的身体,这样才能有足够的体力和脑力从事创新性的活动,参与到激烈的竞争中来。我们景仰天才。英国著名科学家霍金访问中国,他是一位天才的科学家,在"弦理论、宇宙起源、大爆炸"方面作出了杰出的贡献。他的报告中国只有少数几个人能完全听懂,可是有几千人到人民大会堂听他报告。他身体很不好,早就全身瘫痪,以前还能说话,用手指打计算机键盘,现在都不行了,只能用眼皮翻动来表达自己的意思。我想我们还是做一个健全的普通型创新型人才,身体是第一重要的。

(5)要继续学习。不管你是本科生、硕士生,还是博

突破人才培养障碍,培养创新型人才

士生,大学或研究生阶段学到的东西是远远不够的,这些只是从事各项工作的基础。当今社会经济、科学、技术、军事发展飞快,日新月异,各种新现象、新概念、新理论层出不穷,要想追踪和掌握它很不容易。需要我们不断学习,活到老,学到老。

下面讲讲如何创造出一个更好的环境,促进创新人才的培养。这就是报上常说的"体制"问题。关于这个问题我想谈几点看法:

1. 这几年我们国家的高等教育发展迅速,成绩是应该肯定的。在第三届中外大学校长论坛上,时任教育部部长周济宣布:"到2005年年底,中国的高等学校数为2300余所,在学大学生总数已超过2300万人,高等学校总体规模已位居世界第一位,高等教育毛入学率提高到21%,实现了高等教育大众化的历史目标。"

现在大家生活水平提高了,每个家庭只有1个或者2个孩子,因此孩子上学是每个家庭的头等大事。21%的高等教育毛入学率,在城市里可能达到80%,基本上满足了大家的需求,保证了社会的安定。高等教育的快速发展也带来一些问题,一是师资水平跟不上。现在各地新发展的大学硬件都不错,宽广的校园,漂亮的教学楼、宿舍和饭厅。但是一个好学校的关键在于老师,这个问题不是短时间内马上能解决的。二是毕业学生的就业问题。这和我们国家的经济发展和每个学生的择业取向有关。

2."应试教育"和高考的做法不会短时间内取消。现在高考成了指挥棒,指挥着全国所有中学实行坚定的"应试教育",不利于创新人才的培养。这个问题每年在全国政协会上都有人提出,高校录取不能光看分数,要全面考察一个学生各方面的能力。道理是对的,可是执行起来有困难。陈至立国务委员在政协会上就说过(大意):高校录取凭分数之所以不能改,是为了维护公平、公正、透明的原则。如果在这方面稍一松动,就会有各种后门、关系,产生更坏的后果。我坚决同意这个观点,与其产生各种腐败现象,还不如狠狠心一视同仁。

3.目前的教育体制有什么问题呢?我认为主要是学费太高。十几年前,我女儿上清华大学时,每年学费几百元,现在学费涨到几千到1万元,差不多20倍。除了学费,还有住宿费、书费、饭费等,别说农村家庭负担不起,就是城市里一般家庭也是一个很大的负担。为此我在政协会上提了一个提案:"降低教育成本,多办、办好普通高校。"里面写道:"10年间我国大学学费从每年几百元升至5000~8000元,学费猛涨约20倍,而10年间,国民人均收入增长不到4倍。学费涨幅远远超过了国民收入增长速度。为此建议:

(1)把高校分类,定位明确。严格区分研究型大学和普通大学,研究型大学以培养少数研究型和领导型精英人才为目标,这类学校只可能是少数,全国最多有10所。其他的都是普通高校,以培养大众型具有高等学历和技能的人才为目标。

(2)办好普通高校,降低教育成本。普通高校以培养、教育为主,适当地配合一些研究工作。对这些学校的教授以教学工作作为主要评估标准,而不以研究论文。这样教师才能安心搞好教学,节约出大量研究经费和师资。

(3)教育应提倡朴素之风。现在各类学校,包括大学、中学、小学、幼儿园,攀比豪华之风盛行,以为越豪华就越是名牌学校。这种豪华之风从经济上增加了学生负担,从精神上助长了学生的奢侈浪费、铺张排场的虚荣心,与当前倡导的构建节约型社会、艰苦创业的指导思想格格不入。

(4)精简机构,轻装上阵。现在一所大学就是一个小社会,其中的行政人员数远远超出了教学人员。特别对普通高校,应该主要保留教学人员,以大大降低行政费用。

(5)国家出台政策,硬性规定各类高校的收费标准。现在各高校都自行规定学费。按照教育部张保庆副部长的说法,学费应按教育日常运行成本(1万~1.4万)的25%提取,每年每个学生的学费在3500元左右。

下面对第一条建议做一点说明。研究型大学把主要精力和经费都放在研究工作上，目前高科技研究需要高精尖的仪器和设备，经费投入很大。美国只有少数几所研究型大学，它们的主要经费来源不是国家，而是大资本家的赞助。而目前我们国家兴起了办研究型大学热，认为高水平大学就应该是研究型大学，于是各省、市大学都纷纷要办成研究型大学，脱离了我国的实际情况。这样一来，就需要大批的设备和研究经费，其结果一方面造成了仪器设备的大量重复购置，利用效率低，浪费了国家资源；另一方面又增加了学校和学生的负担。我希望各地的政府、学校不要太好高骛远，盲目追求研究型大学，而要根据本地、本校的实际情况，努力在提高教学质量上下工夫，逐步发展，更多、更好、更便宜地培养国家所需的有用人才。

  2006年8月29日胡锦涛主席在中共中央第34次集体学习时强调："坚持把教育摆在优先发展战略位置，努力办好让人民群众满意的教育。教育涉及千家万户，惠及子孙后代，是体现发展为了人民、发展依靠人民、发展成果由人民共享的重要方面。保证人民享有接受教育的机会，是党和人民义不容辞的职责，也是促进社会公平正义、构建社会主义和谐社会的客观要求。"今后教育经费肯定会有大幅度的增加。希望能把这笔钱用在刀刃上，降低教育费用，提高教育质量，使人民群众满意，不要把钱花在建奢侈豪华的校舍上。

4. 为什么各地、各大学老是爱攀比,比校园,比教学楼,比仪器设备,比名牌教师(国外拉国际知名教授、国内拉院士,挂个名也算)?就是因为教育部有一个专门负责评审的研究所,经常组织评比,按照评比的结果决定发放教育经费。这种评比完全脱离了中国的国情,各地高校由于历史、经济、地理的原因,有很大的差别和特点,不能强求一致。评比造成了很不好的影响和后果,给贫困、边远地区的高校造成了很大的压力。实际上,对这些地区更应该多给钱。全国高等学校有"全国重点"、"省重点"、"211"等各种等级,待遇相差悬殊,大家都争相攀比,对普及高等教育、降低教育成本很不利。我在政协的一个提案中曾建议:"由教育家来办教育,而不是由企业家来办教育。"2005年10月27日我收到教育部有关这建议的答复:"我们将认真考虑您所提出的由教育家办教育问题,进一步加强对各级各类学校校长的管理和培训,积极改革评价学校、校长的机制,促进教育事业的健康发展。"我们希望教育部能在这方面采取积极措施,有所进步。

最后引用胡锦涛主席在两院院士大会上的一段讲话作为结束语:"在当代中国,要成为一名创新型科技人才,应该具有以下主要素质和品格。一是具有高尚的人生理想,热爱祖国,热爱人民,热爱科技事业,努力做到德才兼备。二是具有追求真理的志向和勇气,坚持解放思想、实事求是、与时俱进,保持强烈的创新欲望和探索未知领域的坚定意志。三是具有严谨的科学思维能力,坚持终身学习,不断更新知识,夯实理论功底,构建广博而精深的知识结构。四是具有扎实的专业基础、广阔的国际视野、敏锐的专业洞察力,善于对解决重大科技问题提出关键性对策。五是具有强烈的团结协作精神,善于组织多学科的专家,领导创新团队在重大科技攻关和科技前沿领域取得重大进展。六是具有踏实认真的工作作风,淡泊名利,志存高远,坚忍不拔,不怕艰难困苦,不畏挫折失败,不断攀登科学技术高峰。"

文理交融　多元并举

秦伯益

一、文理学科在社会层面的交融和并举
二、文理学科在学科层面的交融和并举

【作者简介】秦伯益,药理学家,江苏无锡人。1955年毕业于上海第一医学院医疗系,1959年获苏联列宁格勒小儿科医学院药理系医学副博士学位。历任军事医学科学院药理毒理研究所研究实习员、助理研究员、副研究员、副所长,军事医学科学院教授、副院长、院长、博士生导师,中国药理学会副理事长,卫生部药品审评委员会委员、西药分委员会副主任委员,国家科委发明奖评审委员会医药组评委,中国医学基金会副主席,《中国药理学报》、《中国药理学与毒理学杂志》、《中国药理学通讯》等杂志编委。长期致力于药理学与毒理学研究,取得多项成果,获得国家多次奖励。著有《新药评价概论》、《漫说科教》等。

1994年当选为中国工程院院士。

文理交融　多元并举

文理的关系,蔡元培先生在北大当校长的时候,用的是"交融"两个字,它们的关系应该是交叉、融合的,这种交融不是只有一种模式,而是多元的、有很多种形式的。下面我分三个层面讨论这种交融和并举的关系:一是从社会层面谈,二是从学科层面谈,三是从个人层面谈。

一、文理学科在社会层面的交融和并举

文理学科在社会层面的交融和并举关系可再细分三点来讨论:第一,文理结合是古代社会的历史必然;第二,文理分立是现代社会发展的必要;第三,文理交融是未来社会进步的必需。

第一,文理结合是古代社会的历史必然。古代知识积累有限,原本就没有什么文科和理科的区别。不论对社会的认识还是对自然的认识都是知识,有知识的人可以"究天人之际,通古今之变",很多大学问家可以在多个领域取得杰出成就。下面按照年代随便举几个例子。早期的如古希腊的亚里士多德,他既是哲学家,又是历史学家、文学家、地理学家,他对生物和医学也有相当的造诣。还有像哥白尼、达·芬奇、张衡、沈括、诺贝尔等都是这样。我想特别强调一下诺贝尔这个人,因为我们中国非常看重诺贝尔奖,非常希望在新中国成立50年

以后能够出现一个诺贝尔奖获得者。但是诺贝尔奖没盼到,却盼来个诺贝尔奖的情结。什么叫情结?盼来盼去没盼着,却还老盼着,这就是情结。即使中国出了一两个诺贝尔奖获得者,这对于中国的意义也很有限,其实中国最缺的是诺贝尔这种类型的人——从科学家、发明家、企业家到慈善家,这样的人中国从古到今没有过。王选院士说:"中国现在最需要的是有经济头脑的科学家和有科学头脑的企业家。"但我认为中国至少在相当长的时间里不会出现这样的人,因为中国的民营企业家刚起步,处于原始资本积累阶段,还想不到要搞慈善事业,即使搞了也是出于广告宣传的目的;而国有企业在决策机制方面存在的弊病也限制了这类人才的形成。所以我认为中国目前应该参照一下日本,干好自己该干的事,等有了基础之后,就会源源不断地产生诺贝尔奖获得者。

　　古代中国科学家里面能精通一门、兼通其他、本业为主、旁及其他的人相当多。因为当时知识积累有限,社会敬重博学多才的人,在制度上也有保证,如孔子教六艺(礼、乐、射、御、书、数),不光是经济学,还有政治学、社会学、文学,甚至具体的技术科学也教,提倡各种知识都需要学。大学问家在当时的社会地位也比较高,没有衣食之忧,可以潜心钻研。16、17世纪前,中西方教育基本上都是文理并重,甚至文科更重一些,通识教育

文理交融　多元并举

有保证。

　　第二,文理分立是现代社会发展的必要。16、17世纪以来,科技革命席卷全球,知识爆炸。哥白尼、伽利略、牛顿等一大批科学家诞生,出现了一场科技革命,科技革命的成果很快投入到产业上去,引发了产业化,同时金融、信贷、证券等商业运作的手段也进入了产业化的过程,掀起了产业革命的高潮。科技革命、产业革命的结果就是大大提高了生产力、发展了生产力,这要求新的生产关系和它相适应。当时的资产阶级代表了当时先进生产力的发展要求,进行了社会革命。社会革命的成功又为科技革命和产业革命的进一步发展铺平了道路。科技革命、产业革命、社会革命三者之间的良性循环就是三四百年来西方国家之所以迅猛发展的最内在的核心动力。这个结论并不是我研究出来的,这是中央党校2001年研究课题得出来的结论,写在《落日的辉煌》一书里。西方发达国家之所以发展那么快,是因为三个革命的良性循环,这才是抓到了点子,这是内在发展的根本动力。

　　现在自然科学越分越细,越钻越深。知识积累增多,大学开始分科、分系、分专业。分科教育有它的好处,教育资源集中,效率高,优势突出,可以批量地培养人才,满足社会越来越多的对人才的需求,这个功劳首先必须肯定。人文社会科学在此期间也发展得很快,分支学科也是越来越多。但是自然科学和人文社会科学各发展各的，人们逐渐发现社会似乎出了一点问题。首先是自然科学和社会科学的共同语言少了，同学科之间的共同语言也少了。"从事科学技术工作的人都成了社会分工的奴隶。"这是马克思的话。现在科学研究已经不是自发的了，而是成为一种职业的需求、职业的选择。社会知识总量越来越多，可是个人知识面却越来越窄，出现了这么一个矛盾情况。

同时，人们进一步发现科学技术的发展并没有解决人生的苦乐，也没有解决人性的善恶。这些问题并没有随着科学技术的发展、财富的积累、技术的进步而消亡，它仍然存在。现代社会的贫富差距、资源破坏、生态失衡、环境污染，甚至出现了核威胁和多种高技术恐怖事件。这些都不是科学技术能解决的，科学发展了以后还更严重了。人们也逐渐看到科技发展的负面效应，这些负面效应客观存在。怎么看待这些负面效应？有些人文科学家提出反科学主义。这一点我绝对不同意。

有一次，我们请十几位科学家和文学家对话，有的人提出所谓的反科学主义，其实就是两个含义：一是说科学家仅仅宣传自己的科学技术，说科学技术了不得，科学技术能解决一切问题，一切问题都有待科学技术来解决，这叫科学主义，我们要反对这种科学主义。我反对这种说法。首先不存在科学主义，真正懂科学的人没

文理交融　多元并举

有哪一个说科学能解决一切的问题。我不是说科学没解决人生的苦乐和人性的善恶吗？只有不懂科学的人瞎宣传自己的某种东西的时候，才会说科学能解决一切的问题。这是伪命题，拿着伪命题做文章没意义。另外一种真实的含义，恰恰是由于科学技术的发展致使有些人有一些失落感。有人认为科学发展有它的负面影响，因此科学就别发展了，还是回到原来的田园牧歌为好。我当时就说了，中国要讲反科学主义还没资格，现阶段提反科学主义的人都是不懂科学的人，懂科学的人不会提反科学主义。你不是坐着飞机旅行吗？不是用多媒体在讲话吗？你不是睡在宾馆里面吹空调、看电视吗？你干吗不到农村去？你要过田园牧歌式的生活可以呀，别住在城市里唱高调、反科技。老实讲，中国的科学其实还很落后，连这样的状态还想反对，那你是不是想要回到鸦片战争以前去，还是想回到更早以前的"鸡犬之声相闻，老死不相往来"的年代去呀？

现在如何看环境污染、生态失衡？这些问题是科学带来的，是科学工作者对科学的负面影响认识不足的地方。首先看到这些问题的是科学家，将来的解决之道也还是要靠科学技术的发展。青少年迷恋网络就说网络不行，把网络取消？不可能！这是一个人文教育的问题，是人文精神引导不够的问题，是一个加强人文教育的问题。歹徒拿刀杀了人，这不是刀的问题，刀是中性的,是歹徒要杀人,没刀他也会拿石头砸人,拿拳头砸人,我们处理歹徒的问题时同样要刀。原子弹现在又作为科学的罪过被提及,但原子弹一共用过两次,用过以后,加速了日本军国主义的投降,挽救了很多中国人的性命,所以在那个时候、那个场合下该扔,如果不扔就要继续打,国际形势就会出现新的变化。现阶段由于打破了核垄断,几个大国有原子核恰恰是维持世界和平的一种力量制衡。当然,核扩散也不行,既反对核垄断又反对核扩散是一种人文的精神,而不是制造原子弹本身的技术问题。

我们一向反对霸权主义,但现在霸权主义国家又提出反对恐怖主义,所以我们现在也说要参加反恐,因为现在国际霸权主义国家掌握世界话语权,得罪他们对我们不利。但是我们反恐要说清楚,我们反的是恐怖主义那些不人道的做法:扣押人质、伤及无辜等等。我们对恐怖行为还要具体分析,恐怖和战争一样,有正义和非正义的,中国自古以来对正义的恐怖是歌颂的。如果恐怖主义没有采取种种不人道的伤及无辜、扣押人质的办法,比如中国古代的荆轲刺秦王——他牺牲的是自己一个人,打击的是人民的敌人,就会得到人民的称颂。从根本上来说,恐怖主义和霸权主义是孪生兄弟,世界上只要有霸权主义,就不可能消灭恐怖主义,如果哪一个国家用霸权主义的心态去反恐,只会越反越恐。"9·11"

以后,全世界的恐怖主义越来越恐怖,没办法,他是弱势群体,他只能跟你同归于尽。所以我们不能笼统地反恐,如果现在美国不调整在反恐上的战略的话,将来的社会和平不了,因为它是想借此实现自己的霸权主义。现在,我们党中央提出"和谐社会"的概念,胡锦涛总书记提出许多理念上的口号,在俄罗斯反法西斯60周年纪念大会上提出"和谐世界"的口号,在北京举办的第22届世界法律大会上所提出的"建立国际和谐社会"的理念都逐渐被越来越多的国家接受,霸权主义将会越来越小,那个时候恐怖主义才能逐渐减少。

现在的资本主义也不像马克思所看到的初级阶段那样,他们也在通过几百年的实践调整内部关系、构建内部和谐。从凯恩斯主义到罗斯福新政以后,资本主义国家就没有出现过大的经济危机。但现在更重要的是要认识到我们是生活在一个地球村里头,应该和睦相处,任何一个国家要实现发展只能通过和平、合作、取得共赢的方式,如果要靠战争的手段谋求发展的话,则必定要自食其果。所以要解决科学发展带来的负面效应主要要靠自然科学和人文科学的共同努力,自然科学拿出技术,人文科学决定怎么搞,人文科学和自然科学是鸟的两翼。整个国家的建设也是这样,缺一不可。

第三,文理交融又是未来社会进步的必需。现在已经从小科学时代进入了大科学时代。原来意义上的大科学时代是科学的社会化,后来进入科学的国家化,现在是科学的全球化。任何一项科学技术的研制和它的生产都要考虑全球的需要、全球的市场、全球的影响。中国近代对文化和科技关系的认识经历了一个相当长的历史阶段。鸦片战争以前是从认为天朝大国无所不有到闭关锁国;鸦片战争以后,认识到中国的科技和武器落后,所以兴起了洋务运动;甲午战争以后,先进的中国知识分子又认识到,光靠科技和武器还不够,它的背后是制度,他们或者对旧制度进行改革,进行"戊戌政变",或者对旧制度进行彻底的摧毁,进行"辛亥革命";"辛亥革命"以后,先进的知识分子又看到了制度的背后是文化,所以兴起了后来的"新文化运动"和"五四运动"。梁启超在"五四运动"以后总结了一句话:"一种文化滋养一种制度,反过来,制度又促进文化。"

  不从文化上解决问题不行,总是背负5000年灿烂文化的包袱而跟不上世界最新的科技变革更不行。1949年在中国共产党的领导下全国解放,中国人民站了起来,意气风发,百废待兴,形势大好。可惜的是,从20世纪50年代后期开始就错误地把握了中国革命的历史方位,跟苏联比谁先进入共产主义,犯了20多年"左"倾空想共产主义的错误。这是社会科学院马克思主义研究所的老所长吴江最近几年的提法。"左"倾机会主义、"左"倾教条主义、"左"倾空想共产主义等错误一起导致

文理交融　多元并举

了"文化大革命"的爆发,"文化大革命"使经济濒临崩溃,我认为更严重的是导致了道德、法制、国家体制、人文精神的沦丧——这真是到了崩溃的边缘。但这个问题现在一说就有争议,因为大家都比较愿意提发展经济,支持发展经济。

长期以来,中国学术与政治的关系倒置,违背民主决策程序。学术界还没研究呢,政治家就先说了话。政治家一说话,学者们只能帮着去说明、解释、发挥,无法进行可能的调查分析、方案论证。现在党中央提倡繁荣和发展哲学,支持社会科学,给了两句话:"政治宣传有纪律,学术探讨无禁区。"原来是"宣传有纪律,探讨无禁区",但只是针对社科院和中央党校说的,后来将它推广的时候分别又加上了"政治"和"学术"。这个很对,因为政治行为和学术行为本来就是不同的,就需要两种不同的行为方式、不同的指导方针。政治行为就是要保持一致、服从组织,不这样的话,中国要乱套。中国要民主,但民主不能"大";中国要自由,但自由不能"化"。搞了大民主了、自由化了也不行,但是要民主,要自由。而学术行为不同,学术行为要勇于质疑,挑战权威。科学技术发展的历史就是不断地突破原来权威的认识,这样历史上的一些定论才能不断地取得发展。这是两种行为。

一个和谐有序的社会应该是文理交融、多元并举的,物质文明和精神文明要协调发展。文和理在很多方面是可以融合的,因为两者都是科学,又都是以人为本的。社会层面的融合主要指确保社会主义政治民主,发扬积极的人文精神,造就高素质的人,再由这样的人去探索自然规律和社会规律,不断创新、发展,推动社会进步。总的目标都是为了社会进步。国家一位副委员长提出了几个观点,我觉得很好,他说:社会发展的第一个阶段要追求效率,第二个阶段要追求公平,第三个阶段要追求社会的发展。只有社会发展了,才能保证它的公平和效率是持续和持久的。中国现在逐步要向公平和社会发展方向上靠拢。

二、文理学科在学科层面的交融和并举

分成两个方面来谈,一是谈谈科学技术的进步对人文社会科学的促进,二是谈谈人文社会科学的发展对科学技术的影响,就是双方的影响。

先说科学技术进步对人文社会科学的影响。恩格斯说:"科学技术是历史的有力的杠杆,是最高意义上的革命力量。"科学技术提高了生产力,推动了生产关系的变革,改变了上层建筑。所以现代资本主义国家三四百年来的发展其实完全是按照马克思的预见在发展,是从提高生产力开始的。郭传杰在一篇名为《科技进步与人文精神》的文章中讲得非常清楚,他说:是科学改变了世

文理交融　多元并举

界,促进人类科学世界观的形成,改变人们的价值观,改变人们的生产方式、生活方式和思维方式,有利于社会发展过程的理性化。总之,科学技术促进了人文科学,使之更加进步、更加丰富。科学技术进步还促进了人文科学中各学科的发展。很多学科是在科学技术进步以后逐渐产生的,就是说科学技术的进步催生了很多新的学科。过去老早就有哲学,科技出来以后就有了科学技术哲学、人口经济学、资源经济学、环境经济学、科技法学、教育技术学、运动人体科学以及各种专门心理学等等。人文社会科学中反映科学技术题材的就更多了,科技成果作为人文学者创作的工具和器械就更普遍了。

我本人是从事医学科学研究的,对医学科学与人文科学之间的关系体会就更加深切些。20世纪上半叶,医学的模式是生物医学模式,把医学建筑在生物学的基础上,把人看成一个具体的生物体,根据生物的规律和得病的情况来设计医学。20世纪下半叶发展到生物—心理—社会医学模式,把人不仅仅看成一个生物体,而且看成有思想、有心理活动的,人是生活在社会群体里的,要在这个整体里考虑人的疾病问题。新中国成立以后靠这种模式解决了很多重大的疾病和很多的传染病,而不仅仅是靠高新技术解决问题。

我国传统思想中有这样一种思想:上医医国、中医医人、下医医病。由于社会分工的不同,医国靠政治家,医人靠教育家、思想家,医病靠我们医学家。为什么国家的事、人的事、病的事都可以用一个"医"字贯穿呢?其实贯穿其中的就是人文精神,是对人的关怀。关怀人的肌体健康就要医病,关怀人的精神健康就要医人,关怀人的生存环境就要医国。医学界确实有一些人从医病的层面开始,进而医人,最突出的代表就是鲁迅。医学界也有一些人从医病的层次开始,进而医人、医国,最突出的代表就是孙中山。所以我们医学界人士谈国家大事,是顺理成章的事,是人文关怀题中的应有之意。中国自古就有句话:"不为良相,便为良医。"良相和良医的思维方式是相同的,做不到宰相去治国,那么你做好一个医生治病,这是一脉相承的,人文精神是贯穿其中的。

  近代的生物医学又给人文社会科学提出了很多新的课题,包括很多新的伦理问题。移植器官必须是新鲜的,最好是活着的,死了以后也不能过了几个小时。这些器官从哪里来?人工授精、脑死亡、安乐死、克隆人、基因资源、医疗纠纷、人工流产、胎儿性别选择等等,这些问题可以通过医学技术解决,但能否实施?这不取决于技术过不过关,而是取决于伦理。伦理是社会科学。就算很多医学技术发挥得再好,如果人文伦理的研究和措施跟不上,反而会有负面影响。现代生物医学的发展使得很多新的学科诞生了,如医学伦理学、医学法学、医学环境学、医学教育学、医学哲学等等,正是这些新的学科推动着医学文明的进步。在医学界,医学科学和人文科学的关系太密切了。

我刚才讲的是一方面:科学技术对人文科学的影响,这个不需要太多的解释。人文科学的发展对科学技术的影响就更大了,归纳起来是导航作用、奠基作用、决定作用。

第一个是导航作用。科学技术本身是双刃剑,用对用错全在拿剑的人,人的意志、意向、意愿、意图都决定于人文取向。科学的负面影响是因人文精神的欠缺,也要靠人文科学与自然科学的联姻、合作才能解决,科技用在哪里是人文决定的。

第二个更重要的是奠基作用。科技发展靠创新,科技创新要借助科技创新的人才,这种人才要有一些先天的基本的素质,后天培养的也是人文的素质。另外要有科研驱动力,最好的驱动力是好奇心,然后要有责任心,最后要有功利心。

第一个层次是好奇心层次。古代的科学家绝大多数都在好奇心层次,因为在古代360行里面没有一行是科学研究,没人给科学研究提供科研经费,更没有人给科技工作者开工资,都是他们自己观察天体和自然界的变化,觉得很有意思,很好奇,想了解它,所以就废寝忘食、倾家荡产去研究。

第二个层次是责任心层次。新中国成立以后,我们国家大部分的科技成果都是靠责任心驱动取得的。国家要研究原子弹,就请相关学科的专家暂时放一放他们原来熟悉的东西,也放一放他们的好奇心,先为国家解决这个问题,先集中起来做。很多科学家就接受了当时党和政府的要求,完成了"两弹一星"。好奇心层次的人永远会有,但是永远是人数里面的极少数。责任心层次也永远需要,但是不可能所有的科研工作都靠国家来组织。现在科技队伍迅速地发展,科学技术迅猛地进步,需要大量的科技人员来从事科学研究。

第三个层次是功利心驱动。功利心是人的本性。人性是人在300万年进化过程当中形成的人的基本品性,这是有物质基础的。阶级性是在一定历史阶段,由于人所处的社会地位决定了他对政治和经济的态度,这是精神层面的,阶级性是会变化的。功利心是人性的基本属性,无所谓好还是不好。要看社会有没有一个好的机制,尽量地发挥人性善的一面,让个人取得的功利和国家取得的功利相一致。如果社会没有一个好的机制,你干得好了反而倒霉了,干得不好照样可以混日子,贪官、奸商干了最大的坏事但是他最富有,那么就容易导致人心向恶。"文化大革命"就把人性恶的一面充分地激发出来了。"文化大革命"把人变成了政治动物,现在是把相当一部分人变成了经济动物。一切的行为过去是

文理交融　多元并举

为了政治,现在是为了经济。

当然,功利心不如责任心,责任心不如好奇心。欧洲中世纪上千个科学家被教会迫害,绝大多数科学家到死还在坚持自己的科学研究,经常引用的例子就是阿基米德。但在中国,"文化大革命"中绝大多数人都是把科学研究放下了。前几年北京电视台采访我:"文化大革命"时你们全家被下放了,当时你对你的科学工作有什么想法?我说没什么想法,因为到军事医学院是党叫我去的,从事军事医学的研究是党的需要,现在党不叫我干了,不干就不干了,本来就不是我自己要干的。这就是我当时的想法。

很多的科学精神:探索精神、怀疑精神、批判精神等都是不可缺少的。很多的科学能力:观察能力、想象能力、表达能力、合作能力等都是科学研究不可缺少的。以上所说的三个层次,科技人员的基本素质有先天的因素,但也离不开后天培养。后天的培养主要是人文科学在培养。表达能力是很重要的能力,可是现在社会上还有很多误解,认为能说会道不好,是一个缺点了。现在是信息社会,语言是最基本的信息交流的工具,这个还没掌握好,你怎么适应信息社会?合作的能力也很重要。当你需要负责一件工作的时候,你发现你的合作能力不行,你就干不成大事。学科带头人、科学领导人、大工程项目的负责人没有合作能力行吗?而这些是谁培养的？是人文科学培养的。这里是一个奠基作用。

更重要的，从国家层面来讲，是决定作用。科学技术能不能发展，关键在一个国家的人文。我虽然是从事自然科学的，但是我觉得人文科学的重要性不可忽视。科学技术的进步经常是以思想解放为先导的，如果说没有市场就没有技术，那么没有民主就没有科学。世界上曾经有好几个国家先后成为引领当时世界发展潮流的中心，我们把它叫做科学中心，而这种科学中心的出现都不是平白无故冒出来的，它们都是伴随着这个国家的思想解放运动的出现而形成的。如意大利的文艺复兴、英国的宗教革命、法国的启蒙运动和政治革命、德国的哲学观念的变革、美国开国后的思想解放和技术创新。科学中心不会出现在封建君王的文化专制时期，也没有出现在对领袖人物的个人崇拜年代。

一个国家要发展科学，不能够没有民主。现代科学总是和民主政治同步发展的，只要科学不要民主是行不通的，也没有成功的先例。一个国家科技进步、科技发展的历史，事实上反映着这个国家的民主进程史。

三、文理学科在个人层面的交融和并举

这一部分也是分两个层面：社会的共性要求与多元取向，个人的个性特点与多元发展。

文理交融　多元并举

　　首先是社会的共性要求与多元取向。一个社会是有共性要求的,任何社会都要求公民有基本的人文精神和科学文化知识。现代化的国家都是由政党领导的,没有一个国家不是政党政治,这不仅仅是我们共产党的特点。任何一个执政党都要求它的公民有一个基本的人文精神,而且都采取了一系列综合措施,如理论的说服、教育的影响、文化的熏陶、艺术的渗透、道德的约束、法律的制裁,以此来保证这个国家的公民有一个基本的素质——科学文化方面的知识和人文艺术方面的素质。

　　可是我们中国恰恰在这方面最有缺陷,我下面重点谈道德教育的缺陷:片面强调道德的阶级性和政治纪律教育,忽略道德教育。长期以来我们总认为我们的思想教育是很好的,是很受重视的,是很坚强的,可是细细地分析就会发现,它是单纯强调政治纪律教育。在政治纪律教育的问题上,我们中国共产党是很有力量的,这也是非常需要的,但是我们对思想道德教育长期来说是放松的。我们只要求政治挂帅、"舆论一律",要求做驯服工具、做螺丝钉。在当时的情况下这些是需要的,但是政治纪律教育代替不了社会公德、个人品德、家庭美德、职业道德等教育。改革开放以后,邓小平说我们一手硬、一手软,这是事实。这句话往深里想想,怎么软一软很多干部的思想道德底线就被冲垮了?如果我们的道德教育很成功的话,很多老同志、老专家就能保住操守了。我认为这是因为50多年来我们的道德教育的基础很脆弱,所以软一软就会冲垮了。原来硬的那一套所培养出来的叫道德吗?道德是自觉自愿的一种成熟,靠硬手段那是控制,那是管理,在这一点上中国共产党很成功,但是这不叫道德教育。

再说法制建设上存在的缺陷。如果领导人是"和尚打伞,无法无天",下面就自然仿效了。过去还有一个提法是"以法治国",现在改了一个字叫"依法治国",只有一字之差,但意思却大不一样。前一句强调的是手段,言外之意是还有"以德治国"、"以权治国"、以其他手段治国;后一句强调的是一种法制观念。有一次我问一个村支部书记某个问题谁说了算,他说:"我说了算。"哪能他说了算?应该根据政策,由法律说了算!很多干部以为能说"我说了算"才体现他的魄力,体现他的能力,体现他的权威。我们国家现在强调建设法治国家,要理顺法和党、法和权、法和纪律、法和军队、法和钱的关系。党是国家的一个政党,党员更是一个国家的公民,人人都应该遵守法律。过去我们是民主集中制,民主集中制是非常好的一种制度,我们说的是下级服从上级、个人服从组织、少数服从多数、部门服从中央,说到这里为止了。那么,中央服从谁?话不说下去了。中央就服从主席、总书记。主席、总书记做得对,大家就做得对;如果主席、总书记做错了,大家就都干错事,而且没人纠正。

文理交融　多元并举

所以像这些问题要在理念上进行更新,不论是总书记也好、总统也好、总理也好,都是国家的公民,在法律面前人人平等。由于两千多年都是封建专制,再加上二十多年的个人崇拜,要做到这一点并不是那么简单的,因此要加强公民意识。

改革开放以后,学校领导人开始注意了,开始讲授公民课。但在政治课里讲公民和公民课里讲公民不是一回事,政治课里的公民无非还是强调公民的权利和责任,谈不上一个公民作为一个国家的主人翁应有的共性的要求。

现在各个国家都有2000多个行业,人才的需要非常个性化。我们现在的学校是批量地培养学生,无法做到个性教育。学校培养学生的时候,唯恐通不过考试,但社会上用人的时候,关心的是能否适应岗位工作。所以学校培养和社会需求的价值取向时有脱节。一方面学生求职不易,一方面社会求才困难。同一个班级毕业的学生进入社会以后发展也是大不一样的。成功者要有的必要能力,现代教育提供不了。比如说捕捉机遇的能力、自我定位的能力、环境适应的能力、扬长避短的能力以及各种表达能力、合作能力等,对于人的发展比考试的分数更重要,可现在的应试教育解决不了这些问题,培养不了这些能力。

一个人能够文理交融最好,如果做不到也没关系,大部分人做不到很正常,应做好自我定位。"天生我才必有用","此地不留爷,自有留爷处",社会上需要的人本来就是多种多样的,我在这方面不如别人,并不说明我这个人就不行。有的人是多面手,八面玲珑;有些人就有一技之长,可以"一招鲜、吃遍天"。问题在于你能不能找到自己的位置。应该有信心,大千世界中必然有适合我的位置,这个信心是应该具备的。

其次谈谈个人的个性特点和多元发展。人和人是不一样的——人的脸不一样,指纹不一样,DNA排序不一样,人的脑当然更不一样。由人脑功能产生的人的认知、思维、行为当然就大大地不一样,应该承认个性差别,允许个性发展,这于社会、于个人都有利。

有的人喜欢文,有的人喜欢理,这是很自然的,保证公民在道德教育和科学文化教育的基础上应该允许个人选择,不必也无法强求一致。很多在文学、艺术、体育方面有特殊才能的人,都不是一种方式能培养出来的。在清华大学搞美术、画画的老师看中的学生因为政治不及格、外语不及格就不能收,这简直是胡闹了,世界上有几个大美术家、大画家能通得过中国的政治考试和GRE的考试?毛泽东同志中学的时候写作文非常优秀,叫他考数学,一看题目画一个圈,交卷了,说"我不会"。如果按现在的应试教育要求,他高中都考不上,高中的数理化是很难的。可是中国革命非常需要像毛泽东这样伟

文理交融　多元并举

大的政治家,而不缺能够通得过应试考试的中学生。上海的韩寒在20多岁的时候在文学上就有一定的成就,但是也有片面的东西。韩寒考试7门功课都不及格,学校就不能让他升级。文学家曹禺也是一样,24岁时就写出了《雷雨》,35岁前完成了他一生创作中的10部作品。他到了晚年很痛苦,有创作的要求,也有思想的火花,但是成不了大块文章,他在回忆录里写得很清楚。所以,成才是有时机的。爱因斯坦、牛顿他们的科学研究都是在30岁以前完成的。牛顿30岁以后去探讨第一推动力,就是上帝理论。上帝都不存在,哪有第一推动力?爱因斯坦30岁以后就孤陋寡闻了。牛顿、爱因斯坦都是在30岁以前出大成果的,但也有一辈子地积累到最后才出成绩的,不能统一而论。自古以来天才早达,大器晚成。松柏可以长青,繁花只有一时;美丽的蝴蝶朝生暮死,丑陋的乌龟千年常在。洛阳的牡丹我看过三次,早期牡丹、中期牡丹、晚期牡丹,三期牡丹加起来才20天,河南的老乡说,好花不常开,就是这个道理。昙花只一现,名花;铁树千年才开花,名树。不能统一要求。

　　现在从整个中国来说,人才几乎是两头小、中间大。两头小:一头缺乏帅才、将才,一头缺乏有本事的基层骨干,多的是徒有学历、职称、头衔的平庸之辈。硕士、博士满天飞,求职困难。一个岗位才1000多元人民币,就会引来三个海归求职,最后一看这三个还不行,用了一个"土鳖",三个"海归"成了"海待"。熟练技工后继无人,高薪难求,五六千、六七千的高工资找不到熟练技工。熟练技工有的在本单位不想干了,年纪也差不多了。人才结构非常不合理、不科学。特殊的人才少如冀北之驹,一般人员多如辽东之豕。

个人成长中最好是既有自然科学的专业深度,又有人文社会科学的相当学养。宏观思维、逻辑思维、形象思维的提升,陶冶性情、丰富生活、领悟人生,都是不可缺少的。很多科学家都把科学与人文融入了自己的人生。华罗庚、张香桐工于诗词,杨振宁和邓稼先在防空洞里吟唱诗词,李政道对科学与艺术的造诣,潘家铮、王佐淀、杨叔子、王梓坤的文学修养,程天民、吴良镛等等专家的书画艺术水平都非一般,都是融入了自己的人生,融入了自己的事业了。

当然不可能要求所有的人都能文能理,但是有没有这两方面的学养,不仅影响着他们事业上的成就,更影响着他们能否拥有一个丰富多彩的人生。专家和专家是不一样的,过去常把知识分子脸谱化。陈景润只是众多知识分子当中的一种,并且是不太多的那一种,并不代表所有的知识分子。

不同的专家到了老年,退休以后差别就更大了。专家型的一退休就失落、反差,诉不完的寂寞空虚;杂家型的退休以后兴趣广泛,享不完的多彩人生。有的人过得非常高兴、开心,有的人过得非常苦恼。我再分析一下:老年的差别在中年,中年的差别在业余,业余的差别在人文,人文的差别在中小学的教育。现在看到的许多老年人退休以后的差别,其实在他们中年的时候就已经流露了。中年的差别不在8小时工作之内,8小时工作之内大家做的都是差不多的。人和人之间在8小时之内的差别是你做得好一点,我做得差一点,你做得多我做得少,量的差别。而8小时以外,就不一样了。有的人继续在做研究,除了研究没有别的事;有的人在看书充实自己;有的人在浏览报纸、杂志,知道知道国内外的大事;有的在逛商场,买东西;有的在照顾孩子;有的在逛公园、照相;有的在打麻将,在玩扑克;有的在搞婚外恋;有的在跑买官;有的在玩股票;有的在琢磨怎么跟邻居吵架。人的8小时以外业余生活千姿百态。8小时以外你在干什么,恰恰决定着你这个人的基本素质,决定着你晚年怎么过。为什么8小时外你去干这个,他去干那个,这就是每个人的人文取向。你追求什么,你的兴趣是什么,你想得到一些什么,你从什么里面能得到乐趣,这是人文取向。这些恰恰在中小学的教育里面就已经开始了。

因为中小学时期是人文教育入门的时期,是打基础的时期。中小学的教育应该文理并重,过早地分科不利,过于求全也不必,应该文理都学,但是不必要求文理兼优。文理兼优的学生,有一些将来确实是非常全面的人才,有一些是万金油。大学时期主要是专门教育,硕士、博士阶段更是在专业上深入,或文或理。博士结束,独立工作后,从小打了人文基础的人能保持对人文科学的关心和爱好,在业余时间主动阅览人文作品,欣赏人文知识,加强人文修养,提高人文品位。缺乏人文背景的人就越钻越深,对自己专的地方有兴趣,成了专家型的学者。什么叫专家?专家就是在很小很小的问题上知道得很多很多的那种人。有人文背景的逐渐把知识面扩大,博大精深,逐渐成为杂家型、大师级的人才。什么叫杂家?就是在很小很小的问题上知道了很多很多,同时又能够在很多很多学科上得其要领、触类旁通的人。什么叫大师级的人才?就是有宏观战略眼光,能影响国家决策和科技走向的人。大师级的学者少得可怜,新中国成立以后就很难说出什么人了。社会科学时不时受到意识形态的干扰,自然科学时不时受到社会的干扰,体制限制了你的发挥。清华大学历来提倡大师一级的人才,学校有一批大师才能叫大学,并不是说盖了大楼就叫大学。大师级的人才要具备五个第一:第一流的人格、第一流的学识、第一流的思维、第一流的胆略、第一流的文采。而这五个第一流在以前那种政治氛围下,在现在大家奔经济、奔钱的情况下很难产生。所以我们在小科学时代出过不少大科学家,现在大科学时代却尽

文理交融　多元并举

出小科学家,并不是说人小,而是说专业太小太小。现在中国小成果多如牛毛,大成果寥若晨星。每个人干自己的事,整个国家大事什么都不关心。

可喜的是"十六大"以后,党中央和国务院立党为公、执政为民、矢志改革、奋发图强的决心,求真务实、亲民为民、廉政勤政的作风,科学发展观、以人为本、和谐社会等理念的确立,为全国人民带来了无限希望。我国正在全面建设小康的社会主义和谐社会,相信一定能涌现出一种文理交融、多元并举的人才格局,各类人才一定能够各得其所,施展才华,团结一心,奋力拼搏,为实现中华民族伟大复兴的理想而各尽其才。

化学与信息科学交叉的新园地的探索

徐光宪

一、基础化学信息学要探讨的问题
二、化学分子信息量的计算和宇宙信息量的估算
三、结论

【作者简介】徐光宪,化学家。1944年毕业于上海交通大学化学系。1951年获美国哥伦比亚大学博士学位。现任北京大学化学与分子工程学院教授、稀土材料化学国家重点实验室学术委员会名誉主任,曾任国家自然科学基金委员会化学科学部主任、中国化学会理事长等职。1980年当选为中国科学院学部委员(今称院士)。

长期从事物理化学和无机化学的教学和研究,涉及量子化学、化学键理论、配位化学、萃取化学、核燃料化学和稀土科学等领域。通过总结大量文献资料,提出普适性更广的(nxcπ)格式和原子共价的新概念及其量子化学定义,根据分子结构式便可推测金属有机化合物和原子簇化合物的稳定性。建立了适用于研究稀土元素的量子化学计算方法和无机共轭分子的化学键理论。合成了具有特殊结构和性能的一系列四核稀土双氧络合物。在串级萃取理论、协同萃取规律、萃取机理研究方法及萃取分离稀土工艺等方面,都有大量的研究成果。荣获"国家教委科技进步奖"二等奖、"国家自然科学奖"二等奖、1994年"何梁何利基金科学与技术进步奖"、2005年"何梁何利成就奖"等荣誉。

化学与信息科学交叉的新园地的探索

一、基础化学信息学要探讨的问题

1. 引言

自从仙农（C.E.Shanon）在1948年发表了《通讯的数学理论》以来，信息的概念已经深入到人类知识的所有领域，创建了许多交叉学科。人们从不同的视角，对信息提出了上百个不同的定义，以致有人怀疑是否存在统一的信息理论。1999年召开了一次名为"The Quest for a Unified Theory of Information"的国际会议，但仍未得到统一的认识，也未能使不同的信息定义互相兼容。

学科交叉是当代科学发展的大趋势之一。信息科学与另外一门X学科的交叉领域，可以分为两大类：一是用X学科的理论、观点和方法研究信息科学，称为X信息科学，是信息科学的分支；二是用信息科学的理论和方法研究X学科，称为信息X学，是X学的分支。

第一大类又可分为四大分支：一是一般信息科学理论，这是没有与别的学科交叉的信息科学。二是自然信息科学，三是工程和技术信息科学，四是人文和社会信息科学。自然信息科学又可分为物理信息学、化学信息学、生物信息学和地理信息学等等。化学信息学（Chemo-informatics）是利用物理和化学的方法探讨信息科学的基础问题，是信息科学的一个分支，这个分支正在创建中，如能成立，将成为物理信息学与生物信息学之间的桥梁。

属于第二类的是信息化学(Information Chemistry),这是用信息科学的理论和方法来研究化学,使化学的发展获得新的思想、新的理论、新的方法,成为化学下面的一个二级分支学科。1971年S.Wold最早提出Chemometrics(化学计量学),至今已有四十多年的历史。内容包含分析信息理论、采样理论、检测理论、校正理论、信号处理、模式识别、人工智能、专家系统等。"Chemometrics"是信息化学或者分析化学下面的一个三级分支学科,可以翻译为"信息分析化学"。现在不同作者采用的名词有些混乱,例如图书馆中有不少称为"化学信息学"的书,其内容实际上是信息化学。

化学信息学是从化学的视角探索信息科学的基本问题,例如:(1)信息是什么?(2)原子和分子有没有信息?(3)信息的不同定义能否互相兼容?信息如何分类?(4)分子的信息量能否计算?(5)宇宙信息量是有限还是无限?如果有限,能否估算我们整个宇宙究竟有多少信息量?这些问题还没有得到解决,因此化学信息学现在也还没有成立。

2. 信息是什么?

信息不是物质,因为信息没有质量,而物质都是有质量的。信息也不是能量,因为信息不守恒,而能量是守恒的。信息也不是精神,因为信息先于精神而存在。精神是人类有了思想、意识后才产生的,而早在人类诞生以前,生物里面就已经容纳信息了,例如基因就含有大量信息。所以信息是和物质、能量相平行的一个基本范畴,是宇宙的三要素之一。

宇宙究竟有多少要素?这是一个哲学命题,至少有四种回答:

(1) 一要素论:唯物论、唯心论、唯能论(或唯场论)、唯信息论。美国著名资深物理学家J. Wheeler说:"在我研究物理学的一生中,它可以分为三个阶段:第一阶段我笃信万物由粒子构成(唯物论);而我把第二阶段的信仰叫做万物由场构成(唯场论),现在我深信万物由信息构成(Everything is information)(唯信息论)。"

(2) 二要素论:物质与精神。其中认为物质是第一性的,精神是第二性的,是辩证唯物论。罗先汉提出物信论,认为宇宙的要素是物质和信息。

(3) 三要素论:物质、场/能量、信息。

(4) 四要素论:物质、场/能量、信息、精神/意识。

物质与能量之间有爱因斯坦的质能联系定律,所以罗先汉把能量合并在物质之中。作者考虑到现代天文学和天体物理学认为宇宙总质量中有70%是暗能量(或场),26%是暗物质,只有4%是由夸克、质子、中子、电子、原子、分子、超分子、生物、恒星、行星等天体组成的可见物质。物质之间有万有引力,如果宇宙自由物质,它是要不断收缩的。但现代宇宙学和天文学已经观察到我们的宇宙正在加速膨胀之中,而暗能量具有万有斥力,是促使宇宙正在加速膨胀的动力。所以我们把物质和能量分开,倾向于物质、能量、信息三要素论。精神只是在140亿年的宇龄中,最近二百多万年有了人类以后才开始有精神/意识,所以不列入宇宙的基本要素之内。但我对哲学了解很少,因此不在这个问题上展开深入讨论。

我们接着探讨信息是什么。仙农说:"信息是通讯体统中由信源发出,通过编码、信道、解码,由信宿接受的东西。"因此信息必须有信源、信道和信宿这样三个要素。信息是不守恒的,信息可以增益,也可以消灭,这个正统的信息概念被称为狭义信息论,是信息的第一个重要概念。

因此信息是要通讯的,为了通讯传输,信息必须编码。编码通常用二进制,在"0"与"1"两者中间选一个。电报就是用二进制发送信息的,计算机也用二进制来处理信息。信息是这样量度的,比如有 n 件事物,每件事物都有 S 种选择,共有 S^n 种选择。信息量 I 是 S 种选择的确定,用它的对数(以2为底)来表达,即:

$$I = \log_2 S^n = n \log_2 S = 3.32 n \lg S \tag{1}$$

上式中 lg 是以10为底的对数。

举个例子来讲,一个钱币,有正反两面。如果你扔下一个钱币,得到正面就是两者选一,在正反面两个可能性中,你确定了正面。这个两者选一的确定,就作为信息量 I 的一个单位,叫做比特。假如你一次扔下5个钱币,都得到正面,其几率是 $\frac{1}{2}$ 的5次方,即 $\frac{1}{32}$。所以 $S=2, n=5$,

$$I = 3.32n \lg_{10} S = 3.32 \times 5 \lg 2 = 3.32 \times 5 \times 0.30103 = 5(比特)$$

现在我们大家都用计算机,都用 word 文本,word 文本用的是英文纯文本,一个字符有26个英文字母,还有阿拉伯数字10个,还有标点符号,还有数学符号,还有像 á â ã ä 之类的文字,还有空格,大概有 $S=60$ 个选择。所以一个英文字符的信息量:

$$I = \log_2 S = \log_2 60 = 3.32 \log 60 = 5.9(比特)$$

一个英文单词平均大约含有5个字符,所以一个英文单词(word)的信息量约为30比特。你可以统计一下你的中文文件的比特数,得出一个中文字平均是6~10个比特。

计算机发明以后,西方曾经说中国文字要消亡,因为中国的汉字是方块文字,他们认为不能数字化。但是中国人很聪明,不但把中文数字化了,而且比英文的比特数还少,因为一个中文字只有6~10个比特,一个英文词(word)大概要30个比特。联合国的文件同时要发中、英、法、俄四种文本,其数字化效率,以中文文本为最高。一个10000英文词(words)的文件,需要30万比特。如果翻译成中文,平均约8000字,只要5万至8万比特。

3. 原子和分子有没有信息?

第二个问题就是原子和分子有没有信息?美国有个物理学家叫斯托尼尔(Stonier),他创建了"物理信息学",认为物质粒子是有信息的,但他没有论证它们之间有通讯,有信源、信道、信宿三个要素,因此他的观点没有被正统信息科学家接受。

那么生物信息学(Bio-informatics)呢?自从发现DNA的遗传密码以来,生物学家根据狭义信息论概念的要求,发现生物细胞之间有通讯,认为最简单的通讯系统就是生物细胞之间的遗传信息的通讯系统,因而被传统的信息科学界接受,认为生命的起点就是信息的起点,有了生命就有了信息,因而建立了生物信息学,并认为无生命的自然界没有信息。后来有个诺贝尔奖获得者莱恩(Lehn),她写了本《超分子化学》,把信息的起点又向新推了一步,定位在由给体和受体形成的超分子上,建立了信息超分子化学。她把给体和受体称为互补子(Pleromer),这个英文字的希腊原文就是互相补充(mutual-compensation)的意思。她把信息的起点定在超分子的形成,认为信息是超分子科学的主线。

4. 本文对化学信息学的三个基本假设

4.1 假设一:通讯必须有四个要素

作者认为通讯要有四个要素:信源、信道、信宿、信的,在传统的三要素基础上加一个"信的"要素。"信的"是信息传递的目的或结果。任何信息的传递或通讯都是有结果的,对于人工信息和生物信息而言,"信息传递的结果"也可称为"通讯的目的"。例如人类通讯为了交流等目的,昆虫发送性信息素与异性昆虫通讯的目的是为了交配生育后代。

例如质子和中子之间通过强相互作用的信道,互相传递信息的结果,是组成高一级的结构原子核。所以"信的"应为通讯的要素之一。编码、解码、噪声等可以合并在信道要素之内。此外,还有第五个因素,即通讯所处的环境。例如质子和中子的通讯,必须使两者之间的距离在 10^{-13} cm 量级范围的环境内,才能通过强相互作用的信道,使它们结合成为原子核。现在我们把通讯的环境要素归并在信道要素内。

4.2 假设二:任何物质的微观粒子、宏观物体、宇观天体都有某种性质相异而互补的"互补配偶子(体)"。这是物质的普遍属性,与对称性有密切关系。

4.3 假设三:"互补配偶子"之间有通讯,它们互为

信源和信宿。"互补配偶子"之间都有一种或几种相互作用,这就是它们之间互相联系的信道。信息传递的结果就是互相吸引,组成高一级的粒子或高一级的动态平衡体系,这就是"信的"。

下面举例说明物质粒子发送信息,去选择或寻找"互补配偶子",然后互相结合成为较高一级的粒子。

例1　质子和中子是一对互补配位子。它们可以互为信源和信宿,发出和接受的信息就是强相互作用,通过强相互作用互相吸引,组成高一级的结构原子核,如氘核、He^2、C^6+、O^8+等。质子和中子也有结构,它们是由夸克组成的。各种不同的夸克也是互补配偶子或三联互补配偶子,后者通过强相互作用组成质子和中子。

例2　带正电荷的原子核和带负电荷的电子也是一对互补配位子,它们互为信源和信宿,发出的电磁相互作用(库仑吸引力)就是信道,通过后者组成高一级的结构"原子"。

例3　原子的价电子层如含有未配对的电子,例如含有 α 自旋电子的 H 原子,与含有 β 自旋电子的 H 原子或别的原子,是一对互补配偶子,它们互为信源和信宿,发出的电磁相互作用力就是信道,通过后者组成高一级的结构"分子"或"分子片"。分子片是指它的价电子层尚未充满,含有自旋未配对的电子,因而还能和其他含有相反自旋电子的原子或分子片形成共价键的不稳定分子。含有相反自旋电子的原子之间的相互作用特称"交换力(exchange force)",它的能量是用量子力学哈密尔顿算符中的交换积分来表达,称为交换能。交换能是负值,可使形成的分子趋向稳定。这种通过交换力把原子连接起来的方式,称为"共价键"。惰性气体原子的价电子层已充满,没有自旋未配对的电子,因而它们之间不能形成双原子分子。

例4 金属原子之间也是互补配偶子,通过金属键形成金属或合金晶体。

例5 碱金属阳离子,如Na^+、K^+等,和卤素阴离子,如F^-、Cl^-等也是互补配偶子,通过离子键形成离子型晶体。

例6 不同结构的分子也能形成互补配位子,例如:(1)酸与碱的中和,(2)氧化剂与还原剂的反应,(3)软阴离子如S^{2-}与软阳离子如Cu^{2+}作用发生CuS沉淀,(4)中心离子与配位体作用,通过配位键形成配位化合物。

例7 具有某种结构的单体分子,如乙烯、氨基酸、核苷酸等能聚合或缩合,生成高一级的结构"高分子"(如聚乙烯),或生物大分子(如蛋白质,核酸等)。

例8 主体分子和客体分子,抗体和抗原,酶和底物等都是互补配偶子。它们的空间结构形状,能像锁和钥匙一样互补,通过"非共价键的弱相互作用",互相接近

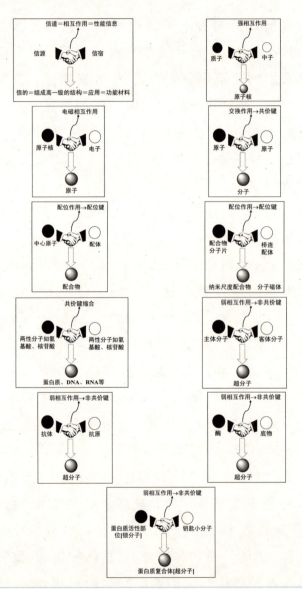

▲图1 任何低级粒子都有"配偶子",互为信源和信宿,通过某种相互作用的信道,互相吸引组成高级粒子

组成超分子。超分子以上的层次就和生命运动接轨了。

生物的每一个蛋白质都是一把非常精巧的"锁",它的活性部位就是"锁空"。有些小分子能在空间结构和化学亲和力上与蛋白质的"锁空"相配合,就能成为蛋白质的一把"钥匙"。每个蛋白质分子需要两把钥匙。一把可以激活蛋白质,另一把可以抑制蛋白质的生物活性。人类的蛋白质可能有20几万种,要配50万把用小分子做成的钥匙,所以化学的任务还是很重的。

以上例子请参见图1理解。

例9 在宏观层面上,异性生物个体是互补配偶体。

例10 在宇观层面上,太阳和它的行星体系也是互补配偶体,太阳是信源,行星是信宿。作为信道的相互作用有两种,即万有引力和离心力,两者达到平衡,组成高一级的动态结构:太阳系。

例11 恒星以上的层次是星系,最典型的星系是银河系。银河系含有1000亿颗恒星,每个恒星的质量介乎太阳质量的0.1倍至100倍之间。银河系的中心称为银心,银心含有暗物质,其质量是太阳质量的100万倍以上。银心与银河系的众多恒星也是互补配偶体,信道也是万有引力和离心力,组成动态平衡的银河系。星系与星系之间也能互相吸引组成星系团,如图2所示。

例12 星系团与星系团之间不再互相吸引,而是互相远离。这是因为存在暗能量形成的"鬼星系团(Ghost

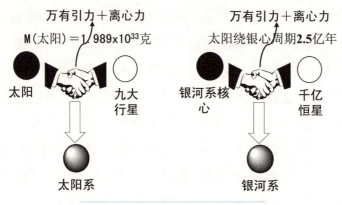

▲ 图2　太阳系与银河系的组成

galaxy)"。星系团和鬼星系团成为互补配偶体，由于暗能量产生的负压力(万有斥力)大于万有引力，导致我们的宇宙正在加速膨胀之中。

如果本文的论述能被信息科学家所接受，那么化学信息学就有可能成为物理信息学和生物信息学的桥梁。

5. 信息概念的兼容、信息的定义和分类

5.1　信息概念的兼容

关于什么是信息，现在有许多讲法，这些讲法能不能统一起来，这是大家有争论的问题。为了这些争论还开过国际会议，但没有得出结论。在这里我想尽量把信息的各种不同概念，串联起来，并使之互相兼容。怎么个串联兼容法？

首先我们尊重仙农的狭义信息论并把它作为信息

的第一个基本概念。据此,信息必须有通讯的四个要素:信源、信宿、信道、信的,其中"信的"是作者添加的。为了通讯,信息必须编码,而编码是 S 种选择的确定,所以"选择的确定"是信息的第二个重要概念。仙农在进行信息量的定量计算时明确地把信息量定义为:"信息是随机不定性程度的减少。"这和"信息是选择的确定"一样,是信息的第二个重要概念。从这个概念产生了信息量的单位比特[(1)式]。选择确定以后,就变为"有序(order)","有序"是信息的第三个重要概念,它是"无序(disorder)"的反面。因此

$$信息 = 负熵 \quad (2)$$

这是信息的第四个重要概念,第四个信息概念是法裔美国科学家布里渊(Brillouin)在1956年发表的名著《科学与信息论》中提出的。

在物理学中,发明了一个"熵"函数,可以定量表达"无序"的程度,并且可以用统计力学理论计算绝对熵。确定了标准状态以后,可以计算并实验测定每一种纯化合物在各种状态(温度、压强等)时的相对熵值。

Tom Stonie 根据薛定谔对玻尔兹曼关于熵的方程的表达,推导出信息和熵的定量关系式:

$$S = k \log_e (I*_0 / I*) \quad (3)$$

上式中 k 为玻尔兹曼常数,S 为 1mol 某一纯物质的熵,$I*$ 为相应的信息,$I*_0$ 为 1mol 该纯物质在完美晶体状态时

的信息,是信息的最大值。$I*$ 和 $I*_0$ 的数值非常大,我们用 $I*$ 的对数 I 来表示,称 I 为信息量,即

$$I(单位:比特) = \log_2 I* = 3.32 \log I* \quad (4)$$

把玻尔兹曼常数和阿伏伽德罗常数代入,可以推导出熵的减少值 $-\Delta S$ 与信息量的增加值 ΔI 之间的关系:

$$-\Delta S = -1 \text{ J/K} \cdot \text{mol} = \Delta I = 1.045 \times 10^{23} \text{比特/mol}$$
$$= 0.1735 \text{比特/粒子} \quad (5)$$

根据这个由信息的第四概念[(2)式]产生的(5)式,可以计算纯化合物在各种不同状态的信息量变化值 ΔI。

根据信息的第二概念,"信息是选择"。又由本文的假设 Ⅱ 和 Ⅲ,任何物质粒子,都要通过通讯来选择配偶子,达到形成高一级的组织或结构的结果。所以信息是"物质系统的自组织(self organization),自组织以后就形成物质系统的结构(structure)。所以"信息 = 物质系统的自组织 = 物质系统的结构",这是信息的第五个重要概念。

任何物质系统都是在不断运动中的,信息是促使物质系统的结构和运动状态改变的动力,这是信息的第六个重要概念。

能量系统也有"有序"和"无序"的区分,例如动能和电能是有序的能量,而热能是无序的能量,因而能量系统也是含有信息的。按照信息的第三概念,动能和电能的信息量大于热能的信息量。这是信息的第七个重要

概念。另外我们还可以推导出信息的其他概念,例如信息的认识论概念等,在这里我们就不详细介绍了。

5.2 信息的定义

上述七个信息的重要概念都是从第一个基本概念引申出来的,因而是互相可以兼容的。在信息的不同重要概念互相兼容的基础上,我们可以定义信息如下:"某一物质能量系统或某事物的信息,是它的运动状态、结构、性能、取值以及运动状态的改变,是使该物质能量系统能够由简单结构自组织成为较高级的结构,并推动它进化、发展的源泉和动力。"这个定义和钟义信教授在他的名著《信息科学原理》提出的信息本体论定义:"某事物的信息的本体论层次定义,就是该事物运动的状态和状态改变的方式",是一致的。

5.3 信息的分类

确定了自然界的物质粒子具有信息,那么信息就可分为三类:

(1) 自然信息:是有生命以前自然界本身具有的信息,例如宇宙大爆炸开始时的"原始火球"就带有促使大爆炸和以后宇宙进化发展的信息,促使夸克、电子、质子、中子、原子核、原子、分子、超分子、生物形成的信息,促使恒星诞生、发展、直至消亡的信息等。

(2) 生物信息:例如DNA分子包含的生物遗传信息,以及细胞DNA、RNA、蛋白质等生物分子含有的,促使生物生、老、病、死,以及生物种群进化发展和灭绝的信息。

(3) 人工信息:是有人类以后用语言、文字、声音、绘画等符号系统所表达的信息。人工信息又可分为系统人工信息(知识)和一般人工信息两大类。知识是具备下列基本属性的系统人工信息,不具备这些属性的人工信息称为一般人工信息。例如我们在家中或在超市购物时随便说的话,就是一般人工信息。

知识的基本属性是:

(1) 系统性和群体性:知识不是一个人发出的人工信息,而是人类群体在历史的长河中创造和积累起来的系统人工信息。但一个人提供的有价值的信息,例如科学家的一篇论文,文学家写一部作品,艺术家创作一幅画,如果被多数人所接受(例如已经发表、出版或其他被公众认可的方式),那么这个有价值的信息就转化成为知识系统中的一部分。

(2) 相对真理性或一定的价值观:科学知识是在一定限度内被实验验证的真理。文学艺术是被至少一部分人们认为有价值的东西。宗教是一部分人们的信仰。

(3) 发展性:知识是不断发展,不断更新的。但有相对稳定性,例如牛顿创建的经典力学,已在20世纪发展到量子力学和相对论,但在宏观和比光速低得多的领域,还是适用的。我们在学校中讲授和学习的课程都有相对稳定性。如果知识没有相对稳定性,教育就没有意义了。

(4) 有保存价值和可存储性。

(5) 可传播,可学习,可处理和运筹,可继承性。

(6) 可增益性:你把知识传送给我,我获得了知识,但你并不损失知识。这就是知识的可增益性,或不守恒性。"不守恒"也是信息的通性。宇宙的物质和能量可以转变形式,例如核裂变可以把裂变物质 ^{235}U 的小部分静质量,按照质能联系定律,转变为大量动能。但体系总的质量和能量在变化前后是守恒的,不会增益或减少。

二、化学分子信息量的计算和宇宙信息量的估算

1. 如何计算分子信息量?

计算分子的信息量要考虑它的平移运动、转动、振动、电子运动、核运动等信息,这些信息如何表达,如何量化呢? 幸亏物理学早已建立了熵函数,它的数值可由统计力学来计算。计算分子的熵函数 S 是从分子的平移运动、转动、振动、电子运动、核自旋、电子自旋等各种运动的配分函数出发的。这些运动参量正是计算分子的信息量所需要的。上面提到的(5)式就是我们计算分子信息量的基础。由(5)式,可以计算某一纯化合物在不

同状态的信息量变化值ΔI,但要计算绝对信息量I,还必须假定标准状态。

2. 1mol的氢分子H_2在各种聚集态的自然信息量I的计算

宇宙是由75%的H元素和23%的He及2%的其他化学元素组成的。为了估算宇宙的信息量,我们先计算1mol的氢分子和1mol的He原子在各种状态时的熵,把它们换算成信息量I。

1mol的H_2在非常接近绝对零度0K时,氢分子就完全有序地排列成为完美结晶。按照热力学第三定律,它的熵为$S_0=0$,有序程度最高,信息量I_0最大。H_2在地球标准态298K的熵值可从常用的物理和化学数据手册中查到。

从标准态298K加温到10^4K,H_2分子离解为2个H原子,加温到10^5K,电离成2个质子和2个电子,再加温到恒星标准态10^7K,最后加温到早期宇宙态10^{12}K。这些过程中熵的变化都可计算出来,利用(5)式表示的熵的减少值与信息量的增加值之间的换算关系,可得相应的信息量如表1所示。

表1　1mol的氢分子H_2在各种聚集态的熵和信息量的计算*

号	状态	熵 $S(J/K \cdot mol)$	信息量 I（比特/分子）
0	完美晶体态 H_2,固,0K	$S_0 = 0$	$I_0 =$ 最大
1	地球标准态 H_2,气,298K	$S_1 = 130.6$	$I_1 = I_0 - 22.7$
2	H_2,气,10^4K	$S_2 = S_1 + 101 = 231.6$	$I_2 = I_0 - 40.2$
3	2H,气,10^4K	$S_3 = S_2 + 45 = 275.6$	$I_3 = I_0 - 48.0$
4	2H,10^5K	$S_4 = S_3 + 96 = 372$	$I_4 = I_0 - 64.5$
5	$2p^+ + 2e^-$,10^5K	$S_5 = S_4 + 26 = 398$	$I_5 = I_0 - 69.0$
6	$2p^+ + 2e^-$,10^7K 恒星标准态	$S_6 = S_5 + 192 = 590$	$I_6 = I_0 - 102$
7	$2p^+ + 2e^-$,10^{12}K 早期宇宙态	$S_7 = S_6 + 480 = 1070$	$I_7 = I_0 - 186$

*本表第3列表示的熵S是以J/K·mol为单位,而第4列表示的信息量I是以比特/分子为单位,如果要换算成比特/mol为单位,应乘以阿伏伽德罗常数6.023×10^{23}。

状态7已经是宇宙最初的10^{-6}秒,那时宇宙处于超高温、超高密的质子、中子、电子、光子的无序混沌态,此时的信息量I_7非常小。但严格说来,质子、中子也是有结构的,它们由夸克组成,因此I_7也有一定的信息量。因为宇宙年龄在10^{-6}秒以前的情况现在还不很清楚,所以假定$I_7 = 0$(将来有了确切的I_7数值,可以再作更正)代入表

1的最后一行,得

$$I_0 = 186 - I_7 = 186 \text{比特}/H_2 \text{分子} \tag{6}$$

(6)式表示把宇宙最早期的2对配偶子[$p^+ + e^-$]组织成两个H原子,再合成为一个H_2分子,继续降温,直到0K时的完美H_2分子晶体,获得的最大信息量为186比特。把(6)式表示的I_0值代入表1的最后一列,并以信息量增加的次序排列,得到表2的结果。

表2　1mol H_2在不同标准态的熵和信息量

号	状态	状态说明	$S(J/K \cdot mol)$	信息量I(比特/粒子)
7	早期宇宙态	$2p^+2e^-$, 10^{12}K	$S_7 = 1070$	$I_7 = 0$
6	恒星标准态	$2p^+2e^-$, 10^7K	$S_6 = 590$	$I_6 = 84/[2p^+2e^-]$
1	地球标准态	H^2,气,298K	$S_1 = 131$	$I_1 = 163/H_2$,气
0	完美晶体态	H_2,固,0K	$S_0 = 0$	$I_0 = 186/H_2$,固

由表2可见,从早期宇宙态的[p^+e^-, 10^{12}K]到恒星标准态[p^+e^-, 10^7K]的信息量为

$$[1/2] I_6 = 42 \text{比特}/[p^+e^-] \tag{7}$$

从宇宙初始态[p^+e^-, 10^{12}K]到地球标准态[1/2][H_2,气,298K]的信息量为

$$[1/2] I_1 = 82 \text{比特}/[p^+e^-] \tag{8}$$

3. 1mol 的 He 原子在各种聚集态的自然信息量的计算

上面计算了占可见宇宙质量75%的H的信息量,现在计算占23%的He的信息量。

表3　1mol的He在各种聚集态的熵和信息量的计算

号	状态	熵 $S(J/K\cdot mol)$	信息量ΔI（比特/原子）
0	He,固,0K	$S_0=0$	$I=I_0=$最大
1	He,气,298K,地球标准态	$S_1=126$	$I_1=I_0-22$
2	He,气,8×10^5K	$S_2=S_1+164=290$	$I_2=I_1-28=I_0-50$
3	He^{++}+2e$^-$,气,8×10^5K	$S_3=S_2+12=300$	$I_3=I_2-2=I_0-52$
4	He^{++}+2e$^-$,10^7K,恒星标准态	$S_4=S_3+53=353$	$I_4=I_3-9=I_0-61$
5	He^{++}+2e$^-$,10^{10}K,轻核合成	$S_5=S_4+144=497$	$I_5=I_4-25=I_0-86$
6	2p$^+$+2e$^-$+2n,10^{10}K	$S_6=S_5+273=770$	$I_6=I_5-47=I_0-133$
7	2p$^+$+2e$^-$+2n,10^{12}K	$S_7=S_6+192=962$	$I_7=I_6-34=I_0-167$

同样假定 $I_7 = 0$，代入表3的最后一行，

$$I_0 = 167 - I_7 = 167 \text{ 比特/He原子} \quad (9)$$

(9)式表示把早期宇宙态的[$2p^+ + 2e^- + 2n$, $10^{12}K$]组织成一个He^{++}原子核，再与电子组成He原子，继续降温，直到0K时的完美He晶体，获得的最大信息量为167比特。把(9)表示的 I_0 值代入表3的最后一列，并以信息量增加的次序排列，得到表4的结果。

表4　1mol He在不同标准态的熵和信息量

号	状态	状态说明	$S(J/K \cdot mol)$	信息量H(比特/原子)
7	早期宇宙态	$2p^+2e^-$, 2n, 10^{12}K	$S_7 = 603$	$I_7 = 0$
4	恒星标准态	$He^{++}2e^-$, 10^7K	$S_4 = 353$	$I_4 = 106/[2p^+2e^-2n]$
1	地球标准态	He, 气, 298K	$S_1 = 126$	$I_1 = 145/$He,气
0	完美晶体态	He, 固, 0K	$S_0 = 0$	$I_0 = 167/$He,固

由表4可见，从早期宇宙态，把$2p^+2e^-2n$组成恒星标准态的$He^{++}2e^-$的信息量为

$$I_6 = 106 \text{ 比特}/[2p^+2e^-2n] = 53 \text{ 比特}/[p^+e^-n] \quad (10)$$

把$2p^+2e^-2n$组成地球标准态的He原子的信息量为

$$I_1 = 145 \text{ 比特}/[2p^+2e^-2n] = 72 \text{ 比特}/[p^+e^-n] \quad (11)$$

4. 宇宙信息量的估算

一般认为"信息量是无限的",至少是难以估计的。现在从化学信息量计算的基础上,来估算宇宙的信息量。

4.1 宇宙的总质量

现代天文学准确测定太阳的质量 $= 1.982 \times 10^{33}$ g。银河系的总质量=太阳质量的1000亿倍$=2 \times 10^{44}$ g。银河系的形状像一个铁饼,直径是8万光年,厚约6000光年。星系团含有上千个像银河系那样的星系,尺度在1000万光年的数量级。超星系团,尺度一亿光年数量级。

可见宇宙的所有超星系团、星系团和类星体大约含有100亿个像银河系那样的星系,其总质量为$10^{10} \times 2 \times 10^{44} = 2 \times 10^{54}$ g。

宇宙广义物质的总质量为5×10^{55} g,由"物质"和"辐射能量"两大部分组成,其中电磁辐射和重子物质是可以观察到的,因此合称"可见宇宙",其质量为2×10^{54} g,只占宇宙总质量的4%。其余为暗物质和暗能量,不能用谱学方法观察,合称"不可见宇宙",但它具有引力质量,并占宇宙总质量的96%,因而证明其存在。其中暗能量约70%,暗物质约26%。暗能量可以产生负压力,是导致现在宇宙正在加速膨胀的原因。李政道2005年在北京召开的世界物理年上报告,提到可见宇宙质量占总质量的比例不到5%,暗物质占25%以上,暗能量占70%。

4.2 可见宇宙主要由4种粒子组成

可见宇宙由4种粒子组成,每种粒子的数量和质量如表5所示。

表5 可见宇宙由4种粒子组成

粒子	粒子数	粒子质量	粒子总质量	百分比
质子	1.05×10^{78}	1.67262×10^{-24} g	1.75×10^{54} g	87.4%
中子	1.5×10^{77}	1.67492×10^{-24} g	2.5×10^{53} g	12.5%
电子	1.05×10^{78}	0.91094×10^{-27} g	9×10^{50} g	0.05%
光子	2×10^{87}	1×10^{-36} g	2×10^{51} g	0.1%
总计	2×10^{87}		2×10^{54} g	100%

表5中粒子数和粒子总质量的数量级是可置信的。误差主要来源于无量纲哈勃常数H,20世纪90年代估计在0.5与0.8之间,到了21世纪已缩小到0.66与0.71之间。另一误差来源是宇宙质量密度与理论临界密度之比$\Omega(0)$,误差已缩小到0.5%。表中保留小数点后数字的原因,是因为质子和中子之比7是可靠的。如不保留小数点后数字,这一比值将为10,反而不可靠了。

4种粒子中3种是物质粒子,1种是辐射粒子。3种物质粒子组成9×10^{77}个$[p^+e^-]$对和1.5×10^{77}个$[p^+ne^-]$

三连体。前者组成 H 原子,后者组成 He 和其他化学元素,其中最主要的是 H,占可见宇宙总质量的 75%,其次是 He,占 23%,其余各种化学元素的总和不到 2%。

4.3 可见宇宙的全部信息量等于 10^{80} 比特数量级

可见宇宙含有 75% 的 H,23% 的 He,2% 的其他化学元素。在其他元素中,中子与质子的数目大致相等,原子核的平均结合能也和 He 的平均结合能相当,所以可近似地当做 He 计算。可见宇宙共有 1.05×10^{78} 质子-电子对,和 1.5×10^{77} 个中子,后者与 1.5×10^{77} 个质子-电子对组成 He 和其他原子核。余下 9×10^{77} 质子-电子对组成 H 原子。由(7)和(10)式,可以计算出这一合成过程的信息量:

$$1.5 \times 10^{77} \times 53 + 9 \times 10^{77} \times 42 = 8 \times 10^{78} + 3.8 \times 10^{79} = 4.6 \times 10^{79} \text{比特} \tag{12}$$

这就是可见宇宙的全部信息量,它等于 10^{80} 比特数量级。

可见宇宙还有 2.728K 的背景辐射,但它各向同性,非常均匀地分布在整个宇宙空间,没有像质子、中子、电子形成各种分层次的复杂结构。所以背景辐射的信息量很小,要比重子宇宙的信息量小许多个数量级,可以忽略不计。

5. 地球的全部信息量等于 10^{53} 比特量级

地球的质量为

$$M(\text{地球}) = 6 \times 10^{27} \text{g} \qquad (13)$$

地球上的化学元素丰度和恒星不同,恒星以H和He为主,地球因引力太小,大气中最轻的元素H_2和He都飞跑了。所以包括大气、海洋的地壳中的元素丰度为He为$10^{-7}\%$,H为0.15%(主要在海水中),O为47.2%(主要在岩石、土壤、海水和大气中),Fe为5.1%,Ca为3.6%等。地核则以Fe为主。所以地球元素的质子和中子数是近似相等的,即地球含有

$(1/2) \times 6 \times 10^{27} \times 6.023 \times 10^{23} = 2 \times 10^{51}$个中子、

2×10^{51}个质子和2×10^{51}个电子

由(11)式可见,从$[p^+e^-n]$组成He原子的地球标准态的信息量为72比特/$[p^+e^-n]$。所以

$$I(\text{地球}) = 2 \times 10^{51} \times 72 = 1.4 \times 10^{53} \text{比特} \qquad (14)$$

严格说来,地球在常温常压下的标准态,应以地球上的化学元素,而不是以He元素为准。但因He原子核的结合能7.05MeV/核子,和其他化学元素的原子核的平均结合能十分接近,例如C^{12}核的平均结合能为7.64MeV/核子,N^{14}为7.47,O为7.97,U为7.58等。所以作为近似的数量级估算,采用72比特/$[p^+e^-n]$是可以的。

6. 全球人工信息量的量级是10^{20}比特

2003年报载,美国加州大学伯克利分校信息管理及系统学院莱曼教授领导的小组统计了全球在2002年,各

种介质(纸质图书报刊、电子版、声音、绘画等)记录的人工信息生产量达到 $5×10^{12}$ 兆节,即 $5×10^{18}$ 比特,相当于 50 万座美国国会图书馆存储的信息量,是 1999 年全球生产的信息量的一倍。

利用这一数据估算,信息量的年增长速率约为 30%,由此计算 2006 年增加的信息量为 $5×[1.3]^4×10^{18}$ 比特 $=1.4×10^{19}$ 比特。假定过去的年增长速率也是 30%,则由等比级数加和规律,得到全球历年生产的人工信息总量为 10^{20} 比特数量级,这就是全球 66 亿人现在拥有的全部人工信息量。平均每人拥有 10^{10} 比特 $=10Gb$。这确实是非常巨大的数字。但这个非常巨大的人工信息量,如果与自然信息量相比,就小巫见大巫了。

全球人工信息总量 10^{20} 比特,虽然比自然信息量小得多,但其重要性要比自然信息量大得多。这是因为各种信息千差万别,有质的高低。所以只能在同类信息中进行比较。即使同是人工信息,也有极大的质的差别。

7. 信息量的不同层次和微观信息量最大原理

7.1 信息量的不同层次

信息量有微观、介观、宏观、宇观等不同层次。在第 5 节地球信息量的计算中,我们只计算了由中子、质子、电子等组成地球上全部化学元素的信息量。这是微观层次的信息量。这些化学元素还要合成 DNA、RNA、蛋白质等纳米或介观尺度的生物大分子。由此增加的信息量,我们称之为介观信息量。这些生物大分子还要组织成细胞和宏观生物个体,由此增加的信息量,我们称之为宏观信息量。地球上的化学元素还要组成大气、海洋和岩石,以至整个地球和月亮系统,由此增加的信息量,我们称之为介观信息量。地球的全部信息量应该是上述各种信息量之和,再加上人工信息量。

7.2 地球人类的信息量

在第6节中,我们估算了全球的人工信息量为 10^{20} 比特数量级,要比地球的微观信息量 10^{53} 比特,小33个数量级。现在我们估算一下人类的生物信息量。

现在全世界有66亿人口,每个人大约有60万亿个细胞,每个细胞核内有23对染色体,组成DNA双螺旋链,如果把它拉直,有1.5米长,这就是人类基因组,含有30亿个碱基。碱基ATGC是四个选一,信息量是2比特。所以一个人的DNA基因信息量 $= 6 \times 10^{13} \times 30 \times 10^8 \times 2 = 3.6 \times 10^{23}$ 比特。人还有RNA、蛋白质、糖类以及水等小分子等,以及各种器官组织等的信息量,假定总数比DNA的信息量大3个数量级,即 10^{27} 比特数量级,乘以世界人口。得到地球上全部人类的生物信息量 $= 66 \times 10^8 \times 10^{27} = 10^{37}$ 比特量级。

7.3 地球生物信息量

虽然地球上所有动物、植物,尤其是微生物个体的数量要比人类的数量大许多个数量级,但每个微生物所含的细胞数少,最少的只有一个。所以全世界所有生物的细胞总数的数量级与人类细胞总数的数量级相差并不多,我们假定比人类多2个量级。生物细胞和人类细胞也都是由DNA、RNA、蛋白质等生物大分子组成的。因此我们可以估计地球生物的信息量比人类信息量大阿个数量级,即10^{39}比特数量级。这个数量级也要比地球的微观信息量10^{53}比特,小14个数量级。

7.4 微观信息量最大原理

根据以上分析,我们可以假定微观信息量要比介观、宏观、宇观的信息量大得多。这是因为微观粒子的数量级要比介观分子多,介观分子的数量级要比宏观物体多,而宏观物体又要比宇观天体多。由此我们得到微观信息量最大原理。再计算宇宙和地球的中信息量时,只要计算微观信息量即可。介观、宏观和宇观的信息量,相对于由质子、中子、电子组成化学元素的微观信息量而言,可以忽略不计。

三、结论

下面小结一下:(1)信息和物质、能量是构成宇宙的三个要素。(2)信息必须有信源、信道、信宿、信的四个要素。(3)任何粒子都有"配偶子",互为信源和信宿,通过某种相互作用的信道,互相吸引组成高级粒子。(4) 确定四种标准状态:宇宙初始态、恒星标准态、地球标准态、完美结晶态,计算了化学分子的信息量。(5) 宇宙的组成:4%是可见宇宙,26%是暗物质,70%是暗能量。(6) 可见宇宙主要只有四种粒子:1078数量级的质子和电子,10^{77}数量级的中子,10^{87}数量级的光子。(7) 可见宇宙的总信息量是10^{80}比特,地球信息量是10^{53}比特,人工信息量是10^{20}比特。

参考文献(略)

通过联想看中国企业发展的两个阶段

柳传志

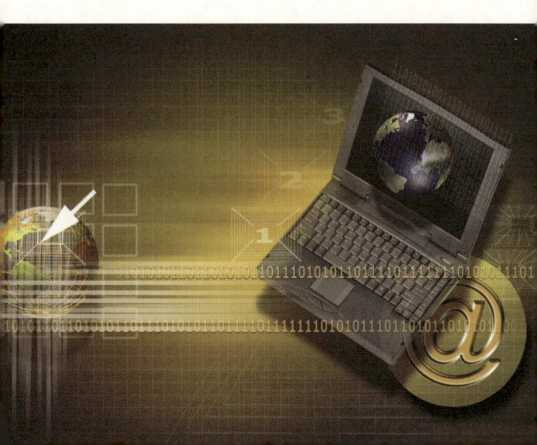

【作者简介】柳传志,江苏镇江人。1966年毕业于西安军事电讯工程学院(西安电子科技大学前身),高级工程师,曾任联想控股有限公司总裁,中华全国工商业联合会副主席,中共十六大代表,九届、十届全国人大代表。

柳传志先生作为中国科技体制改革的积极探索者和实践者,走出了一条具有联想特色的高科技产业化道路。他总结并提出了著名的"企业管理屋顶图理论"等一系列重要的管理思想,形成了系统的以"建班子、定战略、带队伍"为理论核心的联想管理体系。不仅确立了联想在中国市场的排头兵地位,而且带动了一大批民族IT企业的发展。使联想逐步成为一家符合现代企业制度、具有国际竞争力的集团公司。

柳传志先生先后被评为第二届"全国科技实业家创业奖金奖"第一名、"全国有突出贡献中青年专家"、"中国改革风云人物",1995年被评为"全国劳动模范"。2000年1月被《财富》杂志评选为"亚洲最佳商业人士",2000年6月被《商业周刊》评选为"亚洲之星",被评为2000年度"CCTV中国经济年度风云人物"。2001年被美国《时代周刊》评选为"全球25位最有影响力的商界领袖"之一。

通过联想看中国企业发展的两个阶段

中国的高科技成果如何形成产业化，这个问题实际上就是如何把科技投入，也就是说把钱变成技术，然后把技术再变成钱，把钱再变成技术的过程。咱们国家历来是把钱变成技术会变，大学、研究所都在变，把技术变成钱本身又离不开企业，那么这里边就存在着很大的问题。

联想是一个典型的改革开放的产物。中国经济改革开放的主线，就是由计划经济向市场经济转化的过程，而在这个转化的过程中，中国的经济发展大致分为两个阶段：第一个阶段，就是在转化的初期，在中国的法律、法规、政策以及市场的运行环境都很不正常的情况下，这时候中国的企业怎么去求生存；第二个阶段，就是到了上述几个方面基本趋于正常了，在这种情况下，中国进入WTO了，外国企业也大举进入中国。这时，中国企业怎么去求发展。下面我想以联想为例，来谈谈中国企业是怎么面对这两个阶段的。

先简单介绍一下联想的情况。我自己原来是中国科学院计算所的一个科研人员，我当时是做磁记录研究的。在1984年的时候，中国科学院号召大家进行科技改革，希望科技人员下海办企业，那些技术型、应用型研究所能够把自己的成果推广到社会上去，形成生产力。我自己非常愿意干这个活。我为什么愿意干这个活呢？就是因为在我大学毕业以后的十几年之中，也就是三十几岁以前那个阶段,主要经历的社会现状就是阶级斗争。打倒"四人帮"以后,我就开始好好工作了。我自己在那段时间参加过三个大型机器的研制工作,这三个机器都做出来了,也都得了奖。但实际上用处都不是很大,只是标志着我们国家的计算技术水平达到了一定程度。从来没有想到把一台机器做完了以后,接着把这台机器复制出来,再把这些机器卖出去。做到第三台机器的时候,实际上我的心里很茫然,老觉得我们到底在干什么呢?就这样做出成果,写出来论文,然后就提职、涨工资,再完了以后做下一台机器?所以到了科学院提出希望高科技产业化的时候,我就非常希望自己能出来试试。当时我已经40岁,很想试试自己的人生到底有多大价值,所以我当时是愿意出来的。当时我和10个同志,一共11个人,出来办了联想集团的前身,办公场所就在当时计算所的传达室里。

  当时中科院计算所给我们提供了20万块钱。经过18年的努力,现在联想下边有两个子公司,已在香港上市。一家就是现在的联想集团,另一家就是神州数码。这两家子公司现在的市值是260亿港币。2002年,这两家子公司的营业额是355亿港币。这些年来为国家缴纳的税金,不算2003年,一共是47个亿;返还给大股东的现金回报是4.52个亿,就是按利润中的提成返还的,不是大股东的全部回报。因为现在公司260亿的市值主要

通过联想看中国企业发展的两个阶段

部分是科学院这个大股东的。联想的主要产品PC的销量,2002年是300万台,在整个中国市场的份额占到28.5%;第二名是方正,占11.0%;接着是同方,占10.6%;再后边是戴尔,占7.3%,等等。中国的计算机企业除联想以外,都排在很靠前的位置。另外,我们在亚太地区市场上也排在第一位,在整个亚太区的份额占12.7%;第二名是惠普,惠普是因为和康柏合并了以后排到了第二,占9.8%;第三名是IBM;第四名是戴尔;第五名就是方正。下面我想分两个阶段来谈谈联想的发展情况。

▲图1 初级阶段的联想集团

第一个阶段：由计划经济向市场经济转化的初级阶段

　　第一个阶段就是由计划经济向市场经济转化的初级阶段。什么是计划经济呢？要严格地下定义，我是下不好的。我只站在企业的角度来谈谈体会。就拿我们计算机行业来说，在20世纪80年代的时候，国家当时是这样的：国家主管计划的部门，比如像国家计委，它每年要向用计算机的单位进行一次调查。这些单位一般是大学、研究所、大的政府部门、企业等等。在那个年代，企业几乎全是国有的，几乎都在调查之列。调查完了以后，第一步就要知道国家需要用多少计算机，然后决定生产这些计算机在中国需要有多少计算机厂。然后就把计划分配下去，并确定这个厂生产多少，那个厂生产多少，就把生产的额度和批文分配给各个厂。就是每个厂生产多少，国家是给了你一个批文的。你拿了这个批文，才能生产。不是说市场卖多少，你才能生产多少；你卖得多，就能生产得多，不是这样。而是规定你生产多少，你就要生产多少。随着批文一起下来的还有别的东西，比如说你这个厂生产计算机的时候，芯片，也就是CPU，是要从国外买的，那么配给你的还有外汇的进口额度。有了这个进口额度，你用两块四毛钱就能买到1美元；如果没有这个额度，在黑市上买，就是在市场交易上买，价值就飙升了。价格最低的，我记得是6块多钱，

通过联想看中国企业发展的两个阶段

高的时候达到12块钱。也就是说,你是属于计划内的,国家给了你生产额度的,你就可以很便宜地拿到外汇额度。然后还给你进口指标,你根据这个进口指标,就可以进口东西。当时国家给了计划部门很多好处,但是国家管得很严,你生产多少,怎么定价,定多少价格,是国家定的,不是厂里定的。还有,你从下边哪个厂买东西,这个东西国家全部都给你管着,还要管到你工厂的经理或者厂长,经理是什么级干部,每月挣多少钱,副经理是什么级别干部,每月挣多少钱,到每一级人员都像国家干部一样给定好了。这样,国家就把企业给管住了。管住了以后,厂长好当吗?其实倒也好当。因为没有竞争了,产品多差,也都能卖得出去。我记得在当时,我们这个行业的老大哥是长城电脑,它和我们联想几乎是同一年建的;另外还有四通,都是在1984年建的。我记得长城电脑在1984年建的时候是副部级单位,就是企业领导相当于副部长;每年国家有几个亿的投资下去,同时还有各种批文,应有尽有。从这个角度上讲,联想跟它相比,就像天上与地下一样。但是后边的事实证明,捆在它身上的绳索带来的弊端远远大于它得到的利。联想是中国科学院办的企业,尽管科学院代表国家投资了20万元,也是国有的,但科学院是计划外的企业。什么叫计划外的企业,像北大、清华、科学院,国家的计划并没有叫你办企业,而是叫你好好搞科研,所以不给你任何的额度，不给你任何的批文，你们是属于计划外的企业。像我们计算所的所长拿的那20万块钱，投入到了联想，一定是国家计划外的钱，不能挪用科研经费里边的钱。当时必须这样办，要不然的话，就是犯规。这样一来，联想跟属于计划内的电子部下属的厂相比，待遇就很不同。科学院的股东除了给20万块钱以外，没有再给别的东西，后来也一直没有追加过投资。资金当然不够，更遗憾的是，我拿到那20万块钱以后，不到一个月就被人骗走了14万，所以钱就更不够用了。当时我最需要的是给我们什么东西呢？当时我跟所里的领导谈好了，要给我们"三权"：第一就是人事权。就是进什么人、组什么班子，所长就不要干预了。钱给的本来就不多，就不用插手管我们的人事工作了。这一点，所里挺同意。第二点是财务支配权。财务支配权很重要，我把税交了，根据协议，每年我们赚多少利润交给所里后，其他我们内部怎么分配，这一点也请所里不要管。尽管在当时工资、奖金还是很低的，奖金一开始几乎没有什么，但是这个权在手里，非常重要。第三是经营决策权。我们怎么经营，希望所里不要管。这一条所里也同意了。有了这三权，当时有个说法，就应该叫做民营企业。按照20世纪80年代初的定义，有"四自"的企业叫做民营企业。"四自"是什么呢？就是"自筹资金，自由组合，自主经营，自负盈亏"。也就是说，自个儿找人，自己拿钱，自己

通过联想看中国企业发展的两个阶段

管自己,办亏了你自己负责任,这就叫民营企业。我们觉得有了这三权,就跟民营企业完全一样了。比如说自筹资金,所里只给了20万块钱,其他全得我们自己筹,这感觉完全是不一样的。但所有权一定是国家的,挣了钱以后,利润全要上缴给科学院,我们自己不能分利润。所以我们管自己就叫做国有民营。也就是说,我们有经

▲图2　联想集团上海分部

营权，但是没有所有权。管它有没有所有权，先过一把经营的瘾再说，自己先拿着经营权充分使用。就这一点来说，其实就比其他的国有企业有了许多好处。"民营"这两个字，确实给联想带来了巨大的活力。正因为是民营企业，在计划之外国家没有给你销路，往哪儿走？于是逼着我们上来就得了解市场，就要学会经营，学会贸易。等到后来我们有了一定的基础后，就去给外国企业做代理，学习先进的销售经验，后来我们自己总结了一套路子，叫做走"贸工技"的路。先研究市场，学会做买卖，知道东西怎么卖了以后，然后自己搞生产，然后再来搞研发，倒过来这么走。我记得20世纪80年代初我们到深圳的时候，当时国家有些产业部门，在深圳特区都办了自己的企业。但他们办的时候，都是走的老路。上来就盖大楼，然后就买设备，接着就生产产品。尽管当时生产了各种各样的产品，但是几乎都卖不出去，现在这些企业全都转型了。而我们恰恰利用了我们自己的基础，从市场做起，从这一点也可以想象到联想在销售市场为什么会有比较深厚的功底，可能跟我们刚一出来就被逼到这条路上去有很大关系。另外，民营企业本身就不受国家的各种条条框框的束缚，这样就充分形成了自己有效的激励方式，有效的管理方式，这对企业发展有极大的好处。打破了"大锅饭"的体制，用最合理、最有效的方式来进行激励，给企业带来了活力和生机。但

通过联想看中国企业发展的两个阶段

同时也正因为是民营,所以给联想初期的发展带来了无穷的困难。比如说,由于没有生产批文,当我们的"贸工技"路子走到一定程度时,比如我们对电脑市场有了一定的了解,知道客户需要什么样的东西,设计什么样的电脑能够卖出去的时候,困难就来了。我们很想卖自己的产品,可是由于拿不到国家的生产批文,只好搁浅。当时主管的计划部门,说得也挺有道理。我们的企业当时很小,当我们希望自己生产的时候,他们说,国家现在有上百条生产线,每条生产线的生产能力都很强,你们为什么还要重复投资,还要再建生产线呢?所以就是不给我们生产线,我们在无奈之下怎么办呢?后来我自己就带了30万港币到香港,跟香港当地人合资办了一个香港联想。香港联想赚了钱以后,第一年就投资买了设备,然后就开始生产主机板。生产的主机板销售到世界各地,后来做得非常大,两三年之内,它的主机板和显示卡就占了世界市场的一定份额。这时候,国内计划部门的同志到国外去了解情况,看了我们的销售情况之后,就给了我们国内的生产批文。这样,我们就拿着这个主机板打回国内,这才开始有联想的品牌。这说明当时的计划编制外的企业,真的要开始市场运作是多么困难。另外还有外汇额度,人家用两元或三元人民币换一美元,而我们呢,要用六七元,高的时候要八九元人民币换一美元。到了1993年、1994年以后,我们有时一下子就用几千万美元,这样就差了很多的钱。就好像在比赛的时候,还没有开跑,人家就在我们前边很远了。尤其是当时的外汇来源是有限制的,我们的外汇来源是所谓黑市上买卖的——按道理说也不是很合法的,黑市的人民币价值波动是很大的。有的时候辛辛苦苦地做了一年的工作,由于外汇和人民币的价格一漂,一年的辛劳整个就全漂了,一年的业务全都白做了。有的时候虽然不能说全部白做了,也会取消半年的利润。而这实际上是怎么回事呢?到现在,人民币和外汇已经接轨。没接轨的时候,实际上就是国家用各种手段来保护计划内的企业,不让计划外的企业发展。这就给我们这些民营企业带来了极大的困难。

我记得有一次向朱镕基总理汇报的时候,讲到像我们这种民营企业,不仅有商业风险,也有政策风险。朱总理就说,你给我举个政策风险的例子,他听了以后很敏感,怕我们做了更坏的事。后来我就给他举了个例子:在1987年,我们第一次实行承包制的时候,我们的销售经理一年下来做得非常好,到年底的时候,奖金就多得不得了。销售经理本人奖金就高达6000多块钱,他下属的人有些也很高。今天我说6000多块钱,没有任何人觉得很吃惊,在当时真的是不得了。因为当时我的工资才100多块钱,你想想6000块钱是我的工资的60多倍,这奖金够多的。但是更大的麻烦在哪儿呢?不是这

6000多块钱,因为按照当时的政策规定,上缴的不是今天的个人所得税,而是奖金税。奖金税指的是,你的奖金超过了你月工资的3倍,比如我月工资是100多块钱,我的奖金超过300多块钱以后,其他部分要交300%的奖金税,当时国家就是这样规定的。我们在这方面没有经验,当时按承包制规定就是这么做的。这么一来,等到真的要发钱的时候,发现有这样的问题。于是,领导们就在一起研究,这钱怎么发?研究了很长时间,发现有三条道路:第一条路,就是把奖金发了,然后把税也交了,然后企业来年就别办了,企业的前程也就没有了;第二条路,就是对发奖金的人讲,说情况是在不断地变化的,没想到你们做得这么好,我们希望你们好好干,以后你们的钱我们一定会发的,但是要陆续发。领导说话不算数也是一条路。第三条路就不太好了,就是拿支票换现金,不记账,这样就不交税,也就是拿现金发了就完了,这实际上是不合法的。我们研究了半天,选择了第三条道路。实际上,这对我们来说是要冒很大风险的,为什么呢?因为这奖金本身不是发给我们几个企业领导,我们几个人却承担了发奖金的责任,而由下边做业务的同志拿这个实惠。但真要是查出来,我们是有责任的。果然不出一年,东窗事发。一下子就闹到了我们科学院里来,院里就向我提出了警告,然后罚了九万多块钱。更令我惭愧的是,第二年,就差一年,税收制度改了,改成了今天的所得税。那种奖金税完全不符合市场经济的规律,这些是我们当时所遇到的各种各样困难中的一部分。

在当时的那种情况下,市场运作确实不是很规范。作为企业,方方面面的事情都要学会,都要了解。后来再遇到这种事情,就不能这样处理了。所以说像贷款、融资问题,像企业的安全运作问题,在由计划经济向市场经济过渡的初级阶段,有无穷多的问题在困扰着民营企业。总的来讲,在这个阶段,敏感的国有企业已经感觉到"山雨欲来风满楼"了,在努力考虑变革的问题。但也有一些麻木的国有企业当时还没有感觉,还在嘟嘟囔囔地埋怨。实际上,在当时努力要额度、要指标、吃大锅饭的,没过几年,等待他们的就是工厂破产、工人下岗的命运。民营企业在那个阶段苦苦奋争,有一大批民营企业因为抓住了机会就发财了,但是由于不懂管理,不懂得制定战略,没有健康的企业文化,等这个阶段过去了以后,跟着又垮下去了。然而,更多的民营企业又生长出来,而且素质越来越高。他们付了学费,但是学到了东西。学到了什么呢?一方面学到了怎么样适应中国的客观环境,另一方面也学到了科学的管理知识和现代的企业管理方式,准备更大规模地发展,准备跟外国企业进行竞争。民营企业这个状况,使我想起有本书叫《大败局》。如果有兴趣了解中国企业发展史的人,可以看看。在当时,有许多著名的民营企业垮下去了。垮下去的原因,很多就是像我刚才说的一样,有的是不适应环境,有的是不了解当时他们抓住的机会、时机并不是企业管理的真正规律。反而以为自己掌握了规律,继续重复地做,或者发展到更大规模后再做,那么就遭到了破产的命运。在第一个阶段,进入中国市场的外国企业,多数都没有赚到钱,却付出了学费。他们学到的是,了解了中国的市场环境。当时只要是坚持下来,后来又善于学习的外国企业,现在在中国的发展,都有了坚实的基础,都有了很丰厚的利润。我们联想呢,在这个阶段,我们自己觉得把该学到的东西都学到了。

第二个阶段:在较正常的情况下怎样展开企业竞争

第二个阶段,就是在较正常的情况下怎样展开企业竞争的阶段。我还拿我们这个电脑行业为例,加以介绍。电脑行业就涉及刚才讲的批文,这些批文到什么时候为止呢?大概是在1991年。1990年前后,中国是通过批文和高关税卡住国外的企业,不让它们进来,以保证民族工业的发展。结果怎么样呢?就是中国厂家生产的东西质量不行,严重地影响了各行各业的发展。我记得1990年的时候,整个中国电脑的销售量大概在10万台左右。前面我讲在2002年,仅联想一家企业一年的销售量就达300万台。在12年前,也就是1990年的时候，全中国的电脑企业生产的机器，再加上进口的机器，一共销售量仅10万台。因此，中国政府充分考虑到这一点，就在我们这个行业，率先打开了国门，降低了关税，把当时大概是百分之一百几十的关税，降到了16%。联想等国内几家企业，都受到了极大的冲击。1993年那一年，我们的营业状况是溃不成军。因为当时没有思想准备，不知道外国企业进来后这么厉害。在那个时候，我们这些企业正面临着一个严峻的考验。1994年年初，我们联想战略研究会召开务虚会，会大概开了3个月，研究面临的这种形势，就是国外的企业在资金、技术、管理、人才等方面都远远比我们有优势的情况下，我们到底跟他们打还是不打？最后研究的结果，就是要高举民族工业大旗，决定打这一仗。当时我们就在自己内部彻底进行了改组，把管理架构、组织架构、销售模式等，都进行了彻底的调整。另外，当时还选了一个29岁的年轻人杨元庆来负责一个事业部，整个公司决定要搏它一把。后来的结果怎么样呢？就是从1994年以后的连续若干年，我们的营业额都是100%的增长，销售的台数甚至超过了100%的增长率，这就是当时的状况。那么我们当时到底做了什么事情呢？我们觉得是全面学习现代企业管理的结果，联想能取得今天的成绩，首先在于我们进行了产权机制的改造。下面这张图是联想的架构图。

　　当年科学院投资了20万，是联想100%的股东。后

通过联想看中国企业发展的两个阶段

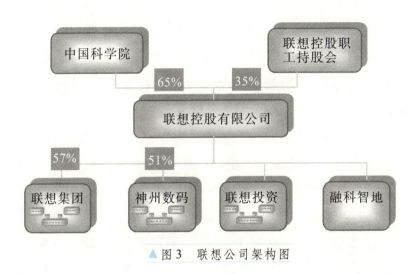

▲ 图3　联想公司架构图

来我们跟科学院讨论,在组成结构上进行改造。从这个图中大家可以看到,科学院占65%的股份,联想职工持股会,就是员工占35%的股份。应该讲,联想能发展到今天有很多原因:其中国家改革开放的大好形势是一个方面;另外,我们摊上了一个"好婆婆",这也是一个非常重要的方面。科学院的院长真是非常的开明,在联想发展之中,周光召院长就谈到了如何实行股份制的问题。当时是1993年,那个时候国家有个国有资产管理局,它代表了国家。所以尽管科学院投资了20万块钱,但中国科学院仍做不了主,不能把股份卖给或送给我们。在这种情况下,我们跟院领导进行通融,院里同意每年把联想35%的利润作为分红,分给我们。由于我们当时还处于初创阶段,非常注意企业的发展,所以我们的工资、奖金都压得很低。这个时候,企业就会生出很多利润,在这个利润之中,规定每年有35%是分给员工的,65%是属于股东的。35%的利润拿到了以后,我们怎么分配呢?我们当时有一套分配方式,在没拿到钱以前,先跟核心、骨干人员进行研究,说我们这些钱应该怎么分配。分给核心骨干人员,应该怎么分,分给一般性骨干人员,应该怎么分,要有一个打分的标准。然后再留下其中的45%,留给后来的年轻人。名义上是这么分的,但钱呢,我们没敢分。这么多钱分了怎么了得呀!还有一个呢,就是缴税的问题,也没有弄清楚。到了2001年的时候,在中央领导同志的直接指导下,允许我们拿这个钱买股份,就是把联想的资产通过公开的会计师事务所作了一个折价。折价以后,国家打一个折,比如给我们打了一个7折,然后把35%的股权卖给员工。其实打折后卖给员工,仍然有很多亿,仍是一个很大的数目。幸亏当时我们没有分这个钱,攒在包里等着,到时候拿这钱把它买下来。说实话,其他企业如果改革的话,我想也是很难的。如果不是没有分这个钱,要员工拿钱来买,其实也是很困难的。我想还是采取奖励的方式更为合适,这对联想以后的发展起了很大的作用。今天大家知道联想做得非常出色,主要是年轻同志在第一线做。跟我在一起创业的老同事,无论是在精力上还是能力上,都已不适合联想高速发展的需要,所以就退到了二线。但是

通过联想看中国企业发展的两个阶段

怎么退得下来呢？跟着我的这些老同事都没有到退休年龄，从副总裁的位置上退下来，如果没有这种股份分成的话，于情于理都是说不通的。因为在早年创业的时候，这些老同事真的是吃尽了千辛万苦，工资也都很低。大家辛辛苦苦地浇水施肥，终于到了一棵树结果实的时候，你如果完全不考虑他们，他们坐在副总裁、部门经理的位子上，很难动员他们下来。所以当实行股份制改造以后，就变得非常之好，他们有了股份以后，就可以安心地退下来了。这有点像我们在做园丁，可能不如年轻人那样手脚利索，不如他们做得好，但是到了秋天结果子的时候，先摘一筐苹果，给各位老园丁送到家里去。换年轻人做园丁，这个做法更合适，大家都很痛快，所以年轻人就到了第一线。其实这是股份制改造起了作用。另外，联想要求我们的领军人物，像杨元庆，都必须是有事业心的。不只是一般的责任心、上进心，你得把联想当做命来做，你应该有这样的事业心。仅有精神号召也是不行的，他们实际上也必须是物质上的主人。所以股份制改造对他们起到了积极的作用。所以在讲到联想取得这些成绩的时候，我想产权机制改造应该是有巨大贡献的一件事。

在联想的业务开拓上我想讲三件事，也就是当国外的企业问我们为什么能战胜IBM等企业的时候，我们讲了三件事情：第一件事情就是我们如何降低成本。1996

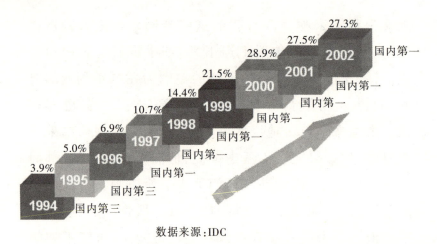

数据来源：IDC

▲ 图4 联想电脑历年国内市场份额

年，我们联想第一次以6.9%的市场份额，占得了中国市场的第一名位置。那一年我们连续四次大幅度降价，降低成本。通过降低成本的方式，占领了市场份额。为什么我们能够降价呢？这涉及我们行业的成本规律问题。对电脑这个领域，成本主要部分是在元器件上，元器件的成本占了整个成本的80%左右。也就是说，生产、销售、市场等成本，加在一块才占20%左右。更重要的是那80%，其中像CPU、存储器、硬盘等主要部位的成本，又占了一半。这几个部件有什么特点呢？其特点就像李国杰院士讲的那样，遵守摩尔定律。硬盘先不说，就说存储器、CPU吧，它不断地产出新的技术，那么原有的那些器件，就不断地跌价，而且有的时候跌得极其迅猛。我记得在1996年的时候，7、8、9这三个月，DRAM价

通过联想看中国企业发展的两个阶段

格一片由16美元降到2美元。也就是说,在一块板子上用8片,你再买了存储器芯片以后,没能够马上卖出去,你把它装成机器三个月后才磨磨蹭蹭地卖出去,跟你买回来立刻就做,芯片价格就差一百多美元,你看这成本差多少。因此,库存就成了我们这个行业关键问题的突破口。如果你运作得好,能够让库存时间达到极短,那么你就能在成本上有大幅度的削减。在1996年把这个规律研究完了以后,我们也没有什么更好的办法,那就是反复运作降低库存的这几个环节。比如做好市场预测,等等。市场预测是什么呢?就是在我们这个行业里面,你要购买CPU,购买存储器,你还要提前三个月预定才能买到,而不是说买就能买到的。如果真是这样的话,库存就好办。你得提前定购,那么你预测得准不准,跟库存当然是有直接关系的了。然后,怎样压低生产周期,怎样打通销售渠道,这些都需要本事。我们经过反复演练以后,在这些方面有了很大提高,所以我们那次就能连续降价,把这条路打通。到了后边这几年,从1999年开始,联想完成了一大批建设,从根本上解决了库存问题和整个运作过程问题。1994年的时候库存是70天,到现在只要14天,前后的反差非常之大。从这一点来讲,我们的成本可以进行很大的压缩。

另外再举一个压缩成本的例子。在我们这个行业里,联想能做到应收账的坏账损失率占到万分之五。万分之五是个什么概念呢？也就是说，国外同行先进的公司一般占到3‰，我们比它们的坏账损失率小得多。大家知道前几年的时候，这个账收不回来，成为中国企业的一个重要难题。但是我们能够把它控制得这么准确，这就是我们销售渠道管理的能力。这些具体的情况，我就不在这儿介绍了。所以成本压缩的运作是我们现在的第一个本事。

  第二件事情就是我们大大提高了产品技术的水平。产品技术是什么意思呢？在电脑行业里面呢，确实是有它的核心技术。比如说，像CPU，像操作系统，都存在有产品技术的问题。产品技术就是把成熟的技术根据市场的需要集成起来，形成产品，这就是产品技术。麻婆豆腐怎么炒得好吃，这可能就是产品技术。我举一个具体例子。像电视机，在20世纪90年代初的时候，我记得那时还是日本人的产品在市场上比较多。到了现在，国内的电视机占了主要的市场份额。这里面有多方面的原因，其中一条主要原因就是充分利用了产品技术。因为日本的电网电压比较稳定，所以电视机的电源部分用不着下太大的力气，不需要用太好的元器件，不需要太高的要求，但这样的电视机在我们中国就不行了。因为中国的电网电压从100多伏到300多伏，变化比较大，如果同样用那样的电源，到中国就不行。但你把电源部分的技术提高一下，加以改进，花的代价并不

通过联想看中国企业发展的两个阶段

大,电视机的稳定性马上就会有很大的提高。另外,还有高频部分,日本的电视台密集,功率大,所以对电视机的高频部分的接受部分要求不是很高。但中国不是这样,所以你把高频部分做好,电视机的性能马上就会变好。像这些东西,就是典型的产品技术。联想在这些方面进行了认真研究。比如说,在1999年的时候,联想推出了一款Internet电脑。在我们国家,人们要上网,大多数人那个时候买了电脑以后,还需要装modem卡,配上软件,然后还要到电信局去登记,这些都是非常麻烦的事。而买了联想的电脑以后,卡装好了,软件装好了,同时更重要的是,跟电信局那边全结算完了。只要你买了联想的电脑,按键就能上网。这样一下子推广了这款电脑以后,马上市场份额就增加了8%。一款产品适合了市场需要,你说它有多高深的技术,也未必,但是它确实解决了问题。联想有三百多项发明专利都是跟应用技术有关的。而由于产品技术领先以后,联想就可以连续领先,在市场上连续推出新的产品。这有什么好处呢?我记得1994年联想的毛利率达到23%的时候,外国企业大概达百分之三十几。然后,就逐年下降,降到1998年、1999年,联想重视产品技术以后,就不再降了,一直稳定在毛利率14%~15%。但据我所知,我们的一些国内同行,毛利率大概在9%~10%,还有比这更低的。这是为什么呢?就是因为发展了产品技术以后,产品更适合市场的需要,你抢先了半年,你的毛利就会提高一块。所以通过发展产品技术,我们积累了资金,然后又向更高层的技术挺进。因此,在联想,研究部门分为两级:一级在联想研究院,一级在市场部里边。市场部里边就是把产品技术与市场更好地结合起来,开发新的产品。而做一些更高层次的研究,就放在联想研究院里边。那么钱从哪儿来啊?对于一个企业来说,像我们这样的企业,钱就不再是国家给了,你就要自己谋求。你必须通过更多地卖产品,通过发展产品技术,积累资金,然后再向更高的技术冲击,我觉得这是一条很实际的发展道路。

第三件事情,就是联想有很强的市场开拓能力和对销售服务的管理能力。这两个能力对企业来说是非常重要的。这可能跟我从计算所出来以后,不再去继续研究技术问题,反而拼命地去研究销售、市场等很有关系。比如说,像Internet电脑制成以后,我们那一年在全国300个城市进行了巡回展出。这是一件很不容易的事。一直到每个省的下边的每个县城里边,而且展示的规格都一样,都是讲怎么样成本最低,而且讲得最明白,影响最大。经过了反复的演练,它就有这种效果。另外,像对销售渠道的管理和对服务渠道的管理,我们也都做得很不错。比如刚才举的那个例子,像万分之五应收账款的问题,这绝不是一般的本事。像代理商什么的,实际上是我们的客户。一般的公司给代理商开起会来乱哄哄,大家都觉得自己了不起,谁也不听谁的,所以在上边讲话的人觉得很累。但是联想在开代理商会的时候,因为我们有很大的市场拉动能力,就是我们能把市场拉动起来,这样代理商做起来就好做,现场效果就完全不同了。这些东西是我们的强项。

这三件事情,我们把它总结起来,看做是联想在运作层面的核心竞争力。核心竞争力是什么呢?就是说,我们有产品技术的开发能力,有市场开拓能力,另外我们还有很强的市场运作能力。但对一个企业来讲,我觉得真正的核心竞争力还不在于此。一个企业真的能办

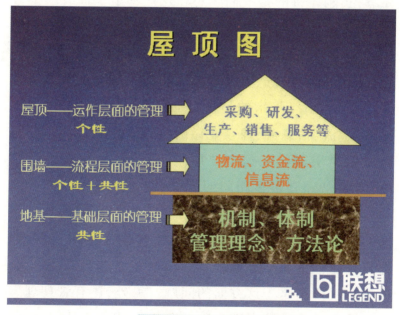

▲图5　企业管理和屋顶图

成百年老店,要长期办下去,仅有这几个方面的能力是不够的,你必须更深刻地看问题。比如说IBM,它能够在高技术领域存活几十年,就要有一套科学地制定公司战略的有效方法,还要保证能执行下去,因此我们觉得在企业管理上还要有更深刻的看法。下面我们谈一下对企业做成百年老店的看法。

上面这个屋顶图(见图5),是我们对公司管理的一个理解。房顶那块,是运作层面的管理,指的是采购、研发、生产、销售、服务等等。这些项目就是我刚才讲的那三个本事,都属于这里边的内容。这里边有很多很多的环节,我刚才讲的是我们联想在这些环节里面有三个方面比较强。这是我们称之为有个性的。不同的企业,比如做房地产的和做电脑的、做软件的,都不一样,大家各有各的管理规律,这称为运作层面的管理。中间那块是流程层面的管理,指的是把上面的东西提炼出来,像物流、资金流、信息流,像企业做的ERP、CRM,这些东西都属于这个层面。在这个层面里,尽管各个企业不尽相同,但是已经有很多相同的部分,它是从上面提炼下来的。更重要的一块在底下,是地基,我们认为是基础层面的管理。你想做一个百年老店,要做大的话,地基的部分就非常重要了。机制、体制,刚才我讲到了,一个企业的产权机制属于这方面的问题。另外,还有管理理念的问题。什么是管理理念呢?联想总结了三条,我们称

通过联想看中国企业发展的两个阶段

之为管理三要素。这里边主要讲企业应该怎么去建班子,应该怎么去定战略,应该怎么去带队伍。它又延伸出了很多很多的内容。比如像制定战略,怎么能够去制定正确的战略路线,怎么去执行,等等。我还是举我们行业的例子。像我们在1984年办企业的时候,当时计算机企业里边的IBM最大,其他的企业我记得有王安、DEC,后边才是惠普,大概还有一些做大型机的公司。到今天呢,这些企业大概活下来的还有1/3,死了的占1/3,半死不活的占1/3。这些死了的企业,多数都是因为战略问题,有的是因为战略执行问题。IBM能活下来,是很不简单的。因为IBM算第一名,二、三、四、五名,后边全加起来,大概不够第一名的吨位那么大。它实际上左右了世界电脑行业的发展。后来,IBM做PC机的时候,他们做了一个根本性的改革。当时所有的电脑公司,都是从操作系统、芯片、应用软件到销售全都是由自己做的,到了他们这儿就开始转变。IBM把他们的CPU给拆了,卖给摩托罗拉和Intel家族。后来是Intel家族做下来,把操作系统给了微软,把应用软件给分出去了。这个动作做出来后,就形成了今天PC市场的格局,它实际上对世界PC工业的发展是一个极大的推动,但是对IBM来说,差点把自己给弄死了。后来IBM能做什么呢?我觉得他们没什么可做了。所以到了1994年的时候,他们就各自领导着自己,干脆就改为以应用为主。

到现在又完全转到新的战略方向上去,这是他们大智大勇的一面,他们又把IBM救出来了。如果按照他们以前的方向走下去,那么我估计IBM就会不行了。所以企业战略的制定是极其重要的。因此,仅制定战略这一条,就要考虑怎么去设立自己的目标,怎么去制定战略路线,因为这个路线本身决定你做什么、不做什么、怎么做,然后决定你当前的主要业务和未来发展的方向,然后决定用什么样的组织架构去实现,等等。企业有了战略路线以后,为什么还要强调带队伍呢?举个例子来讲,1948年的时候,东北战场打仗,共产党对国民党作战,在战略上是正确的,围着长春,叫"围而不打",围歼打援,把长春围住,掐死了长春,然后打援军,通过这个消灭敌人的有生力量。战略上固然是对的,但是如果当时的兵不爱打仗呢?手榴弹扔不远呢?你照样打不赢。在当时还有什么"两翼三插",就是作战时,官兵有深刻的阶级仇恨,爱打仗。我们家里分了田了,我要保卫这块田,我要好好打仗。这种激励非常重要,这也是一种文化吧。还有就是枪要打得准,手榴弹要扔得远,这些就是带队伍的内容。再有一个就是作战要有序,不能自己人打自己人,在企业里面也是一样的,企业要有一套组织架构,一套行之有效的制度,这属于作战有序。用什么样的激励方式,这些也属于带队伍的内容。要把这些内容反复研究透,不仅是中国企业,外国企业

通过联想看中国企业发展的两个阶段

也是这样,重在建班子。没有一个好的班子就不能团结作战,目标就不一致,肯定就做不好。在中国的很多国有企业里,在建班子上先天就有问题。为什么呢?大家知道,很多国有企业的领导人,比如像褚时健那样,下场就很惨了。但如果说他很合法,退下来以后,下场也不是很好过的。我知道一个很大的国有企业老板,退下来以后,大概也就是几千块钱的退休金。国有企业的老板一旦退休,生活水准马上就会有很大的差别。他们一般的做法是注意培养接班的人。人呀,除了要有能力以外,可能更注意跟他个人的感情如何,这很自然。但是第一把手这么做,第二把手不会这么做吗?他当然也要这么做,其他领导也要这么做。结果就会造成企业里边的宗派争斗。企业里边真的有宗派出现的话,长期下去是不治之症,非常难弄,即使你换新的领导来都很难弄。因此,一个企业怎么才能建成一个很好的班子,第一把手怎么去做表率,他怎么去选人,人不合适以后怎么平安地从班子里移出去,这里边有很多讲究。班子问题,我觉得是管理里边最基础的工作,是企业里边最根本的东西。

有人曾问我们,中国企业跟外国企业比赛,像龟兔赛跑,说外国企业是兔子,兔子如果不睡觉,你们中国怎么能赛得赢呢?后来我想,在第一阶段,外国企业跟中国企业赛跑,不是在正常的地方,而是在沼泽地,中国的

科技创新方法集

环境很恶劣,在沼泽地里比赛,兔子你没有我来得快,我们比你更能适应环境,这是第一阶段。但是在第二阶段,乌龟确实在努力学习兔子,同时要努力研究产生比兔子跑得更快的动物基因。好,这个研究有创新,我们走在了他们的前头。也就是说,要充分研究我们的优势在哪儿,然后再去打仗。总之,联想和中国的民营企业现在的生存环境是有了非常大的改善,特别是党的十六届三中全会以后,对民营企业的发展进行了有力的推动。我们还要更加努力地研究企业的管理,把企业做好。

超短超强激光与物质的相互作用

张 杰

一、激光的基本原理
二、激光放大技术的革命性突破
三、激光核聚变领域的基本工作

【作者简介】张杰,中科院院士,1988年在中国科学院物理研究所获博士学位。1989—1998年先后在德国马普学会量子光学所、英国卢瑟福实验室等国际著名科研单位长期从事科研工作,回国前已是相关领域国际知名专家。1999年1月起任中国科学院物理研究所研究员、光物理重点实验室主任。曾任中科院物理所副所长、中科院基础科学局局长,自2006年11月起任上海交通大学校长。2007年当选为德国科学院院士。

主要从事强场物理、X射线激光和"快点火"激光核聚变物理过程等方面的研究。以第一作者或通讯作者身份,在"Science"、"Physical Review Letters"等国际重要学术刊物上发表论文100多篇,近6年来在重要国际学术会议上做特邀报告45次,是Optics Express(美国)等五家国际重要学术刊物的副主编和编委。他领导的科研团队,目前是国际学术界相关领域较有影响的团队之一。

曾获中国青年科学家奖、杰出青年基金、百人计划、中科院科技进步奖、国防科工委科技进步奖、香港"求是"杰出青年学者奖、中国物理学会饶毓泰物理奖、中国光学学会王大珩光学奖、世界华人物理学会"亚洲成就奖"、何梁何利科技奖、国家自然科学二等奖等奖项。

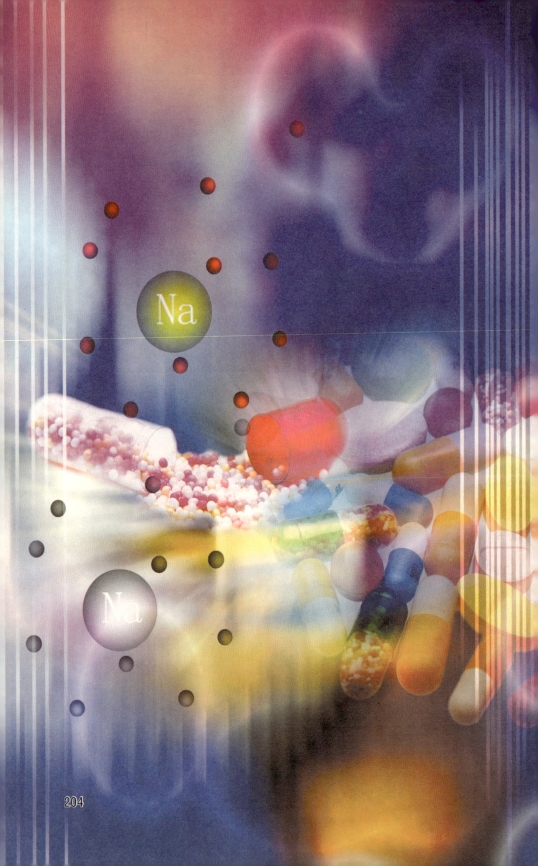

本文首先介绍了激光的基本原理。然后介绍了在过去几年时间里发生的激光放大技术的革命性变化,这个革命性的变化使得激光的输出强度一下提高了6~8个数量级。最后介绍激光核聚变里的一些基本物理过程,包括我们小组的工作——"超热电子的产生和传输"研究。此外,还谈到了超强激光与大气的相互作用,以及超短超强激光与物质相互作用研究在世界上的进展及下一步的发展趋势。

一、激光的基本原理

化学上物质最基本的组成单元是原子。原子是由原子核和绕核运动的核外电子组成。原子内部存在很多的能级,对应很多不同的电子轨道,不同状态的电子在不同的轨道上运动。有时候电子会在能级之间跃迁。1905年,世界物理学史上发生了一件大事。当爱因斯坦研究了普朗克的量子论以后,提出原子里面的电子在能级之间的跃迁会有这么几个基本的过程:一种基本过程就是原子的自发辐射,就是处在高能级的电子会自动地向一些低能级跃迁,原子状态也由高激发态向下跃迁到低激发态或者基态,这个时候它会辐射出光子,这就叫自发辐射。它的逆过程就是光的吸收。假设有一束光辐照到这个原子上,那么它有可能把原子里面的电子从能量比较低的轨道激发到能量比较高的轨道,同时原子也从低能态,如基态,跃迁至激发态。跟它们相应的还有一种受激辐射。当原子处在激发态时,其部分电子处在原子内能量较高的轨道。给它一个诱发光子,可以将这个电子诱导跃迁至低能量轨道,原子从高激发态跃迁至低激发态,同时辐射出另外一个与诱导光子状态完全一样的光子,就是能量和频率,自旋以及方向完全与诱导光子相同的另外一个光子。这就是受激辐射,它是一个光信号放大过程。

  上面的概念是爱因斯坦在1905年提出来的。正是因为他的这个概念,使得后来到20世纪60年代时人们发明了激光器。从20世纪60年代一直到现在,人们生活中用的激光器越来越多,包括我们今天用的激光唱机,在超市里经常用的打卡机,它们里面都是有小激光器的。所以说激光是人类20世纪最大的发明之一。这些都要归功于爱因斯坦。正是因为他的这个成就,而且2005年正好是爱因斯坦提出相对论100周年,联合国教科文组织决定,把2005年当做世界物理年。

  接着刚才那个概念。原子里的电子在一般条件,比如室温下,会处在能量尽量低的轨道,对应的原子状态我们称之为"基态"。假如有一个合适的激发形式,将电子抽运到能量比较高的轨道上,使得处在高激发态上的原子个数比处在低激发态上的原子数多很多。我们就

超短超强激光与物质的相互作用

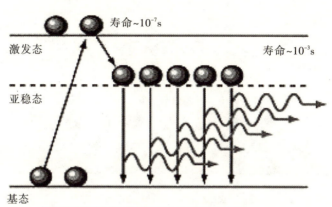

▲ 图1　粒子数反转——激光过程

说在这两个能级之间实现了"粒子数反转"（见图1）。这个状况不是一个自然的状况，必须由人为实现。实现了粒子数反转后，就有可能实现受激辐射放大，实现激光输出。

图2是一个红宝石激光器，是美国物理学家西奥多·梅曼1960年在佛罗里达州迈阿密的研究实验室里完成的。这个红宝石激光器就是爱因斯坦提出来的光受激辐射放大理论的实现。图3是红宝石激光器能级示意图。比如先打进一个抽运光，由它把原子从最低能级抽运到激光辐射上能级，使红宝石介质在上下能级之间实现粒子数反转。接下来打进一束激光做诱导光，在红宝石中实现受激辐射放大，输出激光。

以上就是激光的基本原理，后面要讲的物理工作都是跟它有关的。

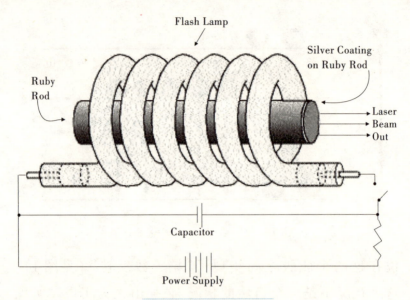

▲ 图2 红宝石激光器

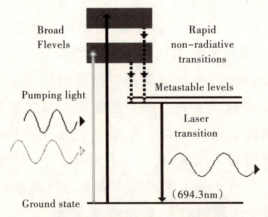

▲ 图3 红宝石激光器能级示意图

二、激光放大技术的革命性突破

大家可以从图4中看出激光的发展历程。在1960年激光刚刚发明的时候,激光单位面积的输出功率大概是在10^3量级。接下来1963年左右,发明了"调Q"技术。此技术的出现使得激光的输出功率一下子提高了3个数量级,达到了10^6瓦数量级。又过了3年在1965年时,又发明了"锁模"技术,它的出现使激光输出功率又提高了3个数量级。所以到1965年、1966年的时候,激光的输出功率就已经达到了10^9瓦数量级。当时人们非常乐观,觉得激光的发展潜力是巨大的,输出功率会每三年提高3个数量级。但是非常遗憾,从1965年一直到20世纪80年代末,激光的输出功率一直保持在10^9瓦这

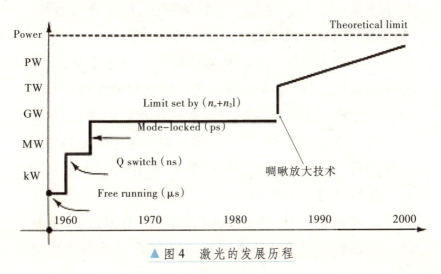

▲ 图4 激光的发展历程

个数量级,没有大幅度的提高。原因是当激光的强度达到一定程度的时候,物质对它的响应由线性的响应转变成了非线性响应。我们知道,任何激光都是由介质放大的。如果放大介质承受的光强太强的话,放大介质就会被破坏。正是因为激光放大介质的破坏阈值限制,激光的输出功率从1965年一直到20世纪80年代末没有重大突破。这种状况一直持续到1988年。法国科学家牟洛(G.Mourou)提出了"啁啾放大技术",此技术使得激光的输出功率在过去十几年时间里一下子又提高了6~8个数量级。

接下来稍微介绍一下超短脉冲啁啾放大技术的基本原理。激光功率等于激光脉冲能量除以脉冲宽度。可以想到,如果把激光脉冲做得短短的,那么它的输出功率不就大了吗?这是一个好的想法,但是非常遗憾,在啁啾放大技术出现之前,假设有一个短脉冲,本来它的功率就比较大了,你只要再稍微给它一点能量,激光器马上就被破坏了,里面的激光晶体立刻就炸裂了。所以没有办法再进行放大。啁啾放大技术的原理就是:首先获得一个非常短的脉冲,接下来为了避免激光晶体热破坏问题,在光束进入放大器之前,先在时间上把它展开。这样就变成在时间上要宽得多的脉冲。它的展宽比率比可以达到100万倍,从1万倍到100万倍,大概是这个数量级。因为脉冲宽度变得很大了,整个脉冲就可以承载多达百万倍的能量。过了放大器后,我们再在时间上重新压缩这个经过放大的激光脉冲到原来的脉冲宽度。这就实现脉宽短、能量高的激光输出。正是啁啾放大技术的出现使激光输出功率在过去十几年里提高了100万倍以上。在大学学过普通物理的人都知道,光是正交振荡的电磁场。现在激光的功率一下提高了100万倍,当然激光的电场和磁场也提高了好多数量级,使得我们所面临的整个物理图像跟以前完全不一样了。

接下来介绍用新的原理组成的激光器能够给我们提供什么样的实验条件。首先它的脉冲宽度是非常短的。它在研究超快过程方面有很大的应用。任何快的过程比如说化学反应里面,电子是怎样运动的,这么快的过程以前是没有办法研究的。我们用这么短的激光脉冲,像我们做高速摄影似的,把反应过程拍成一幅幅照片,每一幅照片记录的仅是激光脉冲这么短时间内的情形,也就是约几十飞秒的时间段,然后慢慢回放,那样整个的化学反应过程就会一点点地展现在我们面前。

另一方面,把这么短的激光脉冲聚焦以后,它可以产生一些非常极端的条件(见图5)。激光聚焦以后,在焦点的光强是非常强的,是传统激光根本无法想象的强度。它对应的电场是非常强的,这个电场强度是人类用其他手段根本无法产生的。同时它的磁场也是非常强的。而且聚焦以后,在这么小的体积,这么短的时间里

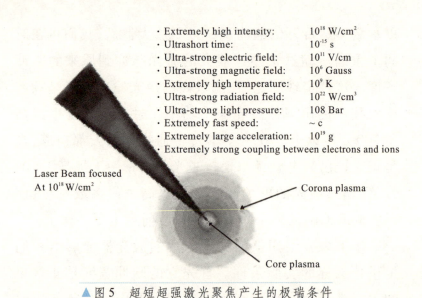

▲ 图5　超短超强激光聚焦产生的极端条件

面积聚了这么高的能量,会产生非常高的温度。这个温度甚至可以和太阳中心的温度相比拟。这么强的激光辐射物体时,会产生很大的压强。大家都知道光有光压,平常感受不到光压主要是因为光太弱,但现在对于这么强的激光来讲,它的光压是非常大的,可达到10^8磅,是我们用其他的办法产生的高压根本没法比的。电子在这样一个电场里是以光速运动的。所以要想描述这样一个激光和物质相互作用必须用相对论。同时电子在这个电场里不断得到加速和减速,所以它承受的加速度是非常大的。这个加速度比我们地球引力造成的加速度大10^{19}倍。这么多非常极端的条件是我们人类以前根本无法产生和想象的。这些极端条件在自然界里

超短超强激光与物质的相互作用

只有在恒星的内部或者黑洞的边缘才会有。由此可见，因为激光放大技术这样革命性的发展，一下子把我们探索自然的能力提高了很多。我们可以用这样的激光研究以前很多极端条件下的没有办法研究的物理问题。

刚才讲的是基于新原理的激光会给我们带来新的物理极端条件，接下来讲它在其他方面给我们带来的变化。

把一个传统的激光跟用啁啾放大技术产生的激光对比(见图6)，大家可以看到左边是传统激光的参数，右边是超短脉冲的激光，图中是当年用传统的概念建造起来的一个激光器，它曾经是世界上最大的，后来拆掉了。它的体积相当于3~4个足球场那么大，可想而知，人

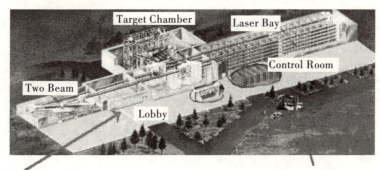

Nova
Pulse duration 1ns
10 kJ/beam
10 beams @ 10 TW/beam=100 TW
1 shot/hour

Ultafast Tisapphire Amplifier
Pulse duration 30 fs
3 J/beam
100 TW/pulse
16000 shots/hour

▲图6　传统激光与啁啾放大技术产生的激光对比

类为把激光做大、做强付出了多大的努力。

图6中的是美国的激光器,即使对美国来讲全国也只能建这样一台激光器,因为这样的激光器实在是太昂贵了。激光器典型的脉冲宽度是1个纳秒,即10^{-9}秒;一路激光是10000焦耳,它一共是10路,10路合起来它的总输出功率是100太瓦,即100×10^{12}瓦。它的每一路激光光束都非常粗,所占体积非常大,所以它的冷却是个非常大的问题。这样的激光,一天只能发射几次,就是"嗵"打这么一下,接下来就需要1~2小时的冷却时间再来打下一发。很明显,在这样的激光器上做物理实验是非常不方便的,同时也非常贵,每打一发要花很多很多的钱。

下面我们来对比一下一个同样输出功率的基于新激光原理建造的激光器。它的体积是非常小的。2006年我们在中科院物理研究所自己建了这样一个激光器,我们称它为极光Ⅲ号,它只有14米长、大概3米宽。尽管它比人们常见的激光器大得多,但是的确比美国这个传统激光器小得多。一个14米长、3米宽的激光器,输出脉冲的宽度是30个飞秒(10^{-15}秒)。这样的激光器,每一路大概是几个焦耳的输出,峰值功率也是100~350太瓦,与传统技术建起来的激光器的输出功率相同。顺便说一下,这个功率是个大得不得了的功率。100太瓦的功率,实际上全世界所有发电厂加到一块的总功率还没有这个人。当然这是个非常短的时间,平常发电厂要连续运转。同时因为这样的激光器体积非常小,所以它的冷却没有大问题。这样一个激光器每小时可以打60发或更多,因此利用这样的激光器做实验,当然要方便多了。1999年我从英国回来,本来是做超短超强激光与物质相互作用研究的。但回来以后,物理所没有这样的激光器,所以首要的一件事就是先建造这样一个激光器。

图7中是1999年我们用了9个月建造的第一台飞秒激光器——极光Ⅰ号,也是高功率的飞秒激光器。这台

▲图7 极光Ⅰ号

飞秒激光器的输出功率是1.4太瓦。后面我讲的很多物理工作都是在这台激光器上完成的。

因为我们做的是超短超强激光与物质相互作用研究,当然是希望发明越来越强的激光器,所以在2000—2001年我们用了一年半的时间又建成了第二台激光器——极光Ⅱ号,输出功率是20太瓦。这是个4米长、1.5米宽的装置。把它输出的激光脉冲聚焦以后,能够达到的功率密度是3×10^{19}瓦/厘米^2,这样的激光功率密度对于做超短超强激光和物质相互作用是足够了。顺便提一下,很多人觉得我们中国人自己做的设备水平不如国外,其实情形不是这样的。我领导的实验组在飞秒激光方面有一些技术专利,我们做出的飞秒激光装置性能很好,在很多方面都超过了国际大公司的商业产品。我们建造的激光器在很多方面都超过了商业产品,用户不但包括我们自己,实际上还在向发达国家出口。2005年,我们又建成了一套自适应光学系统。这个自适应光学系统,可以把在放大及传输过程中引起的光束波前畸变重新校正过来,使激光功率密度可以达到6×10^{19}瓦/厘米^2。如图8,利用这样的激光强度,我们可以进行相对论光强的物理实验。

我们现在有三台飞秒激光装置,可以进行不同领域的物理研究。早期激光器输出功率比较低,我们就利用它进行飞秒激光和团簇相互作用的研究。所谓团簇,就

超短超强激光与物质的相互作用

波前畸变探测器

变形镜

在靶面的聚焦功率达到了 3×10^{19} 瓦/厘米^2，可以进行相对论光强实验

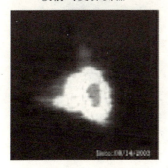

矫正前的光束质量
（4倍衍射极限）

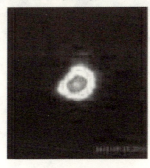

矫正后的光束质量
（1.5倍衍射极限）

▲ 图8　自适应光学系统及应用前后光束质量对比

是很多气体分子和原子，依靠范德瓦尔斯力结合在一起的原子或分子团，直径在几十纳米到上百纳米这么一个范围。

图9中的激光装置就是我们建造的极光Ⅱ号，我们利用它研究实验室天体物理学和X射线激光。它的激光束聚集以后所产生的密度、温度都跟恒星内部的情况相似，所以用它来模拟研究天体物理的过程。我们在这台激光装置上，主要研究相对论光强下的物理现象，研

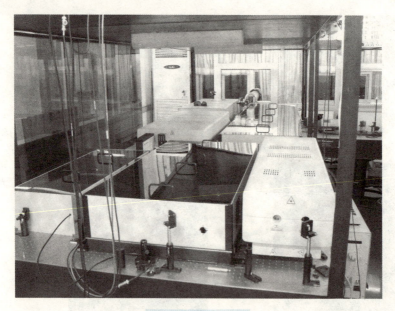

▲ 图9 极光Ⅱ号

究激光核聚变快点火方案和粒子加速器等。

三、激光核聚变领域的基本工作

我们小组的工作是对"超热电子的产生和传输"这个问题进行研究。这个物理问题的提出源自激光核聚变工程研究。大家知道宇宙能量的来源实际上是核聚变。我们今天用的所有能量基本上都是来自太阳,而太阳的能量实际上是太阳中心在不断地发生核聚变产生的。现在我们的社会面临越来越严重的能源危机,我们

超短超强激光与物质的相互作用

所使用的化石能源,比如说石油,在未来50~100年里将面临枯竭的危险。所以对于任何负责的国家,怎样得到一个新的能源都是个很大的问题。如果想一劳永逸地解决这种能源问题,那么可以设想:既然地球上的能量来自太阳,那么有没有可能在地球上重新做一个小太阳,让这个小太阳不断给我们提供能量呢?这个想法其实就是所谓"核聚变"。可控核聚变现在一般有两条比较成熟的途径:一条途径是磁约束核聚变,另一条途径是激光核聚变。下面给大家简单介绍激光核聚变原理。自然界氢元素有两种同位素,一种叫氘,一种叫氚。给它很高的温度和密度,这两者可以融合到一起。一般条件下,离子之间库仑斥力防止两者无限靠近,但在很高的温度和高压维持的高密度情况下,它们就会克服库仑势,使它们两者无限靠近直至融合。这个时候就会形成一个氦核,同时放出一个中子,在这个过程当中会释放出非常大的能量。那激光核聚变是怎么回事呢?就是用很多路激光去对称辐照这个靶丸,靶丸里面封有很多氘和氚,在激光产生的高温、高压状态下,也就是相当于太阳内部的状态下,氘核、氚核就会发生聚变,一下就会释放出巨大的能量。实际上激光核聚变就是把在太阳里发生的过程在地球上重新复现出来。要想实现聚变,就要有很多路激光对这个靶丸进行加热,加热之后靶丸会产生烧蚀压力,等离子体朝外面喷射,反冲作用使得靶丸内层向靶丸中心压缩。在会聚中心会产生非常高的温度和密度。快点火激光核聚变是个什么概念呢？就是当靶丸达到一个比较高的温度和密度的时候，打进另外一束超短超强激光，这个超短超强激光就是我们前面讲的利用"啁啾放大"技术建造起来的激光。这束激光就会在压缩靶丸外部产生很多能量非常高的超热电子，超热电子传输至靶丸内部，为那里提供很多能量。能量一旦足够，就会在压缩靶丸内部实现核聚变，相当于在燃料堆内划了根火柴似的，一旦点燃，就会实现持续燃烧。这就是快点火激光核聚变的一个基本原理。

这个工程里面有很多值得研究的物理问题，这些物理问题到现在还没有完全解决。其中一个物理问题是高能量的超热电子是怎样产生出来的，又是怎样传输到压缩靶中心的。这是快点火激光核聚变的核心问题之一。当然还有好多其他的核心问题。我们物理小组把这个问题当做主要研究方向。这是我们研究小组从1999年到现在一直在做的工作。

图10显示了一个超短超强激光和物质相互作用机制示意图。我首先关心的问题是激光的能量怎么样能够被物质吸收，吸收以后怎么样产生对快点火激光核聚变最有用的高能量超热电子，以及它的产生过程和加速的过程是怎样的。对这个问题，我们小组有很多研究成

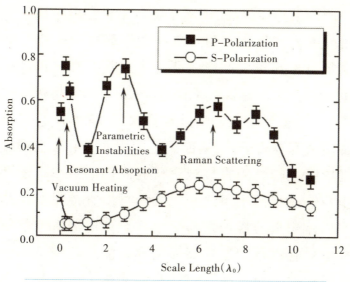

▲ 图10　超短超强激光和物质相互作用机制示意图

果。一旦高能的超热电子产生出来,要想实现快点火激光核聚变,还需要对这些高速的超热电子发射方向进行控制。否则,超热电子发射方向是随机的,效率会非常低。我们研究小组也是世界上实现了高能超热电子的定向发射的小组之一。我们的研究表明,激光的特性决定了它和物质相互作用的过程特征。所以激光的偏振方向对高能超热电子的影响也是我们小组所关心的。我们小组在比较早的时候即1999—2001年一直进行这方面的研究。另外,在激光和靶丸相互作用过程中产生的超热电子的能量是非常高的。有好多超热电子产生后它马上就逃逸掉了。本来等离子体是一个电中性的,有一些电子跑掉以后，等离子体就不再是电中性了。这个时候等离子体界面附近就出现了静电分离势。静电分离势对相互作用的影响非常大。我们小组在过去几年里也一直在研究这一个课题。还有，高能超热电子产生以后，要想利用它们实现快点火，一定要使它们穿过非常高密度等离子体，从而到达的靶丸中心。我们小组也是国际上较早的直接观察研究高能电子在高密度靶丸里传输过程的小组之一。我们可以直接观察超热电子在固体靶里的传输情形。这样就可以清清楚楚知道怎样去对它进行加速才能够实现高能超热电子在固定靶丸里面的定向传输。当然高能超热电子在高密度等离子体里面传输也是我们小组研究的主要问题。由此可看出我们小组在一步一步地向真正的点火物理过程逼近。从2005年开始我们小组已经进入点火物理过程的研究。限于篇幅，这里只向大家介绍我们小组在过去几年做的几个典型的工作。

这个工作是我们试图研究清楚超短超强激光和物质相互作用过程中会有哪些吸收机制，以及在哪种状态下哪一个吸收机制是占主导地位的。从我们实验的结果可以看到当等离子体标尺长度非常短的时候，有一个吸收，而且吸收率大于50%，这个吸收叫做真空加热。这个真空加热吸收机制是别人早就知道的，我们只是在实验室里加以再证明。当等离子体标尺长度有一点增加的时候,就会看到第一个吸收峰。这个吸收峰对应的是共振吸收机制。这个也是别人知道的。但别人不知道共振吸收究竟是发生在哪一个标尺长度上。我们的实验给出了答案。当等离子体进一步膨胀的时候,吸收曲线上就出现了第二个吸收峰,这个吸收是由于激光的拉曼散射造成的。在我们实验以前,人们觉得在长脉冲情况下会有这个吸收,但短脉冲的时候这个吸收不一定很强。我们的实验证明这个吸收其实也是很强的。但更加惊奇的是在这两个吸收峰之间我们又发现了一个新的吸收峰。观察到这个吸收峰时我们很疑惑。因为以前没有人观察到这个现象。我们经过一年多的实验和理论研究发现,这个吸收的确是存在的。它是一个激光等离子体相互作用过程中的参量不稳定性造成的吸收。正是因为这个吸收过程的存在才使得我们能够真正地把高能超热电子的发射方向定向化。后来我们做的工作都是怎么样去强化这个吸收。

一旦我们知道它的吸收过程以后,我们就可以采取措施实现超热电子的定向放射。高能超热电子的能量大于50千电子伏。当能量更大的时候,高能电子的发射角更小,换句话说电子束的定向性更好了。快点火时需要的超热电子能量在100万电子伏以上,那些超热电子发射角就更小了。图11展示的是我们观察到的超热电子定向发射,这在国际上是较早的。接下来在实验中通

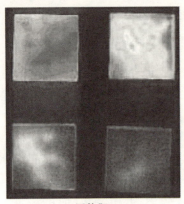
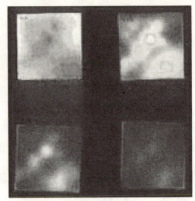

固体靶　　　　　　　　　泡沫靶

▲ 图11　固体靶和泡沫靶超热电子角分布比较

过精确控制等离子体的尺度,我们不但可以实现定向发射,而且某种程度上还可以控制发射方向。因为对于快点火激光核聚变来讲,这个发射方向一定要向着靶丸的中心才行。从这图中我们可看到,通过控制等离子体的标尺长度,可以使超热电子的发射方向从激光的反射方向逐渐地转到靶法线方向来。这对应于两个不同的等离子体状态,一个是标尺长度非常短的情况,一个是标尺长度非常长的情况。

当然,我们还做了许多其他方面的研究。因为激光和物质相互作用的时候有各种各样的加速机制。我们还在寻找新的加速机制以便更有效地去利用这些能量很高的超热电子。这个是我们当时的一个理论研究。实际上一般的激光跟物质相互作用的时候,除了被吸

超短超强激光与物质的相互作用

收,有部分光会被散射,还有部分会被反射。激光的入射光和这些散射光或者反射光组成一个非常复杂的电磁场,使得离子加速的过程存在一个所谓的随机加速区。这个随机加速区的存在能使我们非常有效地把超热电子的能量进一步提高。图12是一个能谱图:从中可以看到,在不考虑散射的情况下,激光能够加速电子。但电子获得的能量是比较小的。假如说有了这个随机加速机制的存在,使激光能够产生的超热电子的能量可以一下子增大30~40倍,达到了30兆电子伏左右。这个是一个理论概念。当我们刚刚提出这个理论的时候,几乎没有人相信。理论做出来的东西毕竟不是实验做出来的,大家不一定相信。2005年,我们和美国密歇根大学合做了一个实验。从实验图示可看到我们有意识

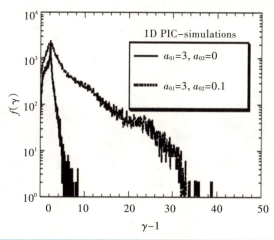

▲ 图12 $a_{02}=0.1$ 时随机加速机制的PIC模拟结果;$a_{02}=0$ 则没有散射光

地另外加了一个光场。为了避免对纵向激光束的影响，我们故意在横向加了一束低强度激光。我们在实验上观察到了随机加速机制产生的高能超热电子。实验证明了我们提出的概念是对的，这个概念现在得到了世界的广泛认同。

对快点火激光核聚变中超热电子的产生和加速过程的研究需要非常高的空间分辨和非常高的时间分辨，这是我们小组发展的一个新方法。实验操作上是把飞秒激光的动态探测技术又加了激光的干涉技术，这样就可以具有非常高的空间分辨，空间的分辨能力可达到几个微米；同时又具有比较高的时间分辨能力，典型的时间分辨能力可达到百飞秒。这是物理实验最后做出来的照片（见图13），是在非常高的时间分辨和非常高的空间分辨下拍摄的照片，空间尺度是10个微米，一个微米相当于千分之一毫米，这个相当于百分之一毫米的尺

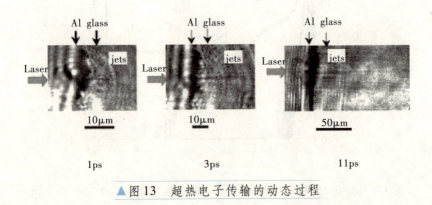

▲图13　超热电子传输的动态过程

度。时问是10^{-12}秒（1皮秒）、3皮秒和11皮秒不断地发展。等离子体膨胀以后，激光从这个方向打过来，出现了高能的超热电子，开始定向传输，到了比较晚的时候高能超热电子完全定向，是非常好的传输。这是我们在实验中第一次真正看到在高密度的等离子体里面超热电子的产生及传输的图像。

当然，我们的激光器做前面的这一些物理过程研究还是可以的，真正要做点火的物理研究还要用更大的激光器。

图14是日本大阪大学激光工程研究所中的PW激光装置。这个激光器虽然没有美国的NOVA激光器那么大，但仍然是个很大的装置，相当于一个足球场那么大。日本科学家很精明，因为这一台激光装置是当今全世界唯一的PW激光，他们很希望在这台激光器上多出一些物理成果。尽管它每年一共只有100个发次可以做

▲ 图14　PW激光装置

科技创新方法集

物理实验,但他们只留了50个发次自己用,另外拿出50个发次在全世界招标让大家来做物理实验。我们小组在过去的两年里三次中标,在这个激光器上做了三次物理实验。我们做的一些实验结果非常有意思,但由于是比较详细的专业问题,我就不仔细讲了。

上面讲的都是超短超强激光在快点火激光核聚变方面的应用。这样的超短超强激光显然在其他很多方面还有应用。另外再介绍一下超短超强激光在大气中的传输。这里面有非常丰富的物理过程。激光脉冲在大气里面传输的时候,可以用薛定谔方程来描述。一般情况下,当激光比较弱的时候,物质对激光是线性响应,所以这一项等于零,是一个线性的薛定谔方程。但是当激光比较强的时候,就出现了非线性项,这个项就不再等于零了。解这样一个非线性薛定谔方程,要复杂一些。从方程可以看出,这样强的激光在大气里传播,大气会自动把它聚焦。聚焦以后,在焦点附近的激光光强超过了大气里原子和分子的电离阈值,大气就会出现电离,生成等离子体。这时,这个项里面又出现了新的一项,表示的是等离子体对激光光束的散焦作用。因此,非线性薛定谔方程展现的正是超短超强激光在大气里传输的时候又聚焦、又散焦的特征。我们小组在过去几年里,试图动态地把聚焦过程和散焦过程平衡起来,希望实现激光光束在大气里远距离的传输。在几年前我

超短超强激光与物质的相互作用

们做了一个理论上的模拟。我们发现在某些情况下,通过精确地控制激光的参数,就可以真正在大气里面实现聚焦和散焦的动态平衡,可以实现激光光束的远距离传输。图15就是我们极光Ⅱ号激光脉冲在大气中产生的激光等离子体通道的寿命图。首先我们在走廊里面产生了一个很长的等离子通道。接下来从物理所A楼办公室窗口打到外面去。最开始的时候我跟学生说这个等离子通道能产生几十米就不错了,但我们发现从窗户打出以后,这个等离子通道要比想象的长得多。但我们根本没有办法知道它有多长。学生把这个激光直接打到了科学院的红楼小区,那里当时是个工地,跑过去发

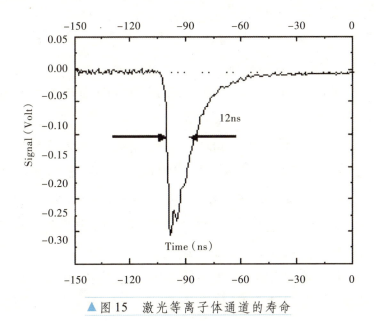

▲ 图15 激光等离子体通道的寿命

现，这个等离子通道传输近1千米后，直径仍在200个微米左右。这个实验在晚上做，是非常漂亮的。你可看到在空中悬着一根非常明亮的细丝。这个等离子通道，其出现是突然的，结束也是突然的。它是个有非常明确的起点和终点的非常细的细丝，这个细丝的粗细只有200微米，同时又很亮，所以你站在地上仍然可以看到在高空有一根很亮的细丝。通过高空间分辨的实验，我们发现这个细丝里面其实是有结构的，是由很多个更细的细丝组成。我刚才讲到等离子体通道直径是200个微米左右。但它里面每个细丝的粗细只有几个微米到十几个微米。大家知道在自然界光线的传输是直线传输，但你会发现在这个激光等离子通道里面的细丝不一定是直的。这个细丝可以是弯曲的，而且可以是一个细丝分叉到几个细丝，在比较晚的时候又重新融合起来。物理的确是给了我们一个对自然界加深了解的好的平台。对等离子体通道随时间的演化进行研究时我们发现，在激光和大气相互作用1纳秒以后，这个等离子通道开始出现劈裂，分成了很多很多小的细丝。到5纳秒时整个等离子体通道直径相对比较大，是200微米左右，但是里面有很多细丝。10纳秒时，我们发现这些细丝又都融合到一块去了。细丝融合到一起变成了一个比较粗的等离子通道。这是个非常美妙的东西。这样的激光等离子通道的出现和结束是非常突然的。可以看出，激光只需

超短超强激光与物质的相互作用

要几个厘米的传输距离,就可以电离空气,使等离子体电子密度提高3个数量级。在这一段可以看到等离子体通道。前面一段看不见是因为仪器对这个波长不敏感。接下来等离子体通道结束的时候也是突然的。从应用着眼,大家比较感兴趣这样一个以飞秒速度产生的激光等离子通道的寿命有多长?经测量,这样的激光产生的激光等离子通道寿命大概在半高宽的地方是12个纳秒,同时拖了一个尾巴是50纳秒。我们通过连续打入多激光脉冲的方式,可以提高等离子体通道的寿命。第一个脉冲打完以后,打进第二个脉冲,会发现刚才50纳秒的尾巴给提起来了。所以打第二个脉冲以后,半高宽变成50个纳秒,同时拖了一个150纳秒的更长的尾巴。接着打进第三个脉冲进来。多脉冲辐射可以使得激光等离子通道的寿命很长。这样等离子通道拖的尾巴可到0.2个微秒。达到0.2个微秒后,很多的应用就足够了。

　　总结一下:超强超短激光在空气里传输的时候,会出现自聚焦,产生等离子体,又对激光束散焦。自聚焦和散焦平衡以后,就会出现一条很长的激光等离子通道。那么,通道结束以后还有没有新的物理现象?有。在通道结束的地方你随便拿张纸就会发现有个非常非常亮的白光斑,而且白光周围有漂亮的像彩虹一样的环状的辐射。这个环状辐射经我们后来研究证明实际上是锥体辐射。你可看到不同的波长从不同的位置、不同的角度辐射出来。另外,白光的光谱是非常宽的,实际上与太阳的光谱是差不多的,大约是4000埃左右一直到几个微米。更有意思的是,这个白光一方面亮度非常高,另一方面它本身的发散角非常小,所以它是一个方向性很好的光源。我们是做激光的,很自然地就把它与激光联系起来,因为激光的特性就是方向性非常好,亮度非常高。我们怀疑这个白光也是激光。要想证明它是不是激光,首先要证明它有没有相干性。这是一个最简单的所谓杨氏双狭缝实验(见图16)。

杨氏双狭缝实验就是用两个狭缝,把白光分光以后,看它还能不能再干涉起来。实验表明纸屏上出现了一个干涉的条纹,但跟我们大家在大学做实验的时候那

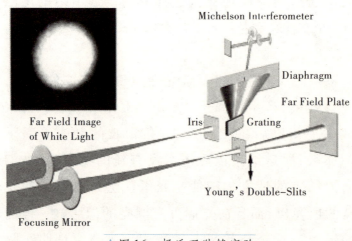

▲ 图16 杨氏双狭缝实验

个干涉条纹是不同的。大学实验中,大家用的是激光,是单一波长,是相干的,所以产生出来的干涉条纹是一条条的明暗相间的线。而在我们的实验里,它本身是白光,所以就不再是线了,而是在光加强的位置,出现了彩虹似的图案。

刚才我也讲到当这样的激光等离子体通道10个纳秒以后,这些细丝就融合到一起变成一个激光等离子通道。我们感兴趣的是这个激光等离子通道当中究竟是什么样的物质状态。所以就做了这样一个实验,就是让一个激光打到一个液体表面,这样在液体表面会激发出一个冲击波。我们想看一下在激光等离子体通道外部和内部冲击波的传输速度是不是一样;通过这个我们想探测通道里面的物质状态。当激光辐照液体表面结束1个纳秒的时候,冲击波开始生长了。因为离子运动速度要比电子运动速度慢得多,所以到2.5个纳秒的时候,激光等离子通道还没形成,冲击波的传输仍然是一个球形在传输。到5个纳秒的时候,激光等离子体通道里这些细丝逐渐开始融合变成一个通道。这个时候你可以看到冲击波仍然是一个球形的传播。在10纳秒时,激光电离空气已经形成了一根通道的时候,水面激发出的激波,在通道里的运动速度居然要比在空气里运动速度快。

以下再简要介绍一下世界范围内其他一些小组所

做的工作。这个研究领域实际上是一个很大的领域。这个领域本身是个全新的学科,是1992年左右才开始出现的学科。现在已经有很多人在做了。正如物理大师费恩曼所说:"Physics is an endless frontier."——物理探索是永无止境的。激光的发展历程正好印证了这句话,激光技术本身也在不断地发展,而物理学本身更是永无止境的,是人们认识世界的前沿。刚才我讲到超强激光和物质相互作用以后,首先产生等离子体,等离子体里会产生很多能量很高的超热电子。这样的超热电子因为能量很高,所以会穿透相互作用的物质,它的一部分能量会变成电磁波,以γ射线的形式辐射出来。而光子的能量一旦大于1兆电子伏以后,它在物质里会诱发出正负电子对。当光子能量大于5兆电子伏以后,打在任何物质上,都会把物质"活化",会让放射性物质发生裂变。当光子能量更高的时候,就会诱发所谓的光核反应,这个时候就会同时产生很多的电子。能量进一步提高,甚至会诱发出高能物理里面产生的一些高能粒子。这些就是过去几年另外一些小组的进展。

举一个典型的例子,飞秒激光本身脉冲宽度是非常窄的,是非常好的工具。遗憾的是它本身单光子的能量太小,所以穿透能力不强。这个实验是人类第一次把一个飞秒激光的能量直接转换到X射线波段,这样它就变成了一个飞秒数量级的X射线脉冲。飞秒数量级的X

超短超强激光与物质的相互作用

射线脉冲的应用就更广泛了。

2000年,有个非常轰动的消息,即所谓的"科学点金术"。在我国古代的时候,有很多术士或者神话里的神仙用手一指石头就变成金子了,变得非常值钱了。当然这只是想象。但在这么强的激光下,这件事情其实是可以实现的。强激光打到物质上以后,可以把物质原子核里面的中子或是把质子打走,实际上是让某一种元素变成另外一种元素,真正地可以让不是金的金属变成金。这是当时比较大的事,证实了可以让一种物质变成另外一种物质。有了这样强的激光,大家就想用它验证各种各样的物理界早期预言。20世纪初,狄拉克有一个预言。狄拉克当时说:"我们所说的真空其实不是真正空的,而是由正负电子对在一块形成的一个海洋。"1998年用激光验证了这个现象。把这么强的激光聚焦到真空里面,它真的一下产生了正负电子对,"The first creation of matter out of light",物理学家真正地实现了从无到有。看见是一个空空的东西,但里面产生了正负电子对,这也是当时比较大的新闻。

我前面也讲到这样强的激光其电场强度也是非常非常大的。这么强的电场强度当然也有很多其他方面的应用。最典型的应用就是做粒子加速器。我们做高能物理的人都知道,要用很大的加速器把粒子加速到很高的能量,加速器的核心其实是在利用电场力对粒子不

235

断地做功。人类用其他方法产生的电场虽然也很强,但比激光的电场要弱好多数量级,因此只好把加速器的加速距离做得很大。这就是为什么日内瓦的加速器要周长有27千米的原因,因为它的电场强度不够强。现在激光的电场强度要比以前强好多个数量级,所以这个时候要想加速到同样的能量,如果用激光的电场来加速的话只要很短的距离就能实现。

图17是美国科学家的一个实验,大家可看到激光聚焦到这个地方以后,它产生了能量很高的超热电子,同样对离子的加速也是一样。这个实验在很短的距离里实现对离子的加速。这些对加速器物理的冲击是非常大的。我们刚才也讲到,这样的激光聚焦以后,它所产生的高温高热的等离子体和恒星的环境比较像,所以用这样的等离子体很容易去模拟天体物理的一些过程。

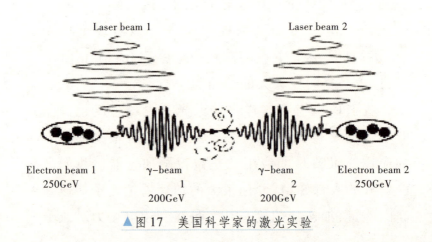

▲图17 美国科学家的激光实验

超短超强激光与物质的相互作用

如果把太阳的温度和密度的变化画出一条曲线,那么,我们会发现太阳的不同阶段实际上是可以用不同的激光和物质相互作用来模拟研究的。

我们这个宇宙产生于很多年前的一次大爆炸,大爆炸三分钟之后的一个天体物理基本上可以分成四方面内容。前三方面都是可以用这样的超短超强激光和物质相互作用模拟研究的。前面我讲到了加速器,当年美国原子弹之父费米在给人们介绍加速器的时候也做这么个计算。加速器就是在电场力作用下去做功。他当时计算用的是人类能够达到的最大电场强度。在这个电场强度之下,他推算人类有可能做的最大加速器又是多大。最大加速器就是围着地球赤道转一圈。这样大工程的加速器实际上是根本不可能实现的,因为它花的钱太多,全世界没有谁能支撑下来。但即便是这样的不可能存在的加速器,它能够加速的能量也不过是拍(10^{15})电子伏。拍电子伏是以前人类根本不敢想象的。但如果采用激光加速,则不再是梦想,利用激光的加速器在未来可以将离子加速到这么高的能量。现在的激光还不行,大概再过几十年激光强度进一步提高可以达到。当激光加速的粒子能量进一步提高的时候,不但可以产生正负电子对,而且还可以产生大量的基本粒子,到那个时候做高能物理实验的人就不需要再用几十千米这么大的加速器去做了,而直接用激光就可以做所谓的"强激光高能物理学"。

到那时,我们能用激光研究的物理范围将是非常大的。我们知道,传统的激光主要做的是原子物理,因为那个时候能够产生电子,它的能量大概是1个电子伏左右。接下来,当激光强度大于10^{16}/厘米^{2}的时候,激光的电场就已经超过了原子的内电场。一旦超过原子内电场,它相互作用的图像就完全不一样了。这时就进入到所谓"强场物理的门槛"。一旦激光电场强度超过了原子的库仑势,物质就变成了等离子体。利用这样的激光研究的问题就自动变成等离子物理的问题。电子在这样强的激光场下,它的运动是近光速的,所以自然而然也要用相对论物理对它进行描述。我们现在物理所的激光差不多是在这个强度,激光强到这个强度,它所产生的超热电子诱发的γ射线就会出现大量的核反应事件,可以研究物理、天体物理。再过十几年或几十年以后,那时的激光器可以用来研究正负电子对这样的等离子体物理。甚至能研究物质的基本结构夸克以及弱电统一等问题。1905年,爱因斯坦提出了光电效应理论,光电效应理论的出现使得我们才有了激光。激光是人类20世纪的最伟大发明之一。100年之后的今天,在世界物理年上,大家都要纪念爱因斯坦提出的这个理论。爱因斯坦有一句名言叫做"Imagination is more important than knowledge"——想象力比知识本身更重要。

爱因斯坦与诺贝尔奖

陆 埮

一、引　言
二、爱因斯坦的科学成就
三、爱因斯坦怎样获得诺贝尔奖
四、因检验或发展爱因斯坦理论而获得
　　诺贝尔奖的多达8项共14人
五、爱因斯坦理论依然活跃在今天
六、爱因斯坦与量子力学
七、宇宙学与诺贝尔奖
八、新的乌云,还是新的朝霞?

【作者简介】陆埮,天体物理学家。1932年生于江苏常熟。1957年毕业于北京大学物理系。南京大学天文系教授、博士生导师。2003年调入中国科学院紫金山天文台。2003年当选为中国科学院院士。

　　长期从事高能天体物理科研和教学工作。他与他的学生在伽玛暴余辉刚发现不久就研究了其星风环境和致密介质环境,有力地支持了伽玛暴起源于大质量恒星塌缩的观点;提出了伽玛暴余辉动力学演化的统一模型,可描述从早期极端相对论到晚期非相对论阶段的整个演化过程。另外,在1984年他们研究发现,夸克非轻子弱过程对奇异星的径向振荡有非常强的阻尼效应;在研究脉冲星辐射时,提出了"代参数"概念。

爱因斯坦与诺贝尔奖

一、引言

2005年是联合国确定的世界物理年,又称爱因斯坦年,是全世界用一整年的时间来纪念爱因斯坦发表5篇不朽文章(1905)的100周年。那一年爱因斯坦才26岁。这5篇文章是:

《关于光的产生和转化的一个试探性观点》(光量子假设和光电效应);

《论分子大小的新测定法》(博士论文);

《热的分子运动论所要求的静止液体中悬浮小粒子的运动》(布朗运动理论);

《论动体的电动力学》(狭义相对论);

《物体的惯性同它所含的能量有关吗?》(导出 $E = mc^2$)。

它们覆盖了20世纪物理学革命的3个主要领域:相对论、量子论和统计物理,篇篇都是响当当的。相对论(狭义相对论)改造了牛顿力学,将原来只适用于低速运动的经典物理,发展到也适用于高速运动,将时间和空间联系起来,也将物质(质量)和能量联系起来。量子论打开了正确描述微观世界物理规律的新方向。统计物理建立了联系宏观与微观之间的桥梁,特别是首次提出了能用分子理论解释布朗运动的正确理论。它们都是当时头等重要的三件大事,也是影响深远的三件大事。

相对论和量子论的重要意义自不待言,布朗运动理论也具有头等重要的意义。那时,原子分子的微观学说还没有得到公认,以马赫(E.Mach)和奥斯特瓦尔德(W.Ostwald)为首的学派就反对原子分子学说。但是,爱因斯坦布朗运动理论发表以后,搬掉了反对原子分子学说的最后一块绊脚石,也使奥斯特瓦尔德接受了这个学说。

二、爱因斯坦的科学成就

爱因斯坦的科学贡献是多方面的,其主要方面可用图1表示。大家知道,爱因斯坦是伟大的物理学家,但是

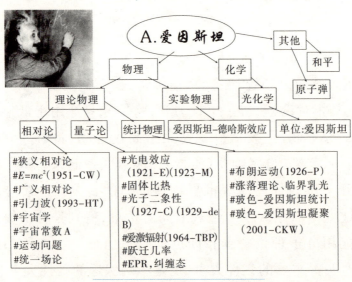

▲ 图1 爱因斯坦的科学贡献

爱因斯坦与诺贝尔奖

他在化学上也有重大贡献,事实上,他在光化学上的地位就相当于法拉第在电化学上的地位,以致化学家以爱因斯坦的名字命名了光化学上的一个单位。大家也知道,爱因斯坦主要就是一位伟大的理论物理学家,所以他在实验物理上的成就影响重大。1915年他与德哈斯(G.de Haas)合作完成了一项重要的物理实验,被称为爱因斯坦-德哈斯实验,其物理现象被称为爱因斯坦-德哈斯效应。

爱因斯坦在理论物理上的贡献十分丰富,包括了相对论(狭义和广义相对论、质能关系、引力波、宇宙学、宇宙学常数、统一场论等)、量子论(光电效应、固体比热、光子的波粒二象性、受激辐射、跃迁几率、EPR之谜、量子纠缠等)、统计物理(布朗运动、涨落理论、临界乳光、玻色-爱因斯坦统计、玻色-爱因斯坦凝聚等)。

三、爱因斯坦怎样获得诺贝尔奖

上面所述爱因斯坦在理论物理上的成就已经获得了9项诺贝尔物理学奖,其中1项是爱因斯坦本人获得的,8项是别人因验证或发展爱因斯坦理论而获得的。图1中每一个圆括号即表示一项诺贝尔奖,大写英文字母为获奖人姓氏的第一个字母,并标明了获奖年份。现在让我们一一进行讨论。

通常，诺贝尔奖被看成是自然科学成就的最高奖。其实，诺贝尔奖也存在着不公，有许多相当高甚至更高水平的成就未能获此奖，对获奖人的选择也存在这样那样的一些偏见，因此，不能把诺贝尔奖看得太认真。当然，一般来说，除了极少数外，获奖项目的水平都比较高，它仍不失为高水平的一种象征，因此，我们也可以用诺贝尔奖来粗略地评价爱因斯坦的科学成就。

从1910年开始就有人提名爱因斯坦为诺贝尔物理学奖候选人，然而他频频落选。表1所示即为历年来爱因斯坦被提名的领域、同领域的其他被提名人以及当年的获奖人，我们从中也可看出一些端倪。根据诺贝尔奖的规则，50年后当时的获奖名单可以解密，所以50年以前的诺贝尔奖档案可以公开。由此可知，1912年，瑞典皇家科学院没有把诺贝尔奖授予著名科学家开默林-昂内斯(H.Kamerlingh-Onnes)、普朗克(M.Planck)、爱因斯坦等，却授予了只有一个人提名的达伦(N.G.Dalén)，而后者的成就仅仅是"海滨照明——自动化灯塔"，这几乎只是一项纯属技术性的成就，与诺贝尔奖的宗旨相比，"海滨照明"的当选获奖，实在是发人深思。虽然1910年起，爱因斯坦几乎年年被提名(只有1911年和1915年两年除外)，却一直遭到强烈的反对。一方面，爱因斯坦的相对论一直受到保守势力的怀疑，长期被视为"尚未经

爱因斯坦与诺贝尔奖

表1 爱因斯坦被提名情况

年份	领域	同领域被提名者	当年获奖人
1910	理论物理 数学物理	Einstein、Gullstrand、Planck、Poincaré	Van der Waals
1912	理论物理	Einstein、Heaviside、Lorentz、Mach、Planck	Dalen
1913	理论物理	Einstein、Lorentz、Nernst、Planck	Omnes
1914	理论物理	Einstein、Eötvös、Mach、Planck	von Laue
1916	分子物理	Einstein、Debye、Knudsen、Lehmann、Nernst	无物理学授奖
1917	有关量子	Einstein、Bohr、Debye、Nernst、Planck、Sommerfeld	Barkla (18)
1918	量子物理	Einstein、Bohr、Paschen、Planck、Sommerfeld	Planck (19)
1919	理论物理	Einstein、Knudsen、Lehmann、Planck	Stark
1920	数学物理	Einstein、Bohr、Sommerfeld	Guillaume
1921	数学物理	Einstein、Bohr、Sommerfeld	Einstein (22)
1922	未定		Bohr

证实"的理论；另一方面，受到纳粹分子〔如勒纳（P.Lenard）、斯塔克（J.Stark）等〕极力"排犹"的影响，爱因斯坦的理论物理被视为是犹太人的物理，一再受到排斥；再一方面，也存在着一些地方主义这样或那样的关系网。直到1919年，爱丁顿（A.S.Eddington）领队利用日全食观测发现光线弯曲，证实了爱因斯坦的广义相对论，使他在1920年获得了越来越多的认可，也得到了玻尔（N.Bohr）、洛伦兹（H.Lorentz）、开默林-昂纳斯（H.Kamerlingh-Onnes）、塞曼（P.Zeeman）等人的强有力的推荐，但诺贝尔奖委员会仍然排斥爱因斯坦，把诺贝尔奖又授予了只有一票提名的纪尧姆（C.-É.Guillaume），后者只发现了一种受温度等环境影响很小的镍钢合金，用它可以做精密测量工具。在物理学蓬勃发展的黄金年代里，这两个成果意义的反差实在太大了！到了1921年，推荐爱因斯坦的人越来越多，他所获得的提名数遥遥领先，但在当年的评审中，诺贝尔奖委员会继续攻击相对论，说相对论不是来自实验室实验，辩论的结果，认为当年无人有获奖资格，但保留这个名额。据说在瑞典皇家科学院审议时，辩论一直进行到深夜，1921年11月12日子夜时分，投票决定当年不发诺贝尔物理学奖。1922年，爱因斯坦问题再一次成为焦点，他仍然得到了压倒性的提名支持，但在诺贝尔奖委员会和瑞典皇家科学院的评审会上，相对论继续受到攻击。会上奥斯恩（C.W.Oseen）

爱因斯坦与诺贝尔奖

提出以光电效应名义给爱因斯坦授奖,但是,评委中不少人还是怀疑爱因斯坦的光子学说,以光电效应理论的名义仍然得不到支持。然而,光电效应作为定律(即光电子能量与光波长的关系等)已经被实验所确证,在泛泛地提及理论物理后,以光电效应定律的发现为名,最后将1921年保留的奖授给爱因斯坦,正式的获奖项目被定为"for services to Theoretical Physics, and especially for his discovery of the law of the photoelectric effect",仔细回味这个奖项名称,还是颇有意思的。1922年的诺贝尔物理学奖则授予了玻尔。虽然大多数人认为爱因斯坦的主要贡献是相对论,但是因光电效应获奖他也是当之无愧的。正是光电效应使他成为量子力学的三教父之一(另两人是普朗克和玻尔)。

四、因检验或发展爱因斯坦理论而获得诺贝尔奖的多达8项共14人

值得注意的是,爱因斯坦被提名的研究领域相当广泛,涉及狭义和广义相对论、量子论、光电效应、光量子、布朗运动、统计力学、涨落理论、临界乳光、固体比热、数学物理、爱因斯坦-德哈斯效应等。可见,爱因斯坦在物理学上的成就巨大。实际上,爱因斯坦的成就不仅让自己直接获得诺贝尔物理学奖,还促成14人因验证或发展

爱因斯坦理论而获得了8项诺贝尔物理学奖,他们是:

(1)密立根(R. A. Millikan)因油滴实验和验证光电效应而获得1923年度的诺贝尔奖。有趣的是,密立根原来不相信光电效应,他要亲自做实验来推翻它。而后来使他惊奇的是,随着实验的进展,其过程越来越证明光电效应的正确性。

(2)佩兰(J. B. Perrin)用实验验证爱因斯坦的布朗运动理论而获1926年度的诺贝尔奖。

(3)康普顿(A. H. Compton)发现了光子与电子的弹性散射(称康普顿效应),验证了爱因斯坦在1916年提出的光子波粒二象性(光子同时具有波动性和粒子性,遵循$E=h\nu$、$p=h/\lambda$两个基本关系式,式中E和p是光子的能量和动量,代表粒子性;ν和λ是它的频率和波长,代表波动性)而获得1927年度的诺贝尔奖。

(4)德布罗意(L. V. de Broglie)将爱因斯坦的光子波粒二象性推广到电子去而获得1929年度诺贝尔奖。他预言的电子的波动性被称为德布罗意波。

(5)考克饶夫(J. D. Cockcroft)和瓦尔顿(E. T. S. Walton)因发明了高压倍加器,实现了人工加速粒子产生的核反应,验证了爱因斯坦的$E=mc^2$而获1951年度的诺贝尔奖。

(6)汤斯(C. H. Townes)、巴索夫(N. G. Basov)和普罗霍罗夫(A.M.Prokhorov)研究了量子电子学,实现了爱

因斯坦提出的受激辐射，导致了激光的发明，因而获1964年度诺贝尔奖。

（7）赫尔斯（R. A. Hulse）和泰勒（J. H. Taylor）发现了一颗双星脉冲星，间接证明了爱因斯坦引力波的存在，精确测定了两颗中子星的质量，获得1993年度诺贝尔奖。

（8）科纳尔（E. A. Cornell）、凯特纳（W. Ketterle）和威曼（C. E. Wieman）实现了碱原子稀薄气体的玻色爱因斯坦凝聚，对这些凝聚态的性质作出了早期的基本研究，从而获得了2001年度诺贝尔奖。

五、爱因斯坦理论依然活跃在今天

爱因斯坦理论今后还非常可能促成若干个新的诺贝尔奖。比如：

爱因斯坦在1935年与波多尔斯基（B. Podolsky）、罗森（N. Rosen）合作发表的一篇论文对量子力学提出了一个质疑（称EPR之谜），文中提出了一个十分重要的概念——量子纠缠，这个概念在现代的量子信息学与量子计算机中极为有用。

再还有爱因斯坦预言的引力透镜现象，1979年已经在天体物理中被发现，那时，瓦尔希（D. Walsh）、卡斯威尔（R. F. Carswell）和威曼（R. J. Weymann）发现了两个靠得很近的类星体,证明它们实际上是同一颗类星体(0957+561)在途经大质量天体的强引力场时形成的两个引力透镜像。从那以后,一大批各色各样的引力透镜现象(包括爱因斯坦环、爱因斯坦弧等)被陆续发现。如今,引力透镜现象已经成为现代宇宙学的重要组成部分。

爱因斯坦预言的黑洞,也是当今天体物理中十分活跃的一个焦点。许多重要天体如活动星系核、伽马射线暴、微类星体等的标准模型中均包含有黑洞。虽然,目前还不能说已经发现了黑洞。然而,针对观测发现黑洞的大型设备已在陆续建造、发射,黑洞的直接证认已为时不远。

爱因斯坦预言的引力波的直接探测也在加紧进行中。要知道,引力波的间接观测已经获得过诺贝尔奖,由于问题的重要性,直接测量将更有意义,它将开辟引力波天文学。

此外,宇宙学上的重大进展,特别是宇宙加速膨胀的发现,更是充满着挑战,所有这些问题,都带有根本性的重大意义,不少很可能还会与诺贝尔奖有缘。当今国际上,包括了十多个大型设备和卫星的超大计划"BEYOND EINSTEIN"正在紧锣密鼓地进行着,重大的发现将会接踵而来,让我们拭目以待。

六、爱因斯坦与量子力学

人们常说,相对论,特别是广义相对论,基本上是爱因斯坦一个人创立的,但是,量子力学则是许多人的集体创作,而且,在某种意义上,爱因斯坦还反对量子力学。事情究竟怎样,还得从历史角度做些讨论。首先看看量子力学的发展,它可以分为两个时期。

它的早期称为量子论,或者叫老量子论,主要由三部分组成,即普朗克的量子假设(引入普朗克常数 h 或 $\hbar$),爱因斯坦的光量子学说(提出光电效应和光子概念、提出完整的光子波粒二象性、提出量子跃迁几率),玻尔的原子模型(提出原子结构、提出定态概念和量子跃迁),它们是量子力学的前身,因而,普朗克、爱因斯坦和玻尔被尊称为量子力学的三位教父。应该指出,1905年爱因斯坦提出的光量子学说是非常大胆、非常具有革命性的。当时几乎没有人理解,甚至连量子假设的最早提出者普朗克也不理解。8年后,普朗克、能斯脱(W. Nernst)、鲁本斯(H. Rubens)、瓦尔堡(O. H. Warburg)在提名爱因斯坦为普鲁士科学院院士的推荐书上就说:几乎没有提出一个现代物理学的重要问题,爱因斯坦没有作过巨大贡献。当然他有时在创新思维时也会有错,比如,他对光量子的假设。可是也不应该过分批评他,因为即使在最准确的科学里,要提出真正新的观点而不冒任何风险是不可能的。这就是即使到了1913年普朗克等人仍然反对爱因斯坦光量子假设的例子。难能可贵的是,爱因斯坦并不理会这些,继续把他的想法向前推进,除了光量子的能量 E 外,于1916年他又确定了光量子的动量 p,从而得到了完整的光子的波粒二象性,即 $E=h\nu$、$p=h/\lambda$。

量子力学的创建主要是在1924年至1928年间,沿着两条路线进行。一条是沿着普朗克-爱因斯坦-德布罗意-薛定谔的路线发展。即,1924年德布罗意将爱因斯坦在1916年提出的 $E=h\nu$、$p=h/\lambda$(推广到电子,认为电子不仅是粒子,也具有波动性,并且证明这个推广完全符合狭义相对论的要求)。1926年上半年,薛定谔得到了这种德布罗意波所满足的方程,通常称为薛定谔方程,这条路线得到的理论称为波动力学。另一条则是沿着普朗克-玻尔-海森伯的路线发展。比薛定谔略早,海森伯从玻尔的定态和直接可观测量出发,用完全新的计算方法来进行处理。这个方法得到了海森伯、玻尔和约旦基于矩阵运算的系统发展,通常称为矩阵力学。随后,波动力学和矩阵力学被证明是完全等价的,统称为量子力学。虽然量子力学的方程已经给出,但是,它的真正含义还是要由玻尔给出了统计解释才算完成。

1928年,狄拉克(P. A. M. Dirac)将量子力学与狭义相对论结合起来,提出了狄拉克方程,不仅解决了高能

爱因斯坦与诺贝尔奖

电子的量子力学描述,自然预言了自旋,而且还预言了反粒子(正电子)的存在。

的确,关于量子力学问题,爱因斯坦与玻尔辩论了几十年。这场大辩论对于量子力学的澄清和发展,改进各自的认识十分重要。其实,爱因斯坦并不反对量子力学,他反对的只是对量子力学的解释。他也并不否定对量子力学的统计解释,他反对的只是把统计解释看做对量子力学的最终解释。尽管他是提出跃迁几率解释的第一人(他早在玻恩提出统计解释以前10年,在1916年研究受激辐射和 A、B 系数时就提出了跃迁几率),但从他的哲学观点来看,他是倾向于决定论的。他不相信"上帝扔骰子"!

尽管持有不同于玻尔的哥本哈根正统解释,爱因斯坦却一直非常重视量子力学,这从他所提名的诺贝尔奖候选人名单就可以看出这一点。他所提名的主要是两类人,一类是物理学家,一类是和平奖人选。早在1928年,爱因斯坦就提名德布罗意、薛定谔、海森伯、玻尔、约旦等量子力学的创始人,显见他对量子力学的高度评价和重视。他还曾对斯特恩说:"我在量子问题上费的心思,100倍于广义相对论。"

七、宇宙学与诺贝尔奖

显然，20世纪物理学的革命，引发了20世纪高科技的迅猛发展。没有爱因斯坦的质能关系就不可能有原子能的发展；没有量子力学就不可能有现代高性能的材料；没有这些发展就不可能有晶体管和集成电路，就不会有微电子学的重大成就。可以说，没有这场物理学的革命，就不可能有20世纪的高科技和现代文明。

爱因斯坦开创的现代宇宙学值得特别提一提，它已经产生了将近90年的影响。1964—1965年间，彭齐亚斯(A. A. Penzias)和威尔孙(R. W. Wilson)在研究微波天线时，偶然发现了宇宙微波背景辐射。这是伽莫夫(G. Gamow)等人在1948年前后提出的宇宙大爆炸理论的强有力的直接证据，使彭齐亚斯和伽莫夫获得了1978年度的诺贝尔物理学奖。这是迄今为止在宇宙学领域内获得的唯一一次诺贝尔奖。在20世纪后30年间，人们费了相当大的力气试图测准宇宙的膨胀速度〔或哈勃(E. Hubble)常数〕和减速因子，却分歧很大，始终得不到公认的结果。关于宇宙成分的研究，也始终无法取得合理的结果，特别是通常物质（地球上所看到的物质）与暗物质的量无法达到因果律所支持的暴胀模型的要求。就这样，宇宙学彷徨、徘徊了几十年。到了1998年，美国的两个科研小组，利用Ia型超新星作标准烛光，几乎同时

爱因斯坦与诺贝尔奖

发现:宇宙正在加速膨胀!这是一个极其惊人的重大发现!大家知道,支配宇宙大尺度运动的力只有一种,即万有引力。在天体与天体之间相互吸引的情况下,宇宙膨胀只可能减速,不可能加速!加速膨胀的发现必将根本改观宇宙学的研究,也将动摇物理学的基础!

值得注意的是,爱因斯坦在1917年刚提出宇宙学模型时,就因为广义相对论的引力场方程无法给出静态宇宙而人为地在方程中加入了一个宇宙常数项,通常记作Λ。实际上,这一项相当于一个斥力,用以抵消引力以获得静态宇宙。1929年,哈勃发现宇宙不是静态而是正在膨胀,使爱因斯坦放弃了宇宙常数,在发现了宇宙加速膨胀的今天,这个宇宙常数正好可以解释加速膨胀,因而再一次被启用。宇宙常数可以很自然地被看做真空能量,通常叫做暗能量。这是一种整个宇宙无处不在、均匀分布而密度十分微小的"物质"。与通常物质根本不同,它所对应的压强是负的,这是宇宙斥力的根源。暗能量密度虽然十分微小,整个宇宙的总和却占了压倒优势。现在已经可以算出,宇宙中通常的可见物质只占4%,暗物质占23%,而暗能量却占73%!

这里可以看到天体物理中有许多非常微妙的物理问题。大家知道,诺贝尔奖是不设立天文学奖的,但天体物理学家不乏获诺贝尔奖的例子。仔细查看一下历年诺贝尔奖的颁奖记录,可以看出,首次以天体物理项目获奖的是1967年的贝特(H. A. Bethe),奖给他"关于核反应的理论研究,特别是他关于恒星能源的发现"。为什么长达三分之二个世纪的时间里(1967年以前)没有一个项目奖给天体物理?这绝不是这么长的时间内天体物理没有重大发现,实际上有很多,比如哈勃发现的宇宙膨胀,那是影响天文学全局的大发现!这里有一段鲜为人知的故事。

天体物理学家海耳(G. E. Hale)在1913年就出现在诺贝尔奖候选人的名单上,以后又多次被推荐,却也频频落选。其实,诺贝尔奖委员会一直在辩论一件事:诺贝尔物理学奖究竟应该指大物理还是小物理?也就是说,天体物理、宇宙物理、大气物理、物理化学等是否也包括在内?到了1923年,海耳再度被推荐。这时,由于错综复杂的原因,比如基金开支、人员变动等,在诺贝尔奖委员会中,这个问题再度尖锐化。阿亨尼斯(G. D. S. Arrhenius)说了一个奇怪的理由:天体物理已经有了迅速发展,几乎包括了天文学全部,天体物理学几乎等同于天文学,而天文学并不包括在诺贝尔奖的范围内。那年,正是这样否定了海耳的得奖,也将天体物理学排除出了诺贝尔物理学奖的获奖范围。此后相当长的时间内,对贝特、爱丁顿(A. Eddington)、哈勃、萨哈(M. Saha)、罗素(H. N. Russell)等著名天体物理学家的提名也一概被否定。大家知道,贝特主要是一位著名的理论物理学家,但因为他的恒星能源理论属于天体物理,对他20世纪40年代的频频提名也一概被否定。直到1967年,在许多著名物理学家的不断压力下,才以"对核反应理论的研究,特别是对他的恒星能源的发现"的名义授予他诺贝尔物理学奖。而哈勃,虽也被许多物理学家频频提名,终因他的贡献与"主流"物理相比更偏向于天体物理而未能获奖。可见,只有物理味道特别浓的天体物理成就才能获得诺贝尔物理学奖。

▷ 八、新的乌云,还是新的朝霞?

一个世纪以前,开尔文(Lord Kelvin)分析了当时物理学发展的概况,精辟地指出,在物理学的晴朗天空中有两朵乌云。一朵是以太问题,另一朵是黑体辐射问题。当时人们已经确认,光是一种波动现象。那时理解的波总是在介质中传播的,而光是可以通过真空的,那么真空一定也是一种介质,称为"以太"。以太是什么?没有人知道。许多实验,特别是迈克耳孙-莫雷(Michelson-Morley)实验,得到的都是否定的结果。这朵乌云的驱散是通过爱因斯坦引入狭义相对论而实现的。另一朵乌云的驱散则是通过普朗克引入量子概念而实现的。这两朵乌云的驱散导致了20世纪物理学的两大革命。时隔一个世纪,如今又出现了新的两朵乌云,即暗物质和暗能量。可见物质是由电子、质子、中子、原子、分子等构成的普通物质,而暗物质是由尚未发现的不具有强作用和电磁作用的长寿命的中性重粒子构成。暗能量完全不具有通常意义的物质形态,是真空中的一种奇怪的东西,有点像以太那样的一种"幽灵"。驱散这两朵乌云,也许又会导致物理学的一场新的革命。人们已经提出了许多物理模型,试图确切地描述、理解暗能量,至今还没有得到公认的结果。有趣的是,近年来的观测似乎支持爱因斯坦的原始思想——宇宙常数Λ。然而从量子角度来看,数值上会与宇宙常数Λ相差100多个量级。看来,任重道远,要真正驱散这两朵乌云,还有许多事情要做。也许,答案就在意想不到的地方!正是:于无光处看闪电,于无声处听惊雷!说不定,"众里寻他千百度,蓦然回首,那人却在灯火阑珊处"!

这是世纪性的机遇,迎接挑战吧!

参考文献(略)

参加核武器研制的经历与体会

贺贤土

一、为什么要发展我国的核武器
二、突破"两弹"
三、对发展高科技的启示

【作者简介】贺贤土,核物理学家、理论物理学家。1962年从浙江大学物理系毕业后进入中国工程物理研究院(前身为二机部九院),在北京应用物理与计算数学研究所(前身为九院九所)工作。1986年6月至1987年年底任美国马里兰大学物理系访问科学家和物理科学与技术研究所高级研究员。1988—1997年任研究所科技委员会副主任、副所长(1991年起)。1993—2001年,先后任国家"863"计划惯性约束聚变主题秘书长和首席科学家。

历任中国科学院学部主席团成员和执行委员

会成员、中国科学院数理学部主任；中国工程物理研究院专家委员会委员、研究员、博士生导师；863计划领域委员会委员；浙江大学理学院院长；总装备部科技委兼职委员、国家自然科学奖评审委员会委员、高功率激光物理国家重点实验室学术委员会主任等职。

  长期从事核武器物理、核聚变与等离子体物理、理论物理专业研究。在原子弹、氢弹和中子弹的物理研究与设计以及核武器物理实验室模拟研究中做出了突出成绩；在基础研究方面，主要进行高温高密度等离子体系统的非平衡弛豫过程（包括粒子运输与涨落、热核反应系统的非平衡过程）、非线性等离子体物理、高能量密度物理、激光核聚变有关问题（包括：聚变点火模型、流体力学不稳定性、等离子体湍流等）、非线性科学中斑图（Pattern）竞争与时空混沌等研究工作。先后发表了120多篇科学论文，并在国际上作大会邀请报告多次，多次担任有关国际会议的主席、合作主席和科学顾问委员会成员。获国家自然科学奖二等奖一项，国家科技进步奖一等、二等奖各一项，部委级奖七项。2000年获何梁何利奖；2001年获国家"863"计划突出贡献先进个人奖。

  1995年当选为中国科学院院士。

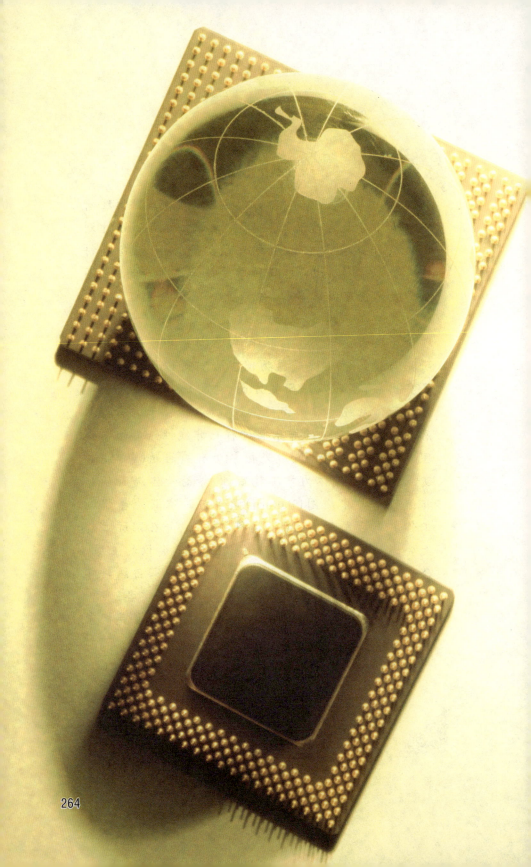

参加核武器研制的经历与体会

一、为什么要发展我国的核武器

首先介绍一下背景。1949年新中国成立以后,大家知道,1950年就面临着朝鲜战争,美国杜鲁门总统曾扬言与中国发生敌对行动时,要动用核武器。实际上美国一直在做具体准备,国防部一直在策划使用原子武器的可能性。后来成为美国总统的艾森豪威尔,美国的陆军、海军负责人及美国国家安全政策报告,都提出准备要对中国使用核武器。在这种情况下,新的共和国要生存,没有别的选择,只能被迫发展自己的核武器,进行自卫。这样,中央召开政治局会议决定发展核武器。1955年1月份,中央做出了决定:创建核工业,研制核武器。到了1958年,成立了二机部九局,九局最早叫北京九所(局所合一),后来叫二机部九院。现在大家在报纸上看到的中国工程物理研究院就是以前的九院。为什么中国要发展核武器?背景大家清楚了,就是为了自卫,为了反对核讹诈,最终消灭核武器,并且声明不首先使用核武器。老一代的同志都很了解这个声明。

为了发展核武器事业,在中央号召下,当时全国很多部门与单位,大力协作,特别是从中国科学院、高等院校以及其他部门抽调了一批优秀科学家、工程技术人员、干部和工人,同时分配去了一大批高校优秀毕业生。在这种情况下,大家怀着对仇视我们的人——当时称美帝国主义的憎恨（也怀着对苏联"老大哥"背信弃义的气愤）参加了这一事业。后面我会讲到，苏联"老大哥"原来是帮我们的，后来就卡我们，撕毁了援助协定，使我们遭受了一定的困难。

下面几张图是与发展核武器有关的"两弹一星"功勋奖章获得者的照片。先说一下钱三强先生（图1），钱老已经去世了，他是原来的二机部副部长，曾任原子能所所长。他在核武器早期研制的组织、领导中起了重要的作用。王淦昌先生（图2）是著名实验物理学家，一位非常杰出的科学家，当时是九院副院长，1998年去世了。彭桓武先生（图3）大家可能不太熟悉，他是著名理论物理学家，原九院副院长，2007年去世了。郭永怀先生（图4）是著名力学家，原九院副院长，1968年因为飞机出事去世了。朱光亚先生（图5）是著名核物理学家，他原是九院副院长，曾任全国政协副主席，总装备部科技委员会主任，2011年去世了。邓稼先先生（图6）是著名物理学家，早年是九院前身北京九所一个室主任，后来先后任理论部主任、所长和九院院长，1986年去世。程开甲先生（图7）是著名固体物理学家，早年任北京九所副所长，后来到新疆试验基地去做领导工作。陈能宽先生（图8）是著名金属物理学家，曾任九院副院长。周光召先生（图9）是著名理论物理学家，早年任北京九所一室常务副主任（1964年一室变为理论部，任理论部常务

▲图1 钱三强

▲图2 王淦昌

▲图3 彭桓武

▲图4 郭永怀

▲图5 朱光亚

▲图6 邓稼先

▲图7 程开甲

▲图8 陈能宽

▲图9 周光召

▲图10 于 敏

▲图11 聂荣臻

▲图12 宋任穷

▲ 图13 刘 杰

▲ 图14 李 觉

副主任），后来任核武器理论研究与设计所所长，再后来任中科院院长。于敏先生（图10）是著名理论物理学家，当时是理论部副主任之一，后来也当过核武器理论研究设计所所长。这几位"两弹一星"功勋奖章获得者是核武器事业功勋卓著的科学家，他们也是我国直接从事核武器研制工作的代表，代表这里没有具体提到的很多著名科学家与专家，以及大批年轻的科技工作者、管理人员和工人等。

负责研制核武器的国家领导人，除了周恩来总理外，聂荣臻元帅（图11）是核武器事业的直接领导者和指挥者，又是我们国家总的科技政策的制定者和决策者。宋任穷同志（图12）当时任二机部部长，宋任穷同志之后的二机部部长是刘杰同志（图13）。我们最早的老院长是李觉同志（图14），后来任二机部副部长。

参加核武器研制的经历与体会

在党中央领导下，我们发扬了热爱祖国、无私奉献、自力更生、艰苦奋斗、大力协同、勇攀高峰的精神，把我们的青春献给祖国核武器事业。在较短的时间里，突破了原子弹、氢弹、中子弹，并且使武器小型化（也就是机动化），走出了一条具有中国特色的国防高科技的自力更生、自主创新的道路。这里我想说一下，我们虽然已经声明，不首先使用核武器，但是如果别人要用的话，当然我们也要用。这样从一定意义上就抑制了互相使用。

新中国成立六十多年来，我们之所以有一个比较安定的环境，当然有党中央的英明领导，有各个方面的原因，但中国自力更生地发展了核武器，是重要的原因之一。如果一个国家没有国防力量，或者国防力量不强，要想安定就很困难。美国一会儿要打伊拉克，一会儿又想打朝鲜，一会儿又打巴勒斯坦，巴勒斯坦没有国家，当然谈不上国防，所以现在很困难、很被动，以色列随时可以打它。所以一个国家发展国防事业是非常重要的事，而发展核武器则是进行自卫、反对核讹诈的一个重要方面。

二、突破"两弹"

这里我重点讲一下在发展核武器方面，我们做的一些工作和一些体会（我是1962年年底参加核武器研究工作的,下面谈到的1962年年底以前的事都是一些老同志告诉我的)。

大家都知道,在1958年前后,由于三年自然灾害的影响,又碰上与苏联关系开始变坏,苏联撕毁了很多协定,这些使我们国家当时各方面都遇到了较大困难。在这种情况下,我们国家要发展核武器,是比较艰苦的。如果没有自力更生的精神,没有艰苦奋斗的精神,是很难想象的。

1. 艰苦创业

首先苏联撕毁协定,导致我们核武器研制的困难。大家知道,我国跟苏联早期还是比较友好的。新中国成立初期,大概在1956年左右,我们国家跟苏联签订了十来个协定,其中有一个很重要的协定,就是苏联答应援助我们研制核武器。后来由于一系列的原因,也由于美国知道了以后,压制苏联,不让苏联援助我们,所以苏联后来就撕毁了协定,给我们造成了非常大的困难。在没有撕毁协定以前,苏联的确曾派专家来,苏联专家顾问曾给二机部部长等少数人讲过课,留下了一份简单的记录。当时苏联还答应送给我们原子弹的模型。后来情况变了,苏联单方面要撕毁协定,尽管来了专家,也不给我们讲什么东西,你去问他,就不吭声,甚至当他看书的时候,见我们进去,他马上就把书往抽屉里一放。后来我们才知道，他看的书，是已经翻译出来的鲍姆写的《爆炸物理》，一本很一般的书，他都向我们保密。所以在这种情况下，当时我们就叫这些专家为"哑巴和尚"。大家很气愤，他们原来答应给我们，现在又卡我们。在我们的研究所里有"哑巴和尚"，整个国家也有"哑巴和尚"，可能有一两百人，在1961年的时候，全部都撤走了。核武器援助协定撕毁是在1959年6月，所以我们的第一颗原子弹的代号就叫"596"，这是一颗争气弹，是因为1959年6月这段不能忘怀的日子。这是一个方面的困难。

另外的困难是1958年前后的三年自然灾害，国家经济处于困难时期，各方面条件非常差。最早核武器的研究所建立在北京，所址周围原来是墓地，非常荒凉。盖房子不像现在，有大的起重机，盖得很快。那个时候条件很差，科研人员跟工人一起劳动，把房子盖起来。非常遗憾的是，前几年，因为最早盖的房子已经陈旧了，有一栋楼已经拆了，盖了新的楼房，一栋很有纪念意义的楼房被拆了，非常可惜。当时盖房子的时候，刚好是大冬天。大家知道北京很冷，和水泥、挑砖、砌砖，手冻得很。当时邓稼先同志（他是最早调来研究所的科学家之一）也跟大家一起劳动，大家心里都憋着一股气，美国压我们，苏联"老大哥"又卡我们，我们中国人一定要长志气，争口气。大家正在参加盖房劳动时，宋任穷部长来看望大家，看到大家都憋着一肚子气，他就鼓励大家说，你们中有些同志是学空气动力学的,你们肚子里有气,就要把它变为动力。当时群情比较激昂,感到我们一定会把原子弹搞出来。

当时条件很艰苦,为了国家需要,科学家们不得不改变了他们原来心爱的专业。比如说周光召先生,他研究基本粒子非常出色,已经很有成就;于敏先生在早期的核物理研究中很有成就。但他们很多人为了核武器事业的需要,改变了自己心爱的专业,从事核武器的研究工作。很多专家,在他们的领域里,已经非常出名,有些在国际上都出名,比如像王淦昌先生、彭桓武先生、郭永怀先生等,他们都是放弃了自己的专业,来参加核武器的研究工作。

当时大量从大学刚毕业的年轻人,也被分配到核武器研究所来了。因为保密,不能与外界很好地联系,几乎与世隔绝。我们中有些同志来了以后,组织上发现他的女朋友有些海外关系,或者牵扯到可能家庭成分不好,来了以后,只有两种选择,一种是跟女朋友吹掉,另一种就是调出去。但是很多同志都是跟女朋友吹掉了,牺牲了自己的个人利益,这的确是非常感人的。大家当时只有一个想法,就是在美国和苏联这样压迫我们的情况下,一定要为祖国争口气,依靠自力更生把原子弹搞出来。这种状态多年来一直支配着我们的行动。

1986—1987年年底,我在美国马里兰大学做访问学者。当时美国给我一个很深的印象是,美国的年轻人对祖国非常热爱,这一点是非常重要的。美国的年轻人一提到祖国就有一种自豪感。美国之所以发展快,我想很重要的是有这样一种向心力。我举一个例子,有时跟美国年轻人讨论时事时,你骂他们的总统,他一点都没有什么,他还会跟着你一起骂,但是如果你说美国不好的话,他可能就跟你争得面红耳赤,这种感情也深深地感染着我。我们当年的确也有这种感情,对祖国的热爱,使得我们咬紧牙关也一定要把原子弹搞出来,也正是因为有这种心态,我们自力更生,不怕艰苦,克服了很多的困难。

1963年,大部队往青海搬,因为1964年要进行第一颗原子弹试验,到那边需要进行工程设计、材料生产、部件加工、冷试验(指用其他材料代替裂变材料的炸药爆轰实验)、组装等一系列过程,然后运往核试验场。核武器的研制是一个非常大的科学与技术系统工程,到青海基地才能全面铺开工作。大部队当时就生活在青海海拔3000公尺以上的高原上。从大城市到这么一个高寒地区去,给大家生活上带来很多困难。很多家在北京的同志,只能只身到那边去。比如王淦昌先生,那时已经56岁了,1963年那时候,他老人家也跟着一起只身到青海。到了青海以后,房子还来不及大批盖起来,不少同志就住干打垒(可能年轻同志不知道,就是土疙瘩堆起

▲ 图15　干打垒

来的那种房子,很矮,见图15),也有一部分同志住帐篷,条件很艰苦,但大家丝毫没有怨言。我们经常从北京到那里出差,大家都知道那边高原缺氧,气压比较低,所以馒头是不熟的,吃起来有点黏糊。另外开水也不是非常烫,不到100℃就开了。早晨洗脸很难受,用雪水洗,手指就过敏,我的手指红肿得很厉害,而且发痒。我们刚去,晚上睡觉因为缺氧,迷迷糊糊的根本就睡不着。就在这样的情况下,这一支几万人的队伍在那里生活了大概10年。我们有一些同事的孩子就是在那里出生长大的,脸颊是通红的,因为紫外线强。在这样艰苦的情况下,大家怀着一颗雄心,要把原子弹、氢弹搞出来。

2. 突破原子弹

尽管早期苏联的专家曾给我们部长讲过课,但是,主要的东西他没有告诉我们。我们只能自力更生想办法,发动大家,群策群力。专家与年轻人一起讨论。比如彭桓武先生,他就把原子弹从炸药起爆,产生内爆,压缩里边裂变材料,产生高超临界,中子点火,然后就中子链式反应,瞬间释放巨大核裂变能量,分解成一个一个的物理过程,对每一个过程进行研究。然后带领年轻人,带领刚毕业进所不久的大学生,一起研究,最后终于形成了原子弹的具体而详细的概念。例如,我个人于1962年年底分配到研究所后,先听彭先生讲课,研究有关原子弹爆炸后中子、γ射线在空气中的穿透计算,等等。

1961年左右,原子弹设计陷入了一个大的困境。原子弹中炸药起爆以后,表示内爆特性的一个很重要的参数就是压力。内爆使原子弹中裂变材料受到高压缩,能否达到高超临界状态,主要取决于这个压力的大小,所以内爆压力是关键参数之一。有一个很有名的九次计算的故事。九次计算当时是在专家指导下由年轻人计算的,用"特征线"方法。当时我们的条件真是简陋,大家看一下图,左边是手摇计算机(图16),右边是一个电动计算机(图17),数字打上去以后,按下电钮就由电动来算,就是用这样一个简陋的计算机(不是电子计算

▲图16　手摇计算机

▲图17　电动计算机

机),算出爆炸后的压力。但是一直到1961年上半年,每一次计算的结果,总是比苏联专家给我们的数据要低。当时迷信苏联"老大哥",总是不敢相信自己,所以一次一次地计算,连续计算了九次,九次花了近一年的时间。这样遇到了很大困难,如果这个数据跟苏联专家对不上的话,你不敢全面铺开原子弹的研制与设计工作。这里要提到周光召先生,他在1961年已来到研究所里,当时他仔细地检查了计算结果,感到数据没有算错。但怎么样证明这个数据是对的,为什么会跟苏联专家的数据矛盾?他就想到用最大功原理进行计算,解决了这一问题。炸药起爆后,冲击波向内传播,在没有耗散的理想情况下所做的功就是最大功,所对应的压力就是最大压力,物理学上可以算出来。最大功的计算虽然并不复杂,但当时别人想不到,周光召先生却能很快地抓住了问题的要害,这是他的十分高明之处。周光召先生的计算结果表明,最大功对应的最大压力比苏联专家给我们的数据要小,这说明苏联专家的数据是错的。这一结果很重要,把大家的思想解放了,大家感到我们自己的计算是对的,摆脱了当时陷入的困境,开始全面铺开进行原子弹理论设计工作。所以说周光召先生为原子弹研制工作作出了重大贡献。理论设计后,就在青海总部进行一系列工程技术研制,最后核装置组装后就运往新疆核试验场,核装置放在100米高的塔上,热试验表明我国第一颗原子弹爆炸的成功。

爆炸成功后,原来一百多米的塔,就扭曲并倒挂到地上(图18),我们还可以看到蘑菇状云升得很高(图19和图20分别为原子弹和氢弹爆炸后的蘑菇云)。爆炸成功那一天,刚好周总理在人民大会堂开会,他当场就宣布中国有了原子弹,这一天是1964年10月16日。中国第一颗原子弹爆炸成功,的确是非常振奋人心的事情。当时美国还不相信中国的原子弹水平是高的,最后他们通过空中取样、数据分析以后,发现中国的原子弹是内爆型的,内爆型的原子弹比"压拢型"的先进。这样,美

▲ 图18

参加核武器研制的经历与体会

▲ 图 19

▲ 图 20

国才确信中国的确是掌握了这一先进技术。有了原子弹以后,我们的腰杆子就硬了,美国人就不敢小看我们了。后来又有了氢弹、中子弹,我们的腰杆子更硬了。所以原子弹的突破是我们自力更生、自主创新的结果,并不是苏联给我们的。

有一件事,我们十分感动。原子弹爆炸成功以后,作为特大的新闻,报纸发了号外(指除报纸以外,另外发布特大新闻的特刊,红色印字)。号外出来了以后,全国人民马上知道了第一颗原子弹爆炸成功。那天中午我们去吃中饭,走出研究所门口时,突然发现在所门口的地上,有人用粉笔写了很多很多感谢我们的话。当时大家非常感动,我们感到自己的工作虽然十分保密,并且几乎与世隔绝,但我们并不是孤立的,除了党中央领导以外,全国人民都在支援我们。我想那个时候,如果你们在我们附近的话,说不定也会加入到这个行列中,写那些感动人心的话。我们这些同志,工作和生活条件虽然比较艰苦,但是我们没有任何怨言,我们感觉到,这是我们应该做的,并且应该把这个工作做好,给全国人民争一口气。

3. 突破氢弹

事实上,在研究原子弹的时候,我们已经开始研制氢弹了。原子弹突破以后,研究所理论部把绝大部分的力量都转移到氢弹的研制上面去。如果说早期原子弹的研制,苏联还给了我们一些概念上的启发,那么在突破氢弹方面则没有任何东西可参考,而且美、苏封锁得非常厉害,找不到任何跟氢弹核心知识直接有关的文章。我和几位同志曾经有过较长一段时间的调研,想了解美国在突破氢弹方面有些什么东西透露出来。当时主要调研华盛顿邮报、纽约时报等外文报纸以及少部分杂志。那个时候大家不能随便看这种资本主义的报纸,你必须要开证明去借。我就拿着证明到北京图书馆、外交部和有关的其他部委去,用小车拉来。拉来后只能是一个组的同志看,不能很多人看,因为怕中资本主义思想的毒，特别是报纸上的广告，现在看来这是非常一般的广告，但是在那个时候是不能看的。当时想从字里行间里得到有关氢弹原理一些蛛丝马迹的启发，虽然外国报纸也有报道美国等国家的氢弹试验，但结果根本找不到我们所希望得到的东西。在这种情况下，怎么办呢？还是凭借我们对祖国的热爱，发动大家，群策群力，献计献策。当时我们科研楼每个会议室里都有黑板，每一个同志都可以到黑板上去画去讲，你认为氢弹是什么样的，原理是什么，你具体计算的结果是什么，大家一起讨论。像彭桓武先生以及邓稼先、周光召、于敏、黄祖洽、周毓麟等先生，他们是我们老师辈的人物，是专家，也跟我们这些年轻人一起讨论。大家有时候争得面红耳赤，谁对就服从谁，科学上讨论是完全民主和平等的。我们理论部是一个非常融洽的集体，大家称邓稼先主任为老邓，周光召、于敏、黄祖洽、周毓麟、秦元勋、江泽培等副主任为老周、老于、老黄、老周、老秦、老江。当然彭桓武先生是我们的父辈人物，他当时是九院的副院长，我们就叫他彭院长。从这里大家可以看出来，老同志跟年轻同志之间相处得多么亲切，这是我们理论部的传家宝。别的同志对我们感到很难理解，因为通常称领导都是什么主任、什么长的，而在我们这里大家却叫领导是"老"什么的。有这么一个故事：那是1982年以后，周光召先生已经在科学院工作了，我参加一个会碰见了周先生，我就称呼他老周(我们所一些老同志现在见到他仍然亲热地称他为老周)。正好我在大学读书时的一位老师在场听见了,就跟我说,你怎么这么没有规矩。在别人的心目当中,我们与领导这种关系有点难以想象。我们这个集体、这个团队是如此融洽,大家心往一处想,有这样的精神,我们才能克服各种各样的困难。

当时大家不仅白天沉浸在冥思苦想中,而且到了晚上,理论部大楼还都是灯火辉煌,很多同志晚上干到一点、两点,党委书记只好来撵大家回去睡觉。在这样广泛而深入的讨论中,大家提出了很多有益的想法。彭桓武先生综合大家的多次讨论,归纳了三个探索氢弹的方案,在邓稼先主任、周光召常务副主任等的组织下,兵分三路。周光召、于敏、黄祖洽各负责一路进行攻关。彭先生后来在一个场合上说过,他当时凝练了大家智慧,准备作三次战斗,事不过三,总可以突破氢弹。1965年下半年,于敏先生领导一个小组去上海嘉定,通过对加强型原子弹的深入计算和系统物理分析,终于找到了氢弹热核材料点火和自持燃烧的关键,抓住了氢弹的"牛鼻子",然后进行氢弹原型理论设计。所以于敏先生为氢弹突破作出了重大贡献。当然,其他两路探索表明了"此路不通",这在科学上也是贡献。事实上,其他两路研究成果对以后发展氢弹也是很有价值的。氢弹研制与原子弹研制一样,第一工序是先研究清楚作用过程物理规律，在此基础上进行理论设计，接下去便是工程设计、材料生产和部件加工、装配、冷试验，然后再运到试验场进行核爆试验。为了测得热试验中的核爆炸数据，需要研究很多实验测量内容，我们核武器理论研究设计所专门成立了一个热测理论组，与实验同志合作。在试验场试验前，从事热测试理论的同志与实验的同志要选定实验测试项目，研究它的物理原理及测试方法，并通过计算提供实验测试零前的量程，以便在核爆时能测到中子、γ光子、冲击波等物理量以及回收放射性物质等。通过对测到的数据的零后详细分析，了解氢弹在爆炸过程作用物理规律和给出实验爆炸当量，再反馈给理论设计同志，以便改进下一次的设计。我当时是热测试理论组的主要业务骨干之一，就从事这样的热试验测试理论研究。

经过几次热试验和核装置的环境试验，核武器就能变为定型的型号，再与导弹联结，即武器化了。

1964年10月16日突破原子弹后，1966年12月我们又突破氢弹原理，1967年6月爆炸了约300万吨梯恩梯（TNT）的大当量氢弹。从原子弹突破到氢弹原理突破只花了两年零两个月的时间。

在突破氢弹的时候，有这么一个插曲：当时我们知道法国人也在研制氢弹，大家知道，法国人的原子弹比我们突破得早，如果我们中国人能抢在法国人的前面，先试验成功氢弹,在国际上影响就大了。以前外国人看不起中国人,这就会给我们中国人长志气、争光。所以在这种情况下,我们大家更加努力和充满激情。最后,我们只花了两年零两个月的时间,赶在法国人之前突破了氢弹原理。为此,法国总统戴高乐非常恼火,训斥了研究氢弹的负责人,据说最后把这个负责人给撤了。我们先于法国人突破氢弹,是非常振奋人心的。像突破原子弹时一样,那天我们又看到了门外地上有人写了密密麻麻的祝贺与感谢的话,又一次使我们非常感动。

4. 第一次地下核试验

1969年以前,核试验都是塔爆或空中爆炸。无论塔爆还是空爆,放射性沉降污染都很大。例如,1966年12月的氢弹原理试验,当量是十几万吨TNT,在塔上爆炸,地面上卷起了巨大的蘑菇云。1967年的大当量氢弹约300万吨TNT,这么大当量,只能是在高空爆炸,但是蘑菇云仍然卷起了地面大量的泥土。蘑菇云中放射性物质散到各处,沉降到地面要影响环境,而且周边国家也有意见。地下核试验后,放射性物质都埋在地下,地面环境不会受影响。但要挖井,工程大,核装置的当量也不能太大,氢弹必须减当量,所以技术难度较大。美国当时已做了多次地下试验,有了经验,他们为了遏制中国,就要求有核国家禁止地面和空中核试验,压迫中国

参加核武器研制的经历与体会

转入地下核试验。在这种情况下,我们又面临着过地下核试验的关。

为了地下试验,马兰核试验基地要解决大量的工程技术及测试等问题;九院则负责核装置的研制以及物理测试等大量研究项目。为了理论研究和设计需要,我们核武器理论研究设计所于1966年成立了一个理论研究小组,研究设计第一次地下试验的核装置和当时突破氢弹后需要分解研究的若干重要的物理过程,以便在地下试验中进行试验测量。我被任命为这个组的组长。我们设计的第一次地下核试验的核装置,当量约2万吨TNT。第一次地下核试验是在平洞中进行的,也就是在山脚下平着打洞进去,挖一个很长的廊道(进人和运进仪器设备及核装置),最后是鱼钩形的爆室,核装置就在"鱼钩子"放"鱼饵"的那个地方,这样构型使爆炸以后,不至于把里面的高温高压物质很快冲到外面。当时的要求非常高,核装置设计必须是"三不"。第一,不能冒顶,即爆炸后山顶不能掀掉。第二,不能放枪。平洞中有很长的一条廊道连接爆室,零前(爆炸前)有一段廊道已用水泥填好,没有封的一部分空廊道,零前已计算好由爆炸冲击波到后进行压实封住,叫自封,以防止里边高温高压物质喷冲出来。如果封不住的话,高温高压物质就很可能变成枪弹一样射出来,那样危害就大了,所以不能"放枪"。第三,不能从山上裂缝中泄漏出放射性物质。即使爆后山顶没有被掀掉,但有可能泄漏出来一定量的放射性物质,那也是不允许的。"三不"要求理论设计当量不确定度很小,当量太大了就可能掀山顶,太小了就可能放枪。要求第一次地下核试验装置设计这么高精度,设计难度较大,当时确实心里没有底。但是经过努力,1969年9月,我国成功地进行了第一次地下核试验,圆满完成了"三不"任务,表明我们核装置的设计是成功的。但是很多物理测试项目,由于当时对核爆后大剂量电磁辐射等干扰认识不足,没有获得理想数据,但在1970—1971年,总结了第一次地下核试验经验后,到了第三次地下核试验时,我们完全控制住了干扰,获得近区测试的很多重要数据。在第一次地下核试验总结过程中,除了总结测试结果外,我们还深入到爆室区,也就是爆炸中心点,进行考察调查。事隔一年,洞内的温度在通风不良的条件下仍然高达50~60摄氏度以上,穿着防护服一会儿就汗流浃背。由于进去吸入了很多一氢化碳,出洞后头痛难忍,真正体会到核爆后的余威。

　　当时的情况很艰苦。突破氢弹的时候,文化大革命刚刚开始,社会上开始乱了。周总理明确指示我们这个单位不能乱,红卫兵不能进入,但是毕竟影响还是很大。1966年到1969年间,全国各地已经是非常乱了,红卫兵到处串联。第一次地下核试验以前,我已多次去新疆马兰试验基地出差，讨论有关地下核试验的一些测试项目。大约是1967年的一次，我和实验部两位同志带着机密资料乘飞机到乌鲁木齐机场下。当时新疆红卫兵的红一师、红二师、红三师互相斗得非常厉害。我们从飞机上下来，军区的车接我们，车内两边都坐着解放军，我们坐在中间，严密地把我们保卫起来，主要是保卫资料，然后就往招待所开去。这一路上风险非常大，如果有一些红卫兵抢车，冲上来，就很危险。我们到了军区招待所后，乌鲁木齐市整天都是枪声，闹得提心吊胆，隔壁的师范学校里面已埋了三个刚被打死的人，当时情况非常紧张。那一次是王淦昌先生带领我们去试验基地的，在这种情况下，乘车从乌鲁木齐市进马兰基地是不可能了，因为有关卡，红一、二、三师都把在那里。这些红卫兵背后都有一些部门在支持。例如，红二师与马兰基地在乌鲁木齐市的一个办事处有关系。有一个很可笑的故事，据说红二师的人曾到办事处去，要借一个小原子弹，说把红一、三师打败后，再还给他们。所以在当时的情况下，人们思想混乱得很，而且连科学的常识都没有。一个小原子弹，往口袋里面一放，就可以炸人家，这太无知了，但当时就是这样的情况。看来当时我们已不可能乘车去马兰，王淦昌先生为了此事好几天睡不着觉。怎么办呢？当时除常规的民航飞行外，其他飞机不能随便起飞，因为出过事，有人驾机逃跑了，所以必须由中央军委的总参谋长签字才能起飞。没有办法,最后上报中央,由中央批了一架飞机,直接从空中把我们运到马兰去。我所以举这个例子,就是想说明当时环境的确非常艰苦,甚至有生命的危险。在这样的情况下,为了核试验,我们必须要冒这种风险。所以我们核武器发展到今天,是充满千辛万苦和牺牲精神的。从某种意义上说,大家完全牺牲了自己的利益。当然全国人民的支援,是对我们最大的支持。1969年9月份,我们突破了第一次地下核试验。美国人压我们,我们也不怕,以后就逐步地转到地下核试验了。

5. 突破中子弹

突破了原子弹、氢弹以后,我们的地下核试验也做了,我们的核武器的主要类型中还缺了一个中子弹。美国人于1977年公布有了中子弹。什么叫做中子弹?顾名思义,它是用中子来杀伤敌人的。大家知道,原子弹里面含有裂变物质。氢弹里面有氘化锂聚变材料,但是它也有很多裂变材料,有很大的放射性。爆炸以后,冲击波和蘑菇云会把裂变碎片和未裂变的放射性物质散布到很大的一块面积上,一个大当量氢弹可能影响周围一百多平方公里面积。所以如果一个氢弹扔到一个大城市内,这个城市就毁掉了;即便不发生核爆炸,炸药爆炸也会使那些放射性裂变物质洒满城,足以使人类没有办法在这里生活。中子弹跟它不一样，中子弹是尽量减少冲击波，也就是说所用的裂变材料尽量减少，所以扳机当量小。而且中子弹总当量也不能大，一大的话，又变成大面积放射性裂变物质污染，又是放射性破坏了。原则上中子弹要把放射性控制在小的范围内，中子的破坏半径比放射性的破坏半径大，两者破坏面积比大概是10:1。通常大家认为中子弹的破坏半径约800米，也就是800米以内强中子流（800米处约8000拉特——中子剂量）作用到敌人后，尽管当时还死不了，但是可能在短时间内就失去知觉或完全瘫痪了，这样攻敌方战士就可以无抵抗地进入敌人阵地。放射性破坏可能在300米半径以内，所以面积比是大于7倍以上，因为面积是半径的平方。

中子弹原理的突破也标志着我们核武器技术水平的一大提高。中子弹是一种特殊型的氢弹，不是通常的氢弹小型化，是另外一种类型的核武器，它有自己的作用原理。所以这样又碰到一个难关，怎么去突破中子弹原理？当然仍然只能是自力更生，依靠中国人自己的智慧。那个时候，研究所内有一个研究室投入到中子弹的突破研究中。当时有一种看法认为可用通常氢弹的理论研究中子弹。我负责一个组十几人进行原理探索和一维设计，我们仔细分析和研究后认为中子弹有其特殊性，不能因循旧框框，应按新的思维进行研究。

核武器的作用关键是要解决点火和自持燃烧两个问题。这必须研究清楚能源与能耗竞争问题，即外界做功或核能释放不断加热燃料和能量耗散系统冷却（包括系统对外做功和辐射流失）之间的竞争或消长关系。如果能量流失得太厉害，也就是"消"占优势，就不断冷却，点不起火来；如果刚好达到某一个层次，两者平衡的时候，就达到点火点；如果"长"超过"消"，热核燃烧就自持地进行，直到燃耗加深，"消"又超过了"长"，最后系统释放大量核能后，发生崩溃。如果把这两个问题在不同状态下研究得很清楚，就能抓住中子弹的"牛鼻子"。中子弹像原子弹、氢弹一样是一个复杂系统，不过这一复杂系统有它自己的特殊性。研究这样复杂系统中"长"与"消"的特殊竞争关系，首先需要把影响中子弹系统的各种因素分解开来，并研究清楚它们的物理规律，其中总有几个因素起主要的作用，需要抓住这几个主要矛盾，清楚了解它的作用规律，然后再搞清楚这些因素（或过程）的相互作用关系，进行总体集成，就能抓住中子弹的总体物理规律。我们分解研究了几十个到成百个因素，研究了各种过程互相竞争的关系，终于抓住了几个关键的过程，抓住了主要矛盾。

当时我们用于中子弹总体理论设计的计算机计算的峰值速度约100万次，弄得满屋子的纸带（图21）。因为当时计算机还没有图形显示设备，没有办法把数据变

参加核武器研制的经历与体会

▲ 图21　中子弹计算打印机纸带堆积如山

为图形很好地显示出来,都是纸带中的数据。你不敢丢一张,万一在丢了的一张纸带里有核心的数据,就得不到重要的结果,所以都保留起来,进行仔细分析。有些数据不得不用手把曲线画出来,所以工作量非常大。就是在这种情况下,大家群策群力,克服了很多困难,最终的热试验证明了我们的研究结果,突破了中子原理。

下面请大家看一下,从原子弹、氢弹到中子弹研制过程中所用的电子计算机。图22是每秒1万次的104机,它由电子管组成,主要用于突破原子弹计算。后来是119机(图23),再后来便是109丙机(图24)了。J501机(图25)为突破氢弹立下了汗马功劳。在几年以后又

科技创新方法集

▲图22　我国第一台大型数字电子管计算机——104机

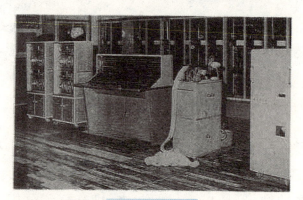

▲图23　119机

▲图24　109丙机

用了60万次的655机(图26)。突破中子弹时已用了百万次计算机。现在完全不一样了,一个好的PC机,主频可能是五六百兆,峰值运算速度约每秒10亿次,现在我们用的高性能超级计算机峰值速度每秒可以达到几万亿次以上。当时就在一万次、几十万次、百万次计算机上数值模拟,突破了原子弹、氢弹和中子弹。

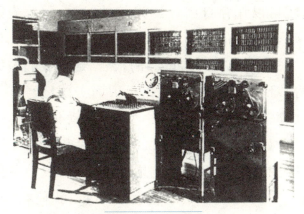

▲ 图25　J501机

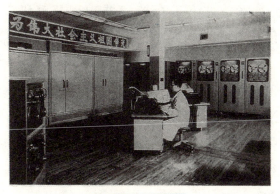

▲ 图26　655机

6. 小型化和实验室核爆模拟

在原子弹、氢弹、中子弹试验成功以后，接下来就是做核武器小型化的工作。我们早期研制的核武器个头儿比较大，很笨重，只能固定在地下井中发射，很容易被别人通过卫星发现，很容易被摧毁，所以要不断小型化。小型化就是机动化，机动化以后，跑来跑去，别人很难发现，就可以保存自己。1986年的时候，邓稼先院长已经躺在病床上，他跟于敏先生、胡仁宇先生等几位向中央打了一个加快核武器试验的报告，建议我们国家应该抓紧将核武器进一步小型化。因为美国已经有了上千次的试验，经验丰富，早已小型化、机动化了，他们在1992年就开始停止了地下核试验。当时我们只有约40多次试验，他就想压我们禁止地下核试验，我们顶住压力，争取了时间完成了小型化。1996年，我们在"核禁试"条约上签了字。"禁试"以后，美国正在建立各种技术平台，在实验室条件下进行核武器物理分解研究，最终进行高性能计算机上数值模拟研究，以确保核武器的库存可靠性、有效性和安全性。为了确保我国核武器可靠、有效和安全，我们国家现在也在积极进行实验室条件下核爆模拟研究。

有一些同志不理解，说你们花这么多钱去发展核武器是否值得？我刚才已经讲了，如果没有这个东西，你说话不算数，人家就欺负你，威胁你要使用核武器。有了这个东西以后,就为今天我们发展经济提供了重要的国防支撑。我们只有四十几次试验,美国是1000次以上的试验,我们花的钱,仅仅是人家的1%~2%,然而我们在物理设计水平上已与美国在同一档次上,应该说这是十分可贵的。

三、对发展高科技的启示

这里我主要谈三点:第一,核武器本身是国防高科技,它的发展也带动了国防和民用高科技的发展。例如,由于核武器研制需要,发展了铀矿的开采和冶炼事业,并带动了同位素分离技术的发展,为后来核电事业的发展及核的应用奠定了基础;核武器部件研制需要带动了一些特殊材料(除铀、钚以外)、高性能炸药,以及性能要求特殊的金属、非金属等多种材料的发展;对高性能电子学元器件设备和技术的需要,带动了IT行业若干产业的发展以及其性能的提高;对精密加工的需要,带动了精密加工工艺的发展;对核武器物理设计的需要,带动了大规模计算机模拟技术的发展,促进了高性能计算机的发展,等等。除了上述技术以外,核武器的研制还促进了基础科学的深入发展。由于核武器的作用过程涉及物理学、流体力学、数学等学科的多个领域,因此核武器的研究既深化和发展了这些领域的内涵,又产生了新的研究方向。在总结这方面成果的基础上,中国工程物理研究院已在国内外发表了大量科技论文,出版了50多部专著。

  第二,从发展核武器中,我们可以总结一些经验,提供发展我国高科技的一些启示。特别是一些跟国防有关的核心的高科技,西方国家不会卖给我们。总结我国发展核武器的经验,发扬热爱祖国、群策群力、自力更生、自主创新的精神,来发展我国的经济,特别是高科技,是十分重要的。现在我们的经济发展得很不错,势头也很好,高科技的生产已占了较大比重,但是,大量的产值是合资企业生产的,是外面的公司在我们这里生产的高科技产品的产值,这虽然对发展我们的经济十分重要,但如果我们深入地想一想,就包含了某种风险在里面。一旦有风吹草动,外资可能会大批撤走,它的厂房可以留给你,机器可以留给你,但是核心的技术,他没有告诉你,这样生产就会受很大影响,甚至停顿。即使你能生产,但是知识产权不是你的,人家就会卡你。另外,在国防上,我们买了人家很多飞机、兵舰,自己没有掌握关键技术,部件添换受制于人,这也是很危险的事。因此在这一点上,我感到有某种危机感,只有真正掌握核心的技术,我们才不怕。20世纪60年代初,苏联撤走了以后,不光是核武器,整个国家很多大项目就处在停顿状态,建设受到较大影响。在今天,我们当然不希望这样的日子再次到来。可是虽然可能性小,也不能说100%不会到来,不是绝对的。因此,我们每一个中国人要有一种忧患感。作为中国人,我们应该在引进外资和外国技术的同时进行消化吸收,要重视基础研究,特别要强调自主创新,提高自主创新能力,建立自己的知识产权,真正掌握自己的高科技的核心技术。因此,热爱祖国、自力更生、自主创新、振兴中华这些精神,不应只是在研制核武器过程中体现出来,也应在发展国民经济过程中体现出来。

第三,发展核武器也可以为发展大科学工程提供经验。在发展我国国民经济和科技事业中,必然会有很多大科学技术工程需要建立和攻关,它的完成对国家的发展将十分重要。如何组织好这样大的工程,需要有符合客观规律的正确决策,需要充分调动人的积极性,需要合作协调攻关。组织者的能力和水平,团队的能力和献身精神将起关键的作用。我想核武器事业的发展可以提供这样的经验。

(文中发展核武器背景的部分内容及大部分图片由中国工程院院士胡思得和钱绍钧提供。)

从平面三角到微分方程

林 群

一、微分方程在日常生活中的应用
二、方法：从平面三角到微分方程
三、数学的功能在于提供了一般性方法

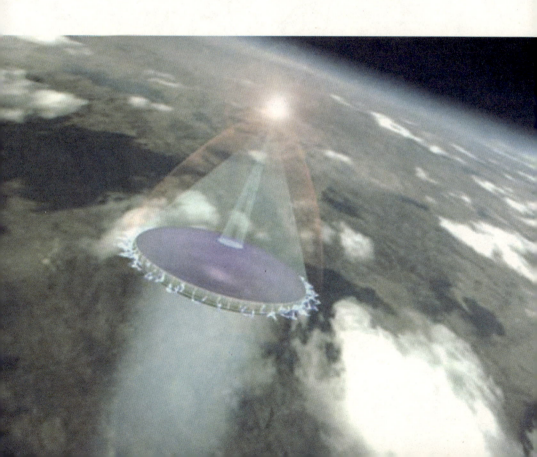

【作者简介】林群，数学家，1935年7月生于福建。1956年毕业于厦门大学数学系。中国科学院数学与系统科学研究院研究员，中国科学院院士，第三世界科学院院士。

　　主要从事偏微分方程的数值分析研究，特别是对有限元算法作了处理，使得一些原先不收敛的方法变为收敛，收敛慢的方法变为收敛快的。著有《高效有限元方法的构造和分析》等书。1989年获"中国科学院自然科学奖"一等奖，2001年获捷克科学院"数学科学成就荣誉奖章"，2004年获"何梁何利奖"。

从平面三角到微分方程

> 一、微分方程在日常生活中的应用

什么是平面三角？中学里最简单的三角造型就是求树高。恰好有一次，我在一棵树下散步，有一旅游团来观光我们的一棵老树，这棵老树年年在长高，每年都有工程师来测它的高度，因为有工程师专门来测量，所以讲得很神秘。在谈论树有多高时，有人提出把树砍倒量，有人说爬到树上去量。我们学过平面三角，知道量树高用不着砍树也用不着爬树，只要离开树根测一下它的角度或斜率，乘上到树根的距离即是。因为三角形的斜率很简单，用斜率来测这个高度，这是一种非常经济的方法。通过这个我明白：原来微分方程跟这个平面三角的题目的意思差不多。

微分方程是什么？比如2000年时我国进行人口预测，当时政府公布的数字是12.6亿，可这是通过发动全国人民，家家户户查人口，一个个数，这个数也不一定很准确。流动人口加上虚报人口，就像生三个也说生一个，所以这样的人口数和真实的人口数相对来说比较少。但一个大学生，花几分钟，通过微分方程算出来的人口数是13.46亿，相差不是太大，这样的误差还算可以的，可见数学是一个很好的方法。这就是微分方程的力量。

微分方程跟量树高差不多,假如量树高,我们只要用普通的直角三角形,微分方程则是一个曲斜边的直角三角形,它的斜率是变的。比如我要查2000年人口,我知道1900年人口数,我还知道它每年的增长数是14.8%,我知道它变化的情况,又知道它开头的情况,我们测它的高即2000年人口数,这就是微分方程,几分钟就能画出来。微分方程就是由平面三角可以画出来的。简单地说平面三角考虑的是直边三角,微分方程考虑的是曲边方程,这一曲一直区别相当大,直边只能算树高,曲边可以算像人口这样的无限大的数字。

微分方程的用途太大了,不只是测算人口,我想它可能应用到很多方面,像手机里的电磁波方程。比如我们中国市场上已有的纳米衣服、纳米领带,纳米用的是量子微分方程,微分方程可在无数科学里应用,我说的是最简单的情况。

平面三角是直的,微分方程是弯的,这是怎么回事?如果是直的,则它的斜率是永远不变的。初等数学搞的是常量数学,斜率不变是个常数,而高等数学考虑的不是直的而是弯的,弯的就是每点都在变化,比如爬山过程中的山坡,山坡中的斜率每点都在变化,开始是平的,然后慢慢陡起来,这是斜率在不断变化。现在的问题是这样的:山坡上的每点我们能不能既测出斜率又测出山高,就是利用这个变化的斜率把山峰或顶上的高

从平面三角到微分方程

度测下来,要不要转一转,比如从定点转到平面,数学方法是不用转的,可以利用山坡上每一点的斜率,斜率就是在一点附近的升降值,这就要看你是往上走还是往下走。能否用这个斜率来测山高,这就要用到微分方程,即知道斜率求微分方程。斜率每点都在变化,如果你随便找一点斜率来测山高,那将会是怎样?不能随便找一点来做斜率,我们应该把这个山坡分成许许多多的小山坡,因为非常小,所以它们差不多都是直的,既然是直的就可以把它当做一个平面三角。斜率知道了,这个水平长度也就知道了。所以我们的办法就是化整为零,把这么小的山坡都认为是直的,我们就可以用斜率乘以水平长度而得出山高。这每一部分都是平面三角,而这曲边三角形在很小很小的范围内差不多就是平面三角,所以用平面三角形测高度的办法,把这平面三角的高度加起来就是整个曲边三角形的高度,就是用这个办法来测山高。

▷ 二、方法:从平面三角到微分方程

用微分就是分而治之、化整为零,就像爬楼梯一样,一个个楼梯往上爬,接着化整为零,把大的化小的,一个个小的都是直的平面三角形,然后由零到整。其步骤是:化整为零——各个击破成平面三角——由零到整,

这就是笛卡儿的方法论。笛卡儿是牛顿以前的一个大哲学家,是牛顿之前的先驱者,牛顿是站在这些先驱者的肩膀上的。笛卡儿认为:遇到一个什么问题或者结论,我不相信它们是真的,除非它能证明每一个小问题并且每一个小问题都是深信无疑的,然后把这些小问题加起来,我才相信它是真理。这是笛卡儿追求真理的办法,也就是遇事一定要求分解,先分解到无数小的事情,这些小问题是我们最常见的、摸得着、深信无疑的,然后把这些深信无疑的小问题综合起来就是一个真理,这就是哲学里的还原论。这个还原论对我们做数学、做科学的人是极其重要的。就像前面我们把弯的还原成直的,把曲边三角还原成平面三角,一目了然,求高度利用斜率。

我觉得学数学方法论是非常重要的。在这里我插一段小故事:北京大学每年都会举行一个文化竞猜,就是师生们都讨论做数学是靠天才还是靠勤奋,很多人都认为是靠勤奋,但是想不到有一个外国数学家说既不靠天才也不靠勤奋,靠的是方法,就是做数学要依靠正确的数学方法。比如笛卡儿就是用正确的思考方法,他的方法常常具体地给你一个指导,就是无论哪一个问题都必须把它切断、打散,然后再把它们整合为一个整体,就得出了他的科学真理。微积分把笛卡儿方法论运用得淋漓尽致。

从平面三角到微分方程

微分方程说起来就是三部曲,即化整为零——各个击破成平面三角——由零到整,但写起来经常把大家吓住。

图1中这条弯弯的山坡$f(t)$,t是从山脚变到山顶,每一个高度叫$f(t)$,t在不断变化。在b这点的高度应该是$f(b)-f(a)$,在这个很小的区域里这点斜率就是$f'(t)$,这个小小山坡水平方向的长度叫做Δt,斜率$f'(t)$乘以Δt就是这个小小山坡的高度。把这些小小山坡都加起来就是整个山坡的高度,牛顿的公式就是:$f(b)-f(a) = \sum f'(t)\Delta t$。如果要消除这些小误差就应把它分成无限小,这个和就是积分,这个积分由上述近似相等变成了相等,表示为:

$$f(b)-f(a) = \int_a^b f'(t)\mathrm{d}t$$

其实我们每一个公式都有其直观的含义,但是如果大家只是背个公式,而忘了它的真实含义,我们就很容

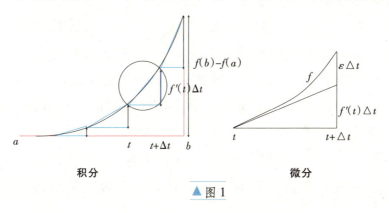

▲图1

易忘记这个公式。很多大学生一毕业就把大学里学的公式忘了。比如有一个名牌大学本科毕业生的聚会，有一个刚从美国回来的人，他是美国一所大学的教授，教微积分。我就很好奇，我问他："你在美国是怎样讲微积分的？比如牛顿那个公式。"他说："林老师，您问我的这个问题太难了，怎么证明，我都是讲课前备好的，现在我讲不出，明天我告诉您怎么证。"这不怪他，因为所有老师教他的证明都是很形式化的，他也是听老师讲出来的非常形式化的证明。他还说牛顿太了不起，这么难的都能证明出来，这就是牛顿的高明之处，牛顿会的我们不会。其实牛顿会的我们也应该会，牛顿能发明出来，我们怎么发明不出来？既然他发明出来了，我们就应该把它拆掉。就像我经常跟学生说的那样，牛顿公式是一根很长的链，你把它剪成一段一段，每一段你都懂，然后再把它接起来，每一段无非就是一个直角三角形，每一段都是无穷小的，这就是微积分的真正目的。

所以说，初等数学是最具有创造性的，高等数学是锦上添花。从这些例子可以看出，真正的创造性就是高度用斜率来测，这是真正的突破、真正的创新点。牛顿把它们接在一起才发现每一段都是有差别的，每一段都有漏洞，所以他用无穷小，无穷小的漏洞趋于零，加在一起则是相等的，牛顿发现每一段的漏洞都是相同的，我觉得牛顿最有创新的地方就是三角。你说测量树高要

从平面三角到微分方程

么砍树要么爬到树上去,那旅游观光的树岂不都要被砍光?最有创造力的是你只要退几步,量一下它的斜率,就可以测出树高,这是最有价值的创新点,牛顿把这个创新点充分利用了。所以我说做中学的老师是非常重要的,中学老师讲的是真正有创新意义的。在我看来,大学的东西按照笛卡儿方法分析都是中学的东西。

比如我再举几个例子,一个弧的长度,这种弯的东西怎么量它的长度?直的可以用尺子量,山是弯弯曲曲的,怎么量?牛顿用勾股定律把它分成一小段一小段,把每一段都看成是直的,直的高度能量,知道斜率和水平距离 Δt,写出来就是:

$$\sqrt{\Delta t^2 + (f'(t)\Delta t)^2} = |\Delta t|\sqrt{1+(f'(t))^2}$$

然后加在一起就是整体的长度 $= \int_x^a \sqrt{1+(f'(t))^2}\, dt$。

牛顿说的就是把平面三角穿上积分的衣服,也就是给中学的知识穿上大学的衣服,牛顿就是给勾股定律穿上了很漂亮的衣服,换成了这个公式。我非常钦佩牛顿这种人,因为他能把这么复杂的问题还原成这么简单的问题,把一个弯的东西还原成一个直的东西,把求弧长这一个艰巨的任务还原成勾股定律。还原本身就是一种水平,牛顿继承了笛卡儿。所以我说中学教学比较有创造性,到大学就是把这部分"穿"起来,用好看的衣服把它穿起来,用牛顿的方法一步步"穿"起来,把他们

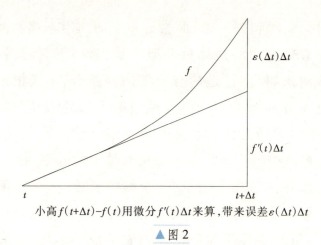

小高 $f(t+\Delta t)-f(t)$ 用微分 $f'(t)\Delta t$ 来算,带来误差 $\varepsilon(\Delta t)\Delta t$

▲ 图2

穿成一个大学生的样子。这样说好像显得牛顿没有创造力,但牛顿很有创造力。

按理说我们要求弯的图形的面积,比如求图2这个图形的面积:

我们不能像求矩形的面积一样求,长乘以宽,这面积就求出来了。三角形、多边形、平面四边形,都能求弯的图形面积,怎么求?这是数学的一大难题。圣·彼得解决了这个问题,他也是化整为零,把它分成一个个斜边直边三角来求得的。利用笛卡儿的还原论可以把弯还原成直,一目了然,加在一起就是一个整体。可是每一个部分都有误差,一个矩形的曲边也都有误差,那怎么办?阿基米德把它无限分小,无限小则一小条相当于一根细的小棍子,这面积相当于零,阿基米德把它们加起来,就算出了这个图形,是一个二次函数的图形,至今

从平面三角到微分方程

的教科书还是用阿基米德方法。阿基米德在2000多年前做出来的东西，现在的教科书还需要这些，说明这是个不朽之作。通常在算面积的时候运用阿基米德方法求无穷小的和，这无穷小基本就是零。阿基米德用数学中的极限来求和，这是数学上惯用的一个例子，但他当时花那么大的力气只能求一个二次函数的面积，而三次、四次、n 次函数的面积的求法，就非常巧妙，也就是一题一解。

可牛顿却不得了，那牛顿怎么求？牛顿把这个求面积图和求高度图合二为一，我前面讲了求高度要把它分成一段段的小高度，而小高度等于斜率乘以底边即 $f'(t)\Delta t$，然后把这些小高度加起来就是要求的高度。求山高最主要的就是求斜率，比如登山运动员测所登山的高度，登上一点就告诉底下的人我这点斜率多少。曲边三角的斜率每一点都在变化，山高决定于斜率，求山高和树高都是由斜率决定的，斜率知道了，我们把每点分解成斜率图，利用斜率图求面积，然后把面积相加，高度相加。所以，要求 f' 的面积很简单，也就是：

$$f(b)-f(a) = \int_a^b f'(t)\,dt$$

简单说来，这是一个面积图，一个微积分的面积图，求曲边的面积，不必要使它一个个无穷小，只要 f 在 a,b 这两头的值，减出来就可以了。即：

$$f(b)-f(a) = \int_a^b f'(t)\,\mathrm{d}t$$

这是整个微积分基本定理,也就是说,一个个函数 $f(t)$ 要变成每一个斜率,这就是微分方程。一句话,这个可以查表查出来,许许多多的图形面积,不乏阿基米德定理,无数个面积,大学生几分钟就能算出来。牛顿发明的是一个一般的数学方法,是多题解,也就是说很多题都可以用这个方法解,而且不要阿基米德来解,普通的大学生几分钟就能解出来。阿基米德一年做出来的东西,现在的大学生几分钟就能做出来,而且大学生所解的题远远超过了阿基米德时代所解的题。

三、数学的功能在于提供了一般性方法

时代进步了、科学进步了,科学进步了就意味着能被大多数人接受,而且科学可以统一地解决各种各样的问题,这个时候就是对数学的看法问题。很多搞数学竞赛的小朋友,我想他们是一些天才,可他们的思想方法对不对?我曾问一个奥赛金牌得主,他说:大学题有意思,大家都说大学题难做,我就觉得中学题难做,因为这才显示出我的水平和技巧,一题一解才是办法,多题一解对我来说太简单了。这其实跟科学方法相反,比如我们去打仗,清朝时的"义和团"就说外国人没水平,应该

从平面三角到微分方程

用刀用拳干,用枪炮没什么意思。就是说不许用近代武器,只能用刀枪跟人家打。这是杂技,科学不是杂技,杂技是给人看的、欣赏的、好玩的,这里用不着杂技。假如现在你选一个地方,规定不能用飞机和升降机,让人自己从这边飞到那边,你做不到,有个别人做得到,你就说那人是天才。但在这种情况下天才有用吗?天才不能为大众所掌握,天才这东西就没用。所以我说牛顿方程太伟大了,他用多题一解的方法使得十七八岁的青少年在几分钟就能做出来,而采用阿基米德方法只有阿基米德这样的人才能做出来。我说的数学方法就是说看数学不能像看杂技一样越巧越好,或者觉得一题一解好,多题一解不过瘾,这些看法就是陷入了一个误区。

有一次,我去杭州给中学老师培训,我也讲了一个求树高的例子,一个求面积的例子,还有一个求人口普查的例子。听完后,当地的教育局局长发表了一个讲话,我听了很感动。他说:"听了您的演讲,我觉得数学家的力气没有白花,数学家量树高,不用砍树,也不用爬树,通过斜率几分钟就能知道树高;数学家搞人口普查,不用挨家挨户查,只要解微分方程几分钟就能查出来;数学家求弯的图形面积,不用砍成无数小的面积,在几分钟就能求出来……"所以,我认为很简单的例子能说明数学的功能。

附录:微积分白话

微积分的科普面有多大,依赖于用多少公式。霍金说过:多一个公式,少一半听众。所以要扩大科普面,最好说白话。但是又要说得准确,不能模棱两可或可是可非。要兼顾白话和准确,就不能照抄现有的教科书或通常的科普文章。需要从根本做起。

首先是微积分的来源:问题是如何发生的?

测量旗杆有多高?要不要砍倒?数学家采用了退几步,求仰角(即斜边的斜率)。所以,斜率的概念救了旗杆。

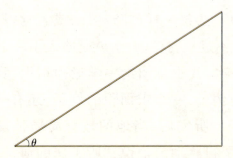

突破来自发生了新的问题:山坡上如何测高?

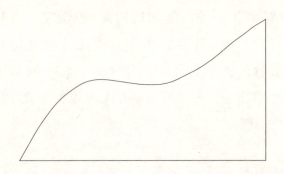

从平面三角到微分方程

　　这时山坡上每一点的斜率在变化,还能不能用变化的斜率以及水平底之长来测山高呢? 微积分采用了微元法:将整体的山坡缩小成一段段小山坡。

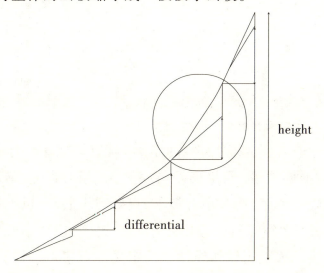

　　每段小山坡换成了起点处的切线(即起点附近最接近于这一段曲线的直线,如果存在的话),其高称为微分=(起点斜率)(底),但是微分高并不是真高,含有测量误差:真高 = 微分 + 测量误差。

　　问题来了:这个测量误差有多小? 能不能保证它尽量小? 其实这个测量误差不是别的,它是切线到曲线的距离。根据切线的性质,应该比割线到曲线的距离还要小得多。由于后者的距离相当于小底之长:割线测量误差÷底≈常数(非零)。

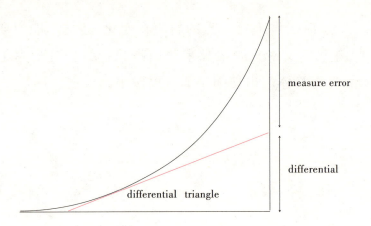

前者(切线到曲线的距离)就应该比小底还要小得多：准确地说，测量误差与底之比，相对误差 $a\stackrel{\text{def}}{=}b$ 切线测量误差÷底，要多小有多小，只要减小底长(以下记为≪1)，即切线测量误差不跟小底成比例，但比小底变小得更快。这就当做切线性质的定义。事实上，对任意割线如果斜率为 $\tan\theta$，则有割线测量误差÷底 → $\tan\theta - \tan\theta_0$。

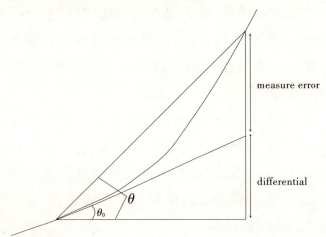

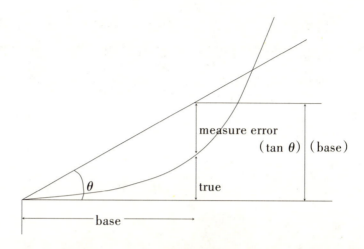

总之,如果切线存在,割线测量误差÷底≈常数(非零),切线测量误差÷底≪1,这就是我们唯一用到的最基本概念,学生需要彻底理解它。懂得它便懂得微积分。

下面来证明基本定理。由第三张图知:总真高=微分之和+总误差,总误差=测量误差之和=(相对误差)×(底)之和。若采用相等的底长,总误差=(底)×(相对误差之和)=(底÷底之和)×(相对误差之和)×(底之和)=(平均相对误差)×(底之和)。与平均相对误差成比例。当且仅当后者≪1,或相对误差几乎处处一致≪1(也就是切线的整体性质)才有总误差≪1:小到可以消灭,于是便有基本定理:总真高=微分之积分。这就是白话基本定理的几行严格证明,它只用到切线或微分的概念,不用其他准备知识和巧妙繁长的证明。

科技创新方法集

话说回来,没有人会用基本定理来测山高。虽然山坡上的斜率点点可测,底长却不可测。所以,这定理只是用来揭示高和斜率之间的关系,就像勾股定理揭示了三边之间的关系。

为创新型城市创造空间
——关于创新性人才与创新型国家

郑时龄

一、创新的类型与作用
二、创造性思维
三、城市和创新型城市

【作者简介】 郑时龄,建筑学专家。1941年11月12日生于四川成都,原籍广东惠阳。同济大学建筑与城市空间研究所教授。1965年毕业于同济大学建筑系建筑学专业(六年制本科),1981年同济大学建筑系建筑设计及其理论专业研究生毕业,获工学硕士学位,1993年同济大学建筑系建筑历史与理论研究生毕业,获工学博士学位。2001年当选为中国科学院院士,1998年被选为法国建筑科学院院士,2002年被选为美国建筑师学会名誉资深会员,2007年被意大利罗马大学授予名誉博士学位。现任国务院学位委员会委员,上海市规划委员会城市发展战略委员会主任委员,上海市历史文化风貌区和优秀历史建筑保护专家委员会主任。

　　长期从事建筑设计理论研究工作,出版了著作《建筑理性论——建筑的价值体系和符号体系》,建构了"建筑评论"体系;出版了专著《建筑批评学》,提出一整套建筑评论的具体方法;对上海近代建筑作过深入细致的研究,出版专著《上海近代建筑风格》。积极参与建筑创作实践活动,支持设计了上海南京路步行街城市设计、上海复兴高级中学、上海朱屺瞻艺术馆、上海格致中学教学楼、中国财税博物馆、上海外滩公共服务中心等。

为创新型城市创造空间

创新是这几年使用最多的一个词汇,党的十六届五中全会通过的《中共中央关于制定国民经济和社会发展第十一个五年规划的建议》里面就谈到创新,而且谈到自主创新。胡锦涛主席2007年6月25日在中央党校省部级干部进修班发表的谈话也谈到坚持解放思想,改革开放,科学发展和全面建设小康社会,号召大力推进文化创新,全面推进文化体制改革,最大限度地焕发广大文化工作者勇于创新的积极性,使全社会的文化创造活力充分释放、文化创新成果不断涌现,使当代中华文化更加多姿多彩、更具吸引力和感染力。

我们所谈的文化创新不仅是文化工作者的任务,实际上也是全民的任务。为了实现进入创新型国家行列的奋斗目标,党的十六届五中全会审议通过《中共中央关于制定国民经济和社会发展第十一个五年规划的建议》,将增强自主创新能力作为其中的重要内容。面向未来的许多挑战,我国做出了"加快建设国家创新体系"、"建设创新型国家"的重大战略抉择。

国家主席胡锦涛于2006年1月9日在全国科学技术大会上指出,中国未来15年科技发展的目标是:2020年建成创新型国家,使科技发展成为经济社会发展的有力支撑。中国科技创新的基本指标是:到2020年,经济增长的科技进步贡献率要从39%提高到60%以上,全社会的研发投入占GDP比重要从1.35%提高到2.5%。用15

年时间使中国进入创新型国家行列,由此推动科学技术的跨越式发展,带动生产方式和生活方式的变革,进而把增强自主创新能力贯穿到现代化建设各个方面,为全面建设小康社会提供强有力支撑。为了实现进入创新型国家行列的奋斗目标,我们要突出抓好以下几个方面的工作。

一是实施正确的指导方针,努力走中国特色自主创新道路。我国科技事业的发展,特别是在科技发展的结构布局、战略重点和政策举措等方面,既要顺应世界科技发展的潮流,遵循科学规律,又要紧密结合国情和国家战略需求,选择顺应时代要求、符合我国实际的发展道路。二是坚持把提高自主创新能力摆在突出位置,大幅度提高国家竞争力。一个国家只有拥有强大的自主创新能力,才能在激烈的国际竞争中把握先机、赢得主动。特别是在关系国民经济命脉和国家安全的关键领域,真正的核心技术、关键技术是买不来的,必须依靠自主创新。三是深化体制改革,加快推进国家创新体系建设。要继续推进科技体制改革,充分发挥政府的主导作用,充分发挥市场在科技资源配置中的基础性作用,充分发挥企业在技术创新中的主体作用,充分发挥国家科研机构的骨干和引领作用,充分发挥大学的基础和生力军作用,进一步形成科技创新的整体合力,为建设创新型国家提供良好的制度保障。四是创造良好环境,培养造就富有创新精神的人才队伍。无论是发达国家还是发展中大国,都把科技人力资源视为战略资源和提升国家竞争力的核心因素,大力加强科技人力资源能力建设。五是发展创新文化,努力培育全社会的创新精神。建设创新型国家,必须大力发扬中华文化的优良传统,大力增强全民族的自强自尊精神,大力增强全社会的创造活力。要坚持解放思想、实事求是、与时俱进,通过理论创新不断推动制度创新、文化创新,为科技创新提供科学的理论指导、有力的制度保障和良好的文化氛围。

　　创造性和创新与文化环境有密切的关系,特别是城市文化对推动创新具有十分重要的意义。城市文化表现为制度、空间、科学技术、生产方式、建筑、社会生活、物质文明、行为模式、宗教信仰、文化习俗、艺术创造、交通等。我们按照自己的文化和理想建设我们的城市。理想、想象和幻想越是丰富,我们的城市也就越是理想。文化历史环境推动创新,深厚的文化环境会推动我们在这样的基础上不断向前。价值观念推动创新,有很好的价值观和伦理观也会推动我们在创新的道路上不断做出成绩来。创新也是不断革命,我们还要不断地努力创新,创新是没有边界和极限的。新中国成立60多年以来,我们取得了很大的成就,但是我们一定要不断革命,还要不断努力,今天的基础与60多年前相比有很大的提高,我们可以做更多、更好的事情。教育推动创新,我们国家这几年对教育的投资要逐渐达到GDP的4%，这样对发展教育、推动创新会起到非常重要的作用。

一、创新的类型与作用

1. 创新的类型

创新，包含了创造、创作、创造性、创造力等内涵。创造是指做出前所未有的观念、事情、作品或产品，也包括发明创造在内。由感知能力、记忆能力、思考能力和想象能力构成的创造力，则是对已经积累的知识和经验进行科学加工和创造，产生新概念、新知识、新思想的能力。

创新可以分为表现创新、生产创新、发明创新、革新创新、呈现创新等。其中，表现创新，是一种独立的表现，不涉及产品的性质；生产创新，是创造者掌握住某些环境条件，生产出某种客体；发明创新，是对旧有部分的新的使用；革新创新，是发展新观念、新原理；呈现创新，是从所提供的一般经验中生产出完全不同事物的能力。

我们通常说科技创新，也经常谈论国家创新、区域创新、城市创新、文化创新、知识创新、制度创新、功能创新、政府创新、发展模式创新等。创造就是面临挑战，去解决人类从来没能解决的难题，科学是这样，工程是这样，城市建设也是这样。创新与新有一定的联系，不是单纯的除旧迎新。创新不是说样样要从盘古开天辟地做起,而更多的应当是在原来的基础上创新。我举一个例子,我们的城市建设这些年崇尚求变求新,觉得变是好的,新是好的,但是有时候出来的东西还不如原来的。我们要探讨为什么新、什么是新。当然这与科技创新不完全一样,跟工程也不完全一样。但是,总是应当问为什么创新,创的是什么样的新,你想要的是什么样的创新,否则就是违背科学规律的。所以,一定要在原来的基础上,站在巨人的肩膀上,在科学的基础上进行创新。发现万有引力的牛顿说:如果我所见的要比笛卡儿更远一些,那是因为我是站在巨人肩上的缘故。

创新需要知识,首先要弄明白,关于你所研究的这个课题是否已经有人曾经研究过,有什么进展,有什么文献。这个创新是不是新的,是不是符合科学的原理。知识是对真理的寻求,科学就在寻求真理中得到进步。

例如,牛顿的引力理论开创了科学研究的新局面,是空前的进步。他的预言得到了精确得令人难以相信的证实。当牛顿预言的天王星对轨道的微小偏离被人们发现时,亚当斯和勒威耶正是从这些偏离中借助牛顿的理论计算了一颗新的未知行星的位置,这颗小行星旋即被德国天文学家伽勒发现。知识成为人们认识世界、改造世界的力量。

2000年美国工程院选出20项20世纪最伟大的工

程：电气化、汽车、飞机、自来水系统、微电子、无线电广播和电视、农业机械化、计算机、电话、空调和冰箱、高速公路、卫星、因特网、摄影、家用电器、医疗技术、石油和石油化工、激光和光纤、核技术、高性能材料等。科学技术的发展越来越综合。这些科学技术看上去是科学技术问题，实质上，在它的背后有着深远的社会、政治、经济因素。

2. 创新在于发现问题，从理论上和实践解决问题

一个实践问题的例子是医学与可避免的痛苦的斗争。这个斗争极为成功，然而它无形中导致了非常严重的后果：人口爆炸。这意味着另一个老问题又迫在眉睫：节育。我们最伟大的成功正是以这种方式导致新问题的。

所有伟大的科学家都认识到，每个科学问题的解决办法都同时提出了许多新的、未解决的问题。我们对世界了解得越多，我们对尚未解决的问题的了解就越是自觉和清楚。科学研究是我们具有的获得关于自身和我们未知的信息的最佳方法。

创新的核心不是新，而是创造性。并不是说什么东西都要是新的，以前没有过的就是好的，旧的都是不好的，这是片面的思想。上海在20世纪90年代曾经提倡城市建设要一年一个样，三年大变样。创新在某种程度上与新和变有着重要的联系,但是,需要认识清楚究竟什么是变,变什么,什么是新,怎样新。单纯提倡求新求变,而不考虑为什么要新,为什么要变,其实不是创新。在大变样的过程中,城市是在变,但是新和变成为目的,有些历史建筑在发展过程中被认为是旧的、落后的东西,就被拆掉,造新的东西。但很多时候新造的东西品质不高,没有牢固的基础,也没有经过时间的考验。所以创新并不一定非要什么东西都是新的,尤其是城市建筑,可以充分利用历史建筑,利用原有的基础,增添新的内容。这么多年来全国有这样一种趋势,追求新,追求变,大拆大建。我认为有些模糊思想还没有厘清,创新有许多方面的表现,不是只有创造一种新的、过去没有的东西才是创新。创造和创新涉及的面十分广泛而又深入,不仅涉及自然科学、技术科学,也涉及社会科学和政治、经济、文化、教育等领域的深层次问题,也包括城市的创新。

二、创造性思维

1. 创新意识

要创新,首先要有创新意识,包括社会的创新意识和科技工作者的创新意识,就是想象力的发挥。此外,还要有创新的社会生态环境,既有创新的舆论环境,也有机制和政策环境、社会环境。创新人才一定是既有科学技术素质,又有正确的思维和思想指导的人才,创新人才既要有自然科学和技术科学的基础和能力,也要有社会科学的基础和文化素质。爱因斯坦在16岁就开始思考"如果我以光速追光波将会看到什么"的问题。

2. 创新和创新人才

创造性人才,首先应该具备创造精神和创造能力。

创造力和想象力来自于创新思维。爱因斯坦曾经说过:想象力比知识更重要,因为知识是有限的,而想象力概括着世界上的一切,推动着进步,并且是知识进化的源泉。想象力支配并指导着创造力的实现。任何创造都首先是一种思维的创造,先有意识的创造,然后才是物质形式的创造。

当然,天才并不是把才能组合起来的结果。多少队士兵相当于一个拿破仑呢?多少个二三流诗人可以比得上一个莎士比亚呢?天才不是用标准、用考试衡量出来的。中国古代的伯乐是了不起的人才,他善于识别千里马。如果识别千里马是一目了然的,伯乐也就不稀奇了,关键在于看到未来的发展。天才在年幼时可能并不突出,爱因斯坦4岁才开始说话,7岁才会认字,老师给他的评语是反应迟钝,不合群,满脑袋不切实际的幻想。达尔文在小学时期,对学习没有多大兴趣,而宁愿把时间花在化学实验室中。他在自传中透露:小时候所有的老师和长辈都认为我资质平庸,我与聪明是沾不上边的。大雕塑家罗丹报考艺术学院曾三次落榜,被父亲抱怨为"白痴儿子"。

因此,善于创造让人才充分发展的社会环境实在是非常重要的。整体的文化状态对创造力的发展具有非常重要的作用。历史告诉我们,在文化积累能够提供进行综合的各种必要因素(物质的和观念的)之前,不可能产生发明和发现。当社会为文化的发展与传播以及正常的文化交流提供了适宜的必要材料时,就一定会产生发明和发现。具有创造基因的文化与潜在的创造个人是创造力的必要条件,社会要提供这样的文化创造的基因,对个人的创造性要给予充分的发展机会。

中华民族是勤劳智慧的民族,中国人民自古以来就有伟大的创造发明,许多国际学者盛赞中国是发明、发现的摇篮。中华民族有悠久的历史文化传统,中国古代科学文化的整体的系统的思想、重视教育、辩证思维、集体主义精神和丰厚的文化积累,都为未来的创新提供了多样化的路径选择。据杨振宁先生的说法,1900年时,中国的科技是零,那时全国知道最简单微积分的人只有一两个。100年后,进步是显然的。新中国成立60多年来,原子弹和氢弹相继试验成功、人造卫星上天、"神舟号"升空、牛胰岛素合成、杂交水稻、超导研究和低温核反应堆研制成功,标志着我国的科技发展已经进入新的历史时期。我国已经形成了比较完整的学科布局和世界上为数不多的国家才具备的、完整的科学技术体系。在这个方面,中国可与欧美科技强国一比,甚至也远远超过一些小的科技强国,如芬兰。这是在发展中国家中绝无仅有的,也是中国建设创新型国家最重要的基础条件。目前我国科技人力资源总量已达3850万人,居世界第一位。我国已经具备了比较强的科技实力,在生物、纳米、航天等重要领域跻身世界先列。

但我国科技人才的创新能力和人才质量仍有待提升,特别是我国尚缺乏世界级的科学家。在158个国际一级科学组织及其所属的1566个主要二级组织中,我国参与领导层的科学家仅占总数的2.26%。我国人才队伍的基本素质有了很大提高,思想比较活跃,特别是40岁左右的骨干人员视野比较开阔,但是科学大家很少,急需高水平技术人才。科技要跨越,人才必须跨越。科研机构要使人才国际化,也要有国际化的人才。据统计,20世纪90年代初,世界186个国家中,24个先进国家的科技成果占世界的94.8%,而美国独占42%(获得的诺贝尔奖占世界的80%),日本占30%,其余160多个发展中国家,如韩国、巴西、东欧国家、印度和我国,只占科技成果的5.2%,而其中我国仅占1%。表面上看,这是科学技术层面上的问题,而实质上是整个社会的问题。根据

2001年的数据,中国科技创新综合能力在49个主要国家当中位列第28位,处于中等偏下。如果中国2020年要进入创新型国家行列,意味着我们要从当前的水平再前进10位,进入世界前20位,任务相当艰巨。

3. 目前城市建设中存在的创新误区

仍然回到城市建设上来。这些年来,可以说我们城市建设的规模居世界第一,一年相当于西方国家十几年甚至几十年的建筑量。然而我们的许多城市在大规模建设和快速发展过程中失去了个性,千城一面,许多城市只看照片都认不出是哪座城市。大多数城市面貌趋同,把城市的个性、自身的特点都去除掉了。2002年我到重庆参加一个会议,我感到嘉陵江和长江似乎变小了。多年前我去过重庆,当年的朝天门码头相当壮观,现在建造了一个大广场,朝天门码头的大台阶消失了。主其事的人可能认为这是旧的东西,不能代表城市的特征,甚至认为旧的就是落后的,于是就把朝天门码头给抹掉了。如此一来,新是新了,但是重庆与别的城市就没有什么区别了。重庆建造了许多高楼大厦,城市长高了,所以给人的感觉就是嘉陵江和长江变小了,其实大家可以想一想这究竟是不是创新。"文化大革命"时期我多次出差到过重庆,那时看到琵琶山上星星点点的灯光,觉得特别好看。这次会议的主办者把我们带到琵琶山上，很自豪地指着江边的灯光问我们这像不像香港。为什么要模仿或者比做香港呢？每个地方都有自己的特点。也许我们缺乏自信，想模仿别人，把自己的特点都抹杀掉了。中国古代有个成语叫"邯郸学步"，出自《庄子·秋水》："且子独不闻夫寿陵余子之学行于邯郸与？未得国能，又失其故行矣，直匍匐而归耳。"意思就是模仿别人走路，非但没有学到，反而把自己原来怎么走路都忘了，最后只好爬回去。

今天的上海有两万多幢24米以上的高层建筑，其中有近1000幢建筑的高度超过100米，城市空间比较混乱，缺乏空间的整合，大家都竞相争高，每幢建筑都要成为地标，这就失去了城市的品质。按照世界城市竞争力的分析，德国的法兰克福在全世界的排名是第5位，上海的排名是第69位，上海的高层建筑数几乎是法兰克福的600倍。所以，高层建筑并不代表城市的竞争力，只是一个方面，代表一种能力、一种技术，不能把高层建筑看成衡量城市水平的唯一指标。

我们在进行2010年上海世博会的主题演绎的过程中，在思考一个核心问题：什么是城市？我们强调上海世博会的主题是城市，其实在一开始的时候是存在误区的，觉得我们的城市建设成就巨大，全国每年建设20亿平方米左右的建筑，在世界上是非常了不得的，全世界1/5的塔吊都集中在中国，为了中国的建设全世界的水

为创新型城市创造空间

泥和钢材都涨价了,上海建造了两万幢高层建筑,想把这一成就向全世界展示。

在筹办上海世博会的过程中,我们逐渐地对什么是城市有了更深刻,也更全面的理解。城市有很多内在的东西,城市是我们经过上千年的演变才形成的。一般认为,上海只有700多年的历史,是从1291年元朝建立上海县开始的,其实我们在唐玄宗时代就已经有了华亭县,5000多年前就有先民在上海这块土地上生活了,我们都把这个历史抹杀掉了,说是只有700多年的历史,把自己看短了。而且我们还要建设未来的千年城市,我们的责任是非常巨大的,要看得远一点。我们在演绎上海世博会主题的过程中,也想到了一个问题,中国古代对理想的城市缺乏深刻的理解,我们有过"桃花源"、"大同社会"、"大同世界"等思想,但是并没有具体的蓝图,对什么是理想的城市是缺乏思考的。我们在改革开放后,城市建设发展的速度很快,但是也缺乏停下来思考的过程。上海有一个时期提倡一年一个样,三年大变样,没有想过长远的发展。我们每届政府五年时间只能做有限的事情,但是我们在城市发展的过程中明明只有能力做10件事情,却非要做100件,要做出政绩来,这样就做得很粗糙,过一段时间要重新改造、重新建设。我们有时候也在谈100年后的人们怎么来看待我们今天的发展,怎么来评价我们今天的成果。

三、城市和创新型城市

中国古代有许多关于城市的论述,《周礼·考工记·匠人》中描述的王城是这样的:"匠人营国,方九里,旁三门。国中九经九纬,经涂九轨。左祖右社,面朝后市,市朝一夫。"成为许多城市的基本模式和原型。大约2000年前的古人认为:"城,所以盛民也。"距今2000多年春秋战国时代的《管子·八观》中说道:"夫国城大而田野浅狭者,其野不足以养其民。城域大而人民寡者,其民不足以守其城。"说明了经济、防卫与城市人口的关系。战国晚期的《尉缭子·兵谈》也说:"量地肥饶而立邑建城,以城称地,以城称人,以人称粟。三相称则内可以固守,外可以战胜。"说明了产业、土地与人口的平衡关系。

城市是人类社会永恒的主题,城市是国家的核心,城市是历史,城市是集聚人群的场所,会集聚经济、社会的发展。城市是人类的化身,我们现在建造城市实际上是塑造我们自身,塑造我们的下一代,塑造下一代再下一代。一座城市代表我们的追求,我们的价值观。城市、建筑是意识形态的表现,它既是意识形态的载体,是一种工具,同时又表现了我们的意识形态,就看我们的城市是用什么方式来面向未来的。城市是人类进步,城市是经济,城市是生活,引用亚里士多德的一句话:人类集聚到城市主要是为了生活更美好。城市是理想,人们在城市中寄托了各种理想,想到了未来的发展,城市是文明,城市是文化,城市是教育,城市是艺术,城市是未来,城市是和谐,中国古代就有一种和谐的概念。城市是挑战,上海世博会的主题是"城市,让生活更美好",中文的主题没有英文全面,英文的主题的意思是更美好的城市才会有更美好的生活,城市不能主动让生活更美好。城市也存在很多问题,交通拥堵、环境污染、人口密集,有人说城市是梦魇,城市是地狱,城市是罪恶的渊薮,城市是生活的磨盘,等等,城市的犯罪率也比较高,确实存在各种各样的问题。德国作家托马斯·曼(Thomas Mann,1875—1955)曾经说过:"一旦城市不再是艺术和秩序的象征物时,城市就会发挥一种完全相反的作用,它会使得社会解体、碎片化的实况更为泛化。"城市不是问题的所在,城市正是为了解决问题而产生的,城市的未来充满了光明。

然而,我们也应该看到,城市这个环境也会促使人类经验不断化育出有生命含义的符号和象征,化育出人类的各种行为模式,化育出有序化的体制、制度。城市既是人类解决共同生活问题的一种物质手段;同时,城市又是记述人类这种共同生活方式和这种有利环境条件下所产生的一致性的一种象征符号。如同人类所创造的语言本身一样,城市也是人类的艺术创造。城市集中展现了人类文明的全部重要含义。城市是人类文明的象征和标志,人类文明正是由一座座富有个性的城市构成的。

美国社会学家和城市理论家刘易斯·芒福德(Lewis Mumford,1895—1990)在他的著作《城市文化》中指出:"城市就是人类社会权力和历史文化所形成的一种最大限度的汇聚体。在城市这种地方,人类社会生活散射出来的一条条互不相同的光束,以及它所焕发出的光彩,都会在这里汇集聚焦,最终凝聚成人类社会的效能和实际意义。"

1. 建设创新型社会和创新型城市

有一种说法,城市是建筑的衍生,建筑也是城市的衍生,城市和建筑是互相交融、互相促进的。建设创新型社会和创新型城市,应该怎样看待创新?我们说城市需要有自然生态环境,这已经不是一种原生态的自然环境,而是已经经过人们改造的生态环境,我们怎么来创建一种自然的生态环境?创新的社会的生态环境也非常重要,社会中人和人的关系、人和社会的关系、政府和人民的关系,都是社会的生态环境。创新的城市空间环境跟我们建设的物质环境、城市规划、城市设计的品质都密切相关。需要创造创新的城市生活环境、创新的城市行政环境、创新的城市经济环境,为未来的发展起到非常重要的促进作用,更重要的是要有一种机制想到未来。我们在讨论上海世博会的时候,有一次讨论到我们未来到底应该怎么样。我听了一个报告之后,触动很大,有位经济学家经过调查后说,我们中国现在的各个银行的总部搞金融研究的只有十来个人,而像国外的大银行有上千个人在搞金融研究,这样一来我们的竞争力肯定不如人家,对未来的创新我们还需要在深层次上进行思考。

我们经常引用一位美国建筑师沙里宁(Eliel Saarinen,1873—1950)的话:让我看看你的城市,我就能说出你这个城市的居民在文化上追求的是什么。国际城市与区域规划师学会(ISOCARP)于2005年在西班牙的毕尔巴鄂召开大会,毕尔巴鄂是一座古老的城市,在20世纪50年代发展成为工业城市,今天正在建设成为欧洲的商务中心城市。大会的主题是"为创造型经济创造空间",以荷兰的都市区、日本的生态城镇,以及新加坡、阿联酋的迪拜、爱尔兰的都柏林、西班牙的巴塞罗那、美国的费城、德国的法兰克福、英国的伦敦、巴西的库里蒂巴、毕尔巴鄂、纽约、赫尔辛基等作为实例进行分析研究,提出很多思想,讨论什么是未来的创造型经济,什么是未来的创造型空间。欧洲做了个创造型城市排行榜,创造程度最高的城市并不是大城市,而是斯图加特、斯德哥尔摩、赫尔辛基这样的城市。它们大致有这样一些具有创造基因的社会因素:文化或一定的物质手段的便利;文化环境的开放;注重新生事物;无差别地让所有的人都能使用文化手段;文化的多元化;促进交流;激励机制等。

（1）构建和谐城市,建设和谐的社会生态环境。和谐城市的首要条件是优良的社会生态环境。在知识经济时代,只有良好的社会生态环境才能培育并吸纳优秀的人才。人才的需求已经成为企业、学术机构以及其他机构的第一需求,人才向企业流动的传统模式已经开始转向企业向人才集聚的地方流动。而适应未来发展需要的人才一定是多向度、全面发展的人才,人才也是各种领域、各个层次人才的总体聚合。社会生态需要健康、安全、自由的生活环境,有效率的公共服务、方便的咨讯、良好的社会风气、良好的教育、一流的医疗配套、健康美好的生活品质等。中国目前正处于经济持续高速发展和社会、经济转型的过程中,城市化过程中遇到的问题十分错综复杂,各种因素和矛盾都交织在一起。中国在经济发展和城市建设方面取得的成就相当突出,在某种意义上,我们的硬件设施很不错。然而所面临的困难和矛盾也是史无前例的,城市的经济要实现的是科学的增长方式,可持续发展的方式,仅靠物质手段本身不能解决社会和经济问题,许多问题的症结都可归结为社会生态和文化问题。

（2）创新的城市环境。21世纪是城市的世纪,中国

为创新型城市创造空间

正进入快速的城市化时期,未来城市的发展方向不应是20世纪的延续,也不应重复特大城市的建设模式。对未来的经济、金融、贸易而言,城市将是全球竞争的主角。如何建设和谐的城市社会生态环境,获得更好的生活质量,不仅是发达国家必须正视和解决的问题,也是发展中国家需要优先考虑的问题。城市强劲的经济能力和充沛的人才,使城市的发展在全球化背景下产生强大的人才和经济集聚及辐射效应,信息、资金、知识和人才的集中及流动,为城市创造了空间和机会。现代社会全面发展的人才代表了先进的思想和进步的社会导向,是创新型城市的基础,现代城市为人才的集聚提供了有利的环境,加快了经济的发展和生活进步。

2005年在西班牙的毕尔巴鄂召开的大会,对创新型城市的特点作了全面的陈述,其核心问题是创造适应人才发展的城市空间环境,主要有下列方面:①文化是城市发展的动力,文化是地方经济的组成部分;②推动文化的多样性发展;③注重发展先进技术、适宜技术;④建设学习型社会环境,以知识为基础的经济;⑤促进人的创造力;⑥提倡高品质的设计;⑦创造愉悦的城市环境;⑧建设良好的市政设施,既包括硬件方面的基础设施,如道路、桥梁、水电设施等,也包括城市的公共服务体系、卫生保健系统、教育设施、城市治理等软件方面的基础设施;⑨建构具有创造精神的都市机构;⑩培育城市自我的价值体系和国际化等。以上10点的核心就是优良的社会生态环境,就是和谐的城市环境。

和谐的城市不会忽视城市基本劳动者的生活需求,城市的基本劳动者是工程师、公务员、技术员、教师、医生、护士、工人等,他们维持并支撑着城市的基本运作。而目前许多人都在城市大规模建设过程中,动迁到城市的边缘地区,那里的城市公共设施尚不健全,交通、就医和子女就读都存在一些问题,而城市应当主要是为城市的基本劳动者,也就是城市的基本人才服务的。

2. 城市的创新机制

城市的创造性有各种各样的衡量因素,每个城市也都具有不同的特点,大致可以归纳为这样一些因素:文化是城市发展的动力、文化的多样性、学习型社会环境、促进人的创造力、高品质的设计、愉悦的环境、采用适宜技术、良好的市政设施、具有创造精神的都市机构、城市自我的价值和国际化等。下面我们分别加以讨论。

城市文化是创新机制的核心,文化是城市发展的动力,文化成为地方经济的组成部分,现在有很多城市已经在发展文化创意产业以适应未来的发展。文化的多样性方面,像新疆维吾尔自治区和西藏自治区就具有多元文化,具有不同的宗教和多民族文化,还有深厚的历史文化积淀。学习型社会环境方面,形成以知识为基础

为创新型城市创造空间

的经济,推动创意产业和高端服务业的发展,城市环境应当促进人的创造力。城市的各种设施、建筑、景观等应当是高品质的设计,应创造高品质的设计和愉悦的生活、工作和艺术环境,关心人们的24小时生活圈。塑造吸引高素质、高技能的人才和他们的家庭的城市环境,创造人才汇集的创意特区,关注工作场所、休闲场所、聚会场所、教育设施等。

多元化、精细化的生活需要丰富多彩的环境,城市的各种设施,巧妙的设计,优美的城市环境会使人们愉悦、体会到设计中的创造力,启发人们的思考和创意。城市文化是多元的文化,城市里有各种各样的人。金融家、建筑师、教师、乐队指挥、音乐家、文学家、政府官员要求的环境,都是不完全相同的,我们的城市要为所有人都提供愉悦和适宜的工作与生活环境。我们的城市既要应用先进技术,更重要的是应用适宜技术,适合社会发展、适合现实情况、适合技术经济条件的技术。良好的市政设施是创造型城市的必要条件,市政设施不仅包括道路、桥梁、地铁、公共交通等硬件设施,还包括城市的管理。软件也是十分重要的基础设施。软性的市政设施在管理上能为市政设施提供很多的效益,能充分发挥作用,发挥系统的作用。我们提倡具有创造精神的都市机构,不仅是政府机构,也包括非政府机构。城市要树立自我的价值,重视国际化。我们过去喜欢把中国的城市说成是外国城市的翻版，比如说，上海是东方的巴黎，是东方的纽约，苏州是东方的威尼斯，杭州是东方的日内瓦，等等。为什么非要贬低自己的城市，变成人家的复制品？我们有一座被誉为天堂的城市，但是领导却号召要学习迪拜，迪拜是从沙漠中建造起来的，树的生长都要靠输液，迪拜被称为"世界第八奇迹"，他们的口号是我们必须创造历史，不能坐等未来，迪拜是没有资源的。杭州要学迪拜，杭州有这么好的资源，是要学这座城市的无中生有吗？两座城市在我看来有天壤之别，条件相差如此悬殊。上海就应该是世界的上海，南昌就应该是世界的南昌，这样才会确立我们自己的价值观念，才能使我们的城市变得更美好。

　　诺贝尔经济学奖获得者莫里斯访问香港时，被问及怎样才能保持香港的经济繁荣。这位经济大师说：除了经济措施外，还要改善香港的生活品质。在知识经济时代，人才和城市环境是十分重要的，需要健康、安全、自由的生活环境，有效率的公共服务，方便的资讯，良好的社会风气，良好的教育，一流的医疗配套等。香港在这方面比许多城市做得更好，但是还是不够。我们现在的公共服务体系还是不方便，政府官员可能不一定体会得到，普通的老百姓在公共服务上就会遇到问题，比如说，到医院里去看病，医院拥挤得像难民所一样，有时候走廊里都睡了病人。家里只要有人生病，全家都会受难。

环境如果不改变,我们的城市在发展中一定会碰到很多阻碍。

　　世界上很多城市在发展过程中也出现了千城一面、城市面貌趋同的问题,也出现了许多社会问题。1993年10月,第一届新都市主义大会在美国弗吉尼亚州的亚历山大市召开,大会主张:邻里的功能和人口构成的多元化;行人、公共交通和私人交通在城市中具有同等重要的地位;都市地区的建筑与景观设计应当彰显当地的历史、气候、生态和建筑经验。我们全国的建筑,不管是哪种气候都大量采用玻璃幕墙,我们以为这是现代化,但其实是对能源的浪费。20世纪70年代末,特别是石油危机以后,国外很多城市都不再应用大面积的玻璃幕墙。例如,日本的东京就没有几幢是全玻璃幕墙的高层建筑。新都市主义的口号是:为重建我们的家园、街道、公园、邻里、街区、城镇、地区和环境而奋斗。在欧洲、北美洲许多城市,邻里之间已经很疏远了,城市里的居住区是按照人种、收入划分的,没有一种多元的融合,也带来了很多的社会问题。

3. 关注当代城市问题

　　20世纪70年代以后,欧洲和北美洲的许多城市出现了以下现象:内城的衰退,郊区扩张的无序蔓延,社区中日益严重地以人种和收入水平来划分居住区,空间环境的退化,农田和郊野的消失,建筑遗产被破坏等。这些问题也应当引起我们的重视。法国巴黎在2006年发生郊区的动乱,也是因为郊区的建设没有考虑到人的因素,也是因为郊区的差别很大,也是以人种划分居住区,没有很好的福利设施,等等。

问题的原因在于人口统计、土地消耗等不考虑自然条件及自然极限,在一些情况下,政策鼓励建筑低密度和无计划蔓延。街道设计忽视人性化需求,城市空间和天际线无序发展,规划法规不顾及不同区域的气候条件和传统,导致所有社区呈现相同的景观和城市面貌等。这些年来城市的建设,特别是上海,还是存在不少问题。我经常批评上海的城市空间形式是追求利润的结果,大家都要追求容积率,为了追求最大的面积,建筑歪歪扭扭,弄得建筑与街道的关系别扭,缺少城市的人性化空间。

4. 理想城市

历史上很早就有对未来理想城市的追求。13世纪末建造的意大利锡耶纳市政厅的墙壁上有一幅很长的壁画,一半描绘的是良好政府管辖下的城市,另外一半描绘的是坏政府管辖下的城市,可见政府的管辖对城市的发展是有充分意义的。古代一直也有理想城市的建设,包括空想社会主义、乌托邦城市,都是不同的对未来城市的理想追求。像英国的花园城市，与自然环境保持联系。未来主义在20世纪初提出立体的城市才是未来的新城市，城市里有立体的交通。德国提出"高层建筑城市"，法国提出"光辉城市"的设想，完全不考虑城市的历史和文化遗产，把历史建筑变成地面的基础，城市建造高层建筑，高层架空平台将建筑联系在一起。这样的模式成为我们今天追求的理想模式，其实是抹杀了人的创造性，抹杀了城市的特色，当时的人们认为这是国际式，所有的城市都应该走这样的道路。

世界的发展非常迅速，1900年的美国几乎没有人在家中使用电，几乎没有普通百姓用电话，没有电器、收音机、电视、空调和冰箱。这些电器一直到1933年芝加哥世博会后才出现。当时第一架飞机还未上天，几乎没有人拥有汽车，50%的人住在农场，而今天只有2%的人住在农场。当时美国人的平均寿命是46岁，现在的平均寿命是77岁，在人均寿命延长的30年中，有20年得益于更加干净的水质。我们现在的城市是把美国郊区城市作为一种模式，郊区也大力发展居住区，也在大规模地发展购物中心。

1939年举办纽约世博会的时候，提出了设想中的未来都市景观，城市的道路红线宽达100米，高速公路从城市中心穿过，汽车以每小时100英里的速度飞驰而过，当时被认为是对未来汽车时代城市的追求。七八十年过去了,我们现在很多城市还是把这个模式当成我们的追求,在一些仅20万~30万人的城市中,道路红线也有100米!我们现在还把小汽车的发展作为现代化的标志,忽视公共交通的发展。我前几年去广州,广州提出每户一辆小汽车,但是现在提出这样的口号是不是符合中国的现实?

2010年上海世博会以城市作为主题,其实历届世博会都在探讨未来城市是什么样的,对未来城市都有各种各样的设想,往往都集中在未来的城市交通方面,但很多都是幻想,都是乌托邦,但也有局部实现的实例。比如,英国伦敦在金雀码头建造了新的中央商务区,提出了中央活动区的概念,把城市多元的功能扩大,不再仅仅是商务区的概念,还有人们的生活性的活动。在伦敦每天可以看到100场左右的剧院演出,还有许多广场的演出,同时有几十场各种各样的展览,伦敦成为世界上最适宜居住的城市之一。德国汉堡在2003年发展了港口城,提出跨易北河,向易北河南岸发展,也是利用原有的条件。易北河沿岸过去是重工业地区,布满了工厂、码头和仓库,现在也有重工业,空客A380的总装就在易北河畔。现在考虑城市的发展,利用原来的仓库,也是不拆除建新的,而是利用原来文化的延续。

西班牙的巴塞罗那这座城市很有代表性,城市抓住发展的每一次机遇,不断转型。在筹办1888年的世博会时，他们对海滨地区进行了改造，以后又有1929年世博会、1992年奥运会，使城市在不同时期有不同的发展，每个时期集中一块地方，使其成为世界上最宜居的城市之一。我们去看过巴塞罗那的城市规划展示馆，他们把整个城市的模型按1:1000的比例放在那里，可以从总体上把握城市空间。他们很善于学习。2004年，巴塞罗那市的总规划师访问上海，参观了上海城市规划展示馆，看了我们的1:500的模型后，他们也搞了个模型，但他们的模型更能反映总体，不在于市民能不能从模型上看到自己住的房子，而是更宏观地表现城市未来的发展。巴塞罗那城市的东部海滨地区，原先是化工厂、炼油厂和电厂集中的工业区，现在改造成为休闲的沙滩、国际会议中心、大学城、公园和动物园等。他们的总规划师自己先做一个方案，先想明白城市需要什么，然后再进行国际方案征集，这样做出来的规划就比较切合实际，能够指导城市的发展。

  我们国内有些城市还没有想明白自己要什么就去搞国际竞赛。上海有个地区面积大约为5平方公里，没有拟定任务书，没有想清楚就去邀请10家国际设计事务所征集方案，这其实也是浪费国际资源，首先我们自己要想明白，人家才能帮助你。

  西班牙的毕尔巴鄂是一座古老的城市，到20世纪50年代才开始工业化，现在跨入了后工业化时代，50年代建造的码头、工厂和仓库占据了滨江地带,不能适应后工业社会的需要,进行了改造。毕尔巴鄂是滨江城市,跟上海有些相似,城市中心到大西洋有十几公里的距离,沿河的工厂、仓库得到改造,改造成中央商务区。今天的毕尔巴鄂希望将来成为欧洲的商务中心,城市虽然小但有雄心壮志,希望能够表达自己的价值观念。

韩国首尔的清溪川在20世纪50年代是条臭水沟,有点像北京的龙须沟和上海的肇家浜,在80年代"四小龙"大发展的时期,为了发展交通把这条河填掉,建了高架路。现任总统李明博担任首尔市长的时候,利用首尔的谐音,城市的口号是成为亚洲的灵魂,把高架路拆掉恢复河道,修复生态环境。汉江以北地区比较落后,一直没有发展,现任市长提出要发展汉江北岸,不是直接去发展,而是通过改善环境,将三个山头从私人手里买回来,变成城市的公园,带动了整个地方的发展。所以每个城市都应当根据自己的特色进行发展。

意大利的小城市卢卡还保留了历史上的城墙,20世纪80年代我去参观的时候,城墙作为高架道路,在城墙上开汽车,解决交通问题。现在面貌已经完全改变,城墙上变成了散步的地方,可以骑自行车,汽车不能开上去了,这些城市都是想办法改善人民的生活条件,创造与众不同的环境,这其实是观念问题。我曾经去过意大利的古老山城卡尔卡塔,那里还保持着原来的状况,房子像从石头里面长出来的,城市像从山上生长出来,房子里面的生活其实已经现代化了,住家要扩大空间就往地下发展,利用地下空间,非常注重整体环境的保护,新的发展都在城外。我们中国也有很多利用地形发展的建筑,如山西的悬空寺。中国也有许多的创造,还有园林的创造等。

5. 城市化进程

美国社会学家路易·沃斯(Louis Wirth,1897—1952)在《作为一种生活方式的都市主义》中说:"城市化不再仅仅意味着是人们被吸引到城市、被纳入城市生活体系这个过程;它也指与城市的发展相关联的生活方式具有的鲜明特征的不断增强;最后,它指人群中明显地受城市生活方式影响的变化。"城市化不仅是城市人口占全国人口的统计比例,而且意味着城市与人、城市与文化、城市与经济、城市与社会等许多深层次的方面。

2010年上海世博会的主题与城市化是密切相关的,我们现在的城市化程度是49%左右,我们希望到2030年达到60%。有些经济学家说城市化能带动经济的发展,实际上,城市化是经济带动的结果,相互之间当然会有促进,但本与末是不能倒置的,我们全国在发展过程中的造城运动是受这个影响的,希望造了城能带动经济的发展,带动GDP增长。但是我们想想,现在的城市化是不是为了农村人口进入城市作准备的？很多新城发展的定位都是中高档，把原住民迁出，让有钱的人进来，而不是为每年1000万~2000万的农村人口进城作准备的。这是不是一种错位？全国到处都有新城，动辄就是几百平方公里，甚至上千平方公里，占据大量的土地，有没有从深层次思考中国的城市化需要什么样的城市？许多新城与老城完全隔离，很多开发区、新区与城市都没有关系，这样的发展其实影响城市的发展，城市应该有文化的根基。上海在松江搞了个大学城，当时要搬一个艺术设计大学去松江，我是持反对意见的。我说，一方面学生搬到那里去是要变傻的，在那里远离城市，远离生活，他们的创意从哪里来？另一方面，城市也失去这些艺术家的活力，大学生在城里办展览、作调查、搞演出等，可以提高城市活力，带动城市生活。上海有许多老厂房，我曾经建议能不能让设计艺术学校办在那里，让这些学生在里面学习和生活，他们在里面可以演戏、搞展览、搞创作。但政府的官员告诉我，政府的预算不能改造这些，只能用于新的投资。我觉得是不是有种误区，我们的体制阻碍了创造性。我们利用老厂房做创意的东西，或者造住宅、医院、博物馆其实也是种创造，为什么一定要造新的东西才是一种创新？

到2007年，全世界50%的人口成为城市人口，所以21世纪是城市的世纪。中国在申办2010年世博会的时候提出的主题是城市,世博会要申办成功有两个非常重要的因素,一是主题,二是选址。如果主题是全世界都关心的问题,大家就能够接受,选择的世博会场地应当对城市发展产生促进作用,利用废弃或城市转型地区来发展的话也会引起国际上的重视。所以,提出城市作为主题,在当时也适应了"21世纪是城市的世纪"的历史性转型。英国伦敦在1851年举办世博会的时候,英国的城市化率是50%,当时欧洲的城市化程度只有10%,所以英国引领了当时发展的趋势。上海世博会的主题考虑到城市,考虑到城市的生活,如何构建和谐的城市生态环境是世博会主题演绎的核心价值之一,城市的生态和社会的生态环境是全世界都关心的问题,这也是上海世博会申办成功的重要因素。

今天的中国有7座城市的人口超过1000万人,100万人以上人口的城市有175座,而欧洲至今只有66座人口超过100万人的城市。发展中国家成为城市化的主体,就这个事实而言,中国的城市化问题会影响未来全世界城市的发展。2010年上海世博会对未来城市的探讨,将给人类社会留下许多宝贵的遗产。上海的人口发展也非常快,今天已经有2300万人,已经接近墨西哥城的规模了。

6. 城市环境

城市的发展还要注重环境的保护,日本建筑师安藤忠雄说,就全球环境观而言,建设一个可持续发展的社会就是真正的创造性。环境保护的概念似乎很保守,与创造性似乎有些冲突,然而事实并非如此。迄今为止,没有哪一个现代国家成功地实现了一种人类与其他物种共生的社会,每个社会都对环境施加了负面的影响。也许要不了多久,我们的以消费为主导的现代文明就会走向末日。建筑师必须懂得,如果我们不提高自觉性,人类就会处于灭绝的边缘。我们现在的社会,浪费资源的现象非常严重,怎样不造成土地、能源等的浪费是值得我们思考的。

(1) 城市环境涉及的方面

城市环境涉及六个方面的问题。

一是城市的自然和生态环境,包括绿化环境、大气环境、水环境、废弃物处理、污染治理等,是人和城市的生存状态,涉及人与自然的关系。

二是城市的社会人文环境,包括文化、艺术、教育、新闻、出版、体育、科学技术事业等,涉及人与社会、人与人的关系。我们的社会人文环境还存在不少问题。我看了一份材料,上面说根据2009年的统计,北京有1800家书店,平均每平方公里有0.11家书店。书店一半的柜台里的书都是教你怎么做生意、怎么赚钱的。这其实不是一个很好的文化生态环境,似乎我们中国人人人都经商,人人都想变富。而伦敦有2904家书店,每万人拥有3.87家,每平方公里拥有1.08家;纽约有7298家书店,每万人拥有8.88家,每平方公里拥有9.30家;东京有4715家书店,每万人拥有3.75家,每平方公里拥有2.16家;巴黎有6662家书店,每万人拥有5.84家,每平方公里拥有0.55家。

我曾经看到温州的一个广场上挂出一条标语"一夜致富不是梦"。就想一下子变富,没有想过用长远的创造精神使人致富,而是用各种"手段"去做,这是跟我们传统的价值观念、伦理道德相违背的。

三是城市的空间环境,包括城市硬件环境、基础设施、建筑、公共空间、城市交通等,涉及人与空间的关系。

四是城市的生活环境,包括住房、生活方式、生活质量、健康、儿童和青少年的成长环境等,涉及人与生活的关系。

五是城市的行政环境,包括管理体制、司法、安全、公众参与环境、执业制度等,涉及人与政府的关系。

六是城市的经济环境,包括城市的可循环经济、产业结构、能源、资源环境等,涉及人与经济的关系。

我们谈到的城市环境不单单是自然的环境,而是包括各方面的因素。

(2) 绿色与生态建筑

现代大都市是环境和生态问题的核心,如果不注意这个问题会影响到个人和整个地球。欧洲议会1990年发表的《关于城市环境的绿色文件》是唤醒环境意识的一个转折点,其致力于建立一个广泛的体制,以便对种类繁多的环境问题,从能源到噪声、从全球变暖到水质污染采取一致行动。我们现在城市的噪声非常高,没有安静的环境,百货商店、理发店里的广播声音非常响,沿马路的商店为了招揽生意,扩音器声音很大,再加上汽车喇叭声,城市的噪声使得我们的听觉衰退了。最近,上海发生了一件刑事案件,公共汽车上的电视声音很响,一位乘客让公交车司机将声音开小一点,司机没有理睬,那位乘客就用刀将公交车司机捅死了。2004年我去挪威开会,晚上在城郊吃饭,吃完饭发现晚上的星空是那么美,空气非常好,纬度又很高,可以看到无数的星星。由于空气和灯光的污染,我们现在在城市里看不到星星了,这样还能培养出天文学家吗?我们现在问中学生,有多少人愿意做天文学家,他们大概都不知道什么是天文学家,因为看不见星星了。上海有一个时期觉得城市不够亮,就在办公楼的窗户外面再加一盏灯,这并没有反映城市的经济活动,只是一种造假行为。改善城市的环境,特别是改善能源消费所产生的负面效应,将对世界的生态系统产生重大的积极影响。

《关于城市环境的绿色文件》列举的重要领域,跟城市规划有关的是放弃土地使用中的地域划分原则,采取可以激励混合使用和更为密集发展的政策。现行的规划条例还是有一些问题的,我们并不鼓励混合使用,总体规划的土地利用没有考虑混合利用,与我们的政策有很大关系。此外,要保护好城镇和乡村的历史文化遗产和景观。

欧盟于1992年2月7日签署的《马斯特里赫特条约》,对未来的建筑实践有着广泛的影响。它关注环境的可持续发展和没有通货膨胀的增长,满足现在需要的发展,而且不会剥夺后代满足他们需求的能力。它提出了两个关键概念:未来和资源保护。

对城市来说,需要建造吸引人、生活方便的城市地区,使人们乐于在其间生活和工作;鼓励在有可能减少能量消耗的地方开发新建筑;鼓励城市土地和建筑再生,对被遗弃和被污染土地修复后加以利用、进行开发或者作为露天场所;进行综合开发,把维持乡村经济和保护乡村的风景、野生动植物、农业、森林、娱乐以及自然资源价值等相结合;在那些对开发进程感兴趣的所有人当中,促进对可持续发展的理解。

(3)可持续发展的设计原则

对于城市而言,可持续发展的设计崇尚简洁和俭朴,尽量减少街道上的交通工具,增加郊区的建筑密度,集约使用土地。努力使城市地区更适于人类居住。注重土地的混合使用,紧凑开发,集中开发靠近公共交通站点的地区。合理确定建筑规模,建筑形式和布局应考虑节能和生态,重视向自然学习,将"绿色"作为重要的设计目标。广泛使用可再生能源。合理使用材料,尽可能使用当地的材料。高效率用水,充分利用中水,景观设计应当考虑低维护费用。充分利用和保护用地上的植被,为垃圾回收创造条件。考虑设计的耐久性、建筑构件的可循环使用,避免制造建筑垃圾。防止潜在的健康危险,充分利用旧建筑,有意识地延长建筑的使用寿命。保护土地、森林、矿产、水资源等。

(4) 可持续发展的城市的内涵

可持续发展的城市的内涵包括:采用理性的城市发展战略,提高城市的效率,城市的发展应当结合自然和人文社会环境;注重美好的城市生态环境,维护安全、清洁、健康的城市环境;推进有效的废物回收和生态循环系统;采用适合环境保护和节约能源的交通系统,减少污染,进行有效的城市管理,为相邻地区的环境、为全国和全球的环境作出贡献。

(5) 创意产业

城市与文化有关系,与创意产业也有关系。城市都说要发展服务性产业,但目前我们的服务业太单一。上海现在有创意中心80个左右,成功的大概只有20个左右，大部分商业化了，真正有创意的东西其实很缺乏，并且有一种去创意化的倾向。其实艺术设计、建筑设计都属于创意产业，创意产业还包括艺术、音乐、影视、广告、出版、观演艺术、动漫、软件、数字化娱乐、广播、摄影、服装设计、手工艺、文化遗产、博物馆、文物、古董等。

在讨论城市发展的时候，我们讨论到什么是上海的文化地标，历史上上海有许多文人、艺术家，还有许多教育家，那现在我们的文化地标是什么？举不出多少来。由于很不重视文化的发展，上海要搞100个创意中心，如果没有文化的支持，没有创造性的支持，没有创新能力的支持，能搞出来吗？上海在大力发展博物馆，要建立100个博物馆。上海的博物馆可能是一个文化地标，上海的图书馆、美术馆、大剧院等都是文化地标，但这几年还是少了点。我们还是要考虑到长远的发展。

搞文化产业、搞创意产业还会有一定的风险，如复制不适宜的战略和策略会带来失败。产业与经济增长无关，会出现脱离本土文化、缺乏艺术性、富豪化、创造性设计与城市景观的冲突等问题。上海的创意中心过去大部分是工业厂房，应当利用这些工业遗产。所以规划部门发文，规定不能改变产业性质，可以做第三产业，但不能拆掉变成住宅。2004年的时候我们和《人民日报》的记者一起去考察田子坊，当时的田子坊已经有14个国家的人在创业，用中国的元素创造的新的品牌，在国际上一些大百货公司都上架了。包括陈逸飞、尔东强等很多艺术家都在这里开画室和工作室,也有很多的建筑师、设计师事务所落户这里。在2004年的时候要把它拆除,建高层建筑,因为当时的田子坊在经济上没有效益,没有税收交给政府,所以政府决定要将这块土地动迁和批租出去建高层住宅。我们当时就在问一个问题:为什么服装节要在大连举办而不是在上海举办?上海在历史上就是时装中心,为什么上海不能搞设计节、动漫节等各种各样的节庆?最后闹到市长那里去这块地才保下来了,2006年还成了最佳创意产业园区。我觉得这种东西都是新生事物,看上去是老房子,但原来的居民还住在这里,保持了上海原来的活力。上海八号桥也是利用原来的工业厂房进行改造的,南京路步行街的改造在一定程度上也是利用历史建筑的保护来进行的。上海对历史文化风貌区的保护也很重视。像新天地的保护改造,有自己的特点,我们也不能说这是唯一的模式,可能只是其中的一种模式,各个城市、各个地区要根据自己的特点,创造出适合自己特点的模式来。

自主创新的关键

杨福家

一、创新的重要性
二、创新的主体是人,特别是青年人
三、人才培养的三个要素

【作者简介】杨福家,核物理学家。1936年6月11日生于上海,籍贯浙江镇海。1958年毕业于复旦大学物理系。1991年当选为中国科学院学部委员(院士)和第三世界科学院院士。中央文史馆馆员、复旦大学教授、英国诺丁汉大学校监(校长)、宁波诺丁汉大学校长。曾任中国科学院上海原子核研究所所长,复旦大学校长。领导、组织并基本建成了"基于加速器的原子、原子核物理实验室"。给出复杂能级的衰变公式,概括了国内外已知的各种公式,用于放射性厂矿企业,推广至核能级寿命测量,给出图心法测量核寿命的普适公式,领导实验组用g共振吸收法发现了国际上用此法找到的最窄的双重态。在国内开创离子束分析研究领域。在束箔相互作用方面,首次采用双箔(直箔加斜箔)研究斜箔引起的极化转移,提出用单晶金箔研究沟道效应对极化的影响,确认极化机制。

自主创新的关键

十七大报告中说,要提高自主创新能力和建设创新型国家。创新型国家是在2010年提出来的。这与前两年提出的科学发展观、和谐社会是有联系的,但又是不一样的。这个题目有定量指标,世界上只有20几个国家称得上是创新型国家。因此我国要在2020年成为创新型国家,任务很艰巨。

一、创新的重要性

为什么胡主席在十七大报告中不止一次提到创新?我们消耗了大量的能量,取得了一定的GDP,这个路不能再往下走了。那要靠什么办法?创新。所以江泽民总书记给我们院士作过几次报告。其中的两次报告,每次都提到了30次创新,两次报告共一个半小时,讲了60次创新,最后他大声疾呼"创新,创新,再创新"。

二、创新的主体是人,特别是青年人

创新的主体是人,特别是青年人。尽管老年人也发挥着不可取代的作用,但是创新的主体是年轻人。在十七大报告中也提到,要营造一个环境,来造就世界一流的科学家和科技领军人物。江总书记曾讲过一句非常精彩的话,综观世界科学技术发展史,许多科学家的重

科技创新方法集

要发现和发明都是产生于风华正茂、思维最敏捷的青年时期,这是一条普遍的规律。然后,他举了很多例子。他讲到了牛顿(图1),牛顿可以说是18世纪最伟大的科学家,他在历史上有非常重要的位置;讲到哥白尼(图2),38岁提出天体运行不是以地球为中心,而是以太阳为中心的;讲到物种起源学说的创始人达尔文,家里要他做医生,结果他按照自己的意愿,22岁开始环球航行,提出了物种起源学说。如果在美国就以下问题进行投票:"你认为最伟大的发明家、创造家、科学家是谁?"获得第一的不是爱因斯坦,而是爱迪生。爱迪生在29岁发明留声机,30岁发明电影、电灯,其他发明更是不胜枚举。贝尔在29岁发明电话。居里夫人在30岁发现了镭,44岁第二次获得了诺贝尔奖。爱因斯坦在26岁的时候(1905年),作出了划时代的贡献,一年发表五篇文

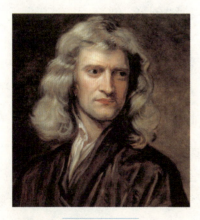

▲图1 牛顿

▲图2 哥白尼

自主创新的关键

▲ 图3　李政道和杨振宁

▲ 图4　布拉格父子

章,实际上每篇文章都可以拿诺贝尔奖,他其中的一篇文章在1921年拿了诺贝尔奖,并不是相对论。而名气更大的相对论,也是在这一年被提出来的。李政道和杨振宁拿诺贝尔奖的时候是1957年。图3是1962年照的,当时他们一个31岁,一个35岁。李政道是迄今拿诺贝尔奖第二年轻的人。

我们看看诺贝尔奖的历史,可以说诺贝尔奖的历史是年轻人的发现史。1915年,一对父子一起拿了诺贝尔奖(图4),儿子小布拉格(劳伦斯·布拉格)拿诺贝尔奖时是25岁,迄今为止他是最年轻的诺贝尔奖获得者。他在剑桥大学读书的时候纠正了他父亲的错误,父子一起拿到了诺贝尔奖。法国的德布罗意王子,对物理的兴趣产生得比较晚,他在1924年获得博士学位,导师在他的博士论文上作了一个批示,说作为他的导师,不同意他的观点,但是同意他毕业、拿学位。五年以后他就靠这篇论文拿了诺贝尔奖。他提出物质的波粒二象性,不仅有

▲图5　沃森和克里克　　　▲图6　巴丁、库珀、施里弗

波的特质,而且还有粒子性。穆斯堡尔在1958年得到博士学位后,在1961年就获得了诺贝尔奖,后来以他的名字命名了"穆斯堡尔效应"。沃森和克里克是20世纪最伟大的三个成就之一DNA双螺旋结构的发现者,当时他们都很年轻(图5)。图6可以讲是老中青相结合的一个典范。左边的是巴丁,中间是库珀,右边是施里弗,当时是研究生。因为巴丁很有名,施里弗去拜他为师,巴丁拿出十个难题让他选,结果施里弗选择了一个难题——超导。有人就劝他,做不出来的,换一个吧。当时他的师兄对他说:"没关系,你还年轻,最多浪费三年。"一天他去参加一个晚会,因为提前到了,就在旁边小公园里等,然后灵感就来了,就想出来了。他认为用这个方法很简单,第二天就告诉了巴丁,巴丁一听,就说他抓到要害了。然后施里弗与师兄一起算,花一个月时间全部算了出来。

自主创新的关键

三、人才培养的三个要素

怎么培养这些人才？我感到有三个要素对年轻人的成长至关重要：人生观、兴趣、机遇。

1. 机遇

我先从第三个要素谈起，机遇就是创新的环境。如果没有机遇，不管这个年轻人做多大的努力，也是不能有大的贡献的。我刚担任复旦大学校长不久，《人民日报》的一位记者采访我，他非常认真负责，令人尊敬。他在复旦大学实地考察了一个星期，最后在《人民日报》发表了四篇连续报道复旦大学的大文章，第一篇是头版头条，并加了编者按，标题就是"为年轻人创造机会"。

创新的环境对培育一流的人才至关重要。我举几个例子：第一个例子，林海帆（图7），1982年从复旦大学

▲ 图7　林海帆

369

生物系毕业,现在是耶鲁大学干细胞研究所所长。他可以说是复旦大学30年甚至50年培养出来的生物学领域最杰出的学者。耶鲁大学去年把他和他的研究小组从美国杜克大学全部招聘过来,并让耶鲁大学已有的干细胞小组归他领导。把这种荣誉和重担交给一个华人,是很少见的。我问他为什么会取得这么大的成就。他说,复旦是给人们机会的地方,当时谁的课都可以随便听。我深有同感,我做学生的时候也是这样,也听过很多名教授的课,与我的专业并无关系,但是我却非常感兴趣。他说,他当时听了一些光学和数学的课,而光学正是对他后来做出的成就有很大帮助的学科。他有一个重要发现,有些干细胞要发挥作用,就要另一些细胞同样发挥作用。为了证明这条理论,他把光学课学到的东西用起来了。一束激光通过显微镜照射下来,照射范围很小,把旁边的细胞照死了,证明干细胞就失去了作用。他还得到HP公司设立的一个奖,这个奖只授予年轻教授,全美共20个人,分属各个领域。更吸引人的不是这个奖65万美元的奖励,而是所有20名获奖者会被邀请到一起,相互交流启发。林海帆说,那次的收获太大了,杰出的人聚集在一起碰撞出思想的火花,使他得到了很多启发。这20人中,到现在为止1/3已经拿到了诺贝尔奖。

　　第二个例子,上海光源是中国有史以来最大的科学

自主创新的关键

▲ 图8　上海光源规划方案图

工程（图8），在上海浦东张江。2004年12月开始动工，不到三年取得了突破性的进展。这是一个直线加速器，把电子加速到1.5亿伏，我们日常用电都是220伏，而它要达到1.5亿伏。把电子加速到1.5亿伏并不难，而要把这个电子引到预定的圈子里就不容易了。如同我们发射一颗月球卫星，先让它绕地球三圈，然后踢一脚，踢到一个轨道里面再奔向月球环绕三圈。上海光源的难度更高，是万分之一与百万分之一的精度差异。上海光源有各种各样的光，包括非常强的X光。机器造好了，把电子吸进去，三个班组分工负责，第一班引入电子后，让它运行了800圈，第二班就顺利将电子引入另一个圈里，第三班的工作也很精彩，电子一下子达到了35亿伏。原来是1.5亿，一下子到达了35亿，漂亮之极。工程做得很

科技创新方法集

出色,但我更高兴的是我们培养出了一批年轻的专家。三个班组和他们的班组长在世界上、在这一领域就有了位置,世界级的专家就逐步成长起来了。所以大工程给年轻人机会,使得年轻人成了杰出的科技工作者。

第三个例子,20世纪的两大科学家,一个是玻尔,一个是爱因斯坦。位于丹麦的玻尔研究所建筑结构很简单,但它的阁楼世界有名,为什么?一个德国年轻科学家——海森伯,在这个阁楼上写出了20世纪三大伟大成就之一的量子论的基本方程。海森伯在导师带领下去听玻尔的演讲。他有备而来,作了很深入的思考。海森伯当场提出的几个问题就切中了玻尔理论的缺陷。玻尔在演讲结束后主动邀请海森伯一起散步,进一步讨论。随后,玻尔把海森伯请到自己的研究所,在阁楼上住下来,两人整夜地讨论、争论。海森伯就在这个阁楼上写下了不确定关系;与此同时,玻尔也找到了解决问题的另一个方法。两人一个从哲学的观点,一个从数学的角度,殊途同归。图9中,有老玻尔,1922年的诺贝尔奖获得者,有海森伯,1932年的诺贝尔奖获得者,还有泡利。海森伯有一句名言:科学扎根于讨论。我在玻尔研究所工作了两年,我最欣赏的是物理学家发表演讲的教室,最喜欢的则是餐厅。我每次吃中午饭用两个小时,吃得很简单,但是在餐厅里能碰到许许多多的大师,花大量时间与他们交流,很多前沿的问题就十分明晰了,

自主创新的关键

▲ 图9　1930年哥本哈根会议上

何必再跑图书馆？所以，科学扎根于讨论。

再看一个例子，如果问到世界上最好的大学是哪所，大多数人都会讲哈佛大学。哈佛大学是不错，但是连续八年被评为全美大学第一名的是普林斯顿大学。在很多中国人看来却是它并不怎么样，因为中国的评价标准之一是大学要大，小是评不上的，办学规模越大，评上的机会越大。美国连续八年将它评为第一名，为什么？它的学生数量不多，7000人左右，其中大学生不到5000人，研究生约1900人，研究生数量并不多。世界一流的大学，包括剑桥大学、牛津大学、莫斯科大学，研究生数量都不多。这不是说研究生不重要，而是说从数目上来讲研究生不一定占主要比例。普林斯顿大学一年只授予277个博士学位，150个硕士学位，这个数目远远小于国内的研究型大学。但是他们教育的优势在哪里？师生比是1:5,有些班级小到只有8个人。不办医学院、不办商学院、不办法学院,那么它有什么呢？诺贝尔奖。25位诺贝尔奖获得者,17个属于物理学,这就是它的特色。数学上的最高荣誉是菲尔兹奖,世界上一共有48个菲尔兹奖,法国拿了11个,美国拿了23个,普林斯顿一个学校就拿了12个,这就是特色(2007年数据)。数学和物理,就是学校的王牌。所以,办学要有特色,要有特色文化。十七大报告中出现了几个有特色的提法,连讲几个特色。

温总理提出中国高校的特色到哪里去了？普林斯顿大学12个菲尔兹奖是怎么拿到的？这个奖太难了。一位教授9年不出文章,校长、系主任都不知道他在做什么,也不会问他在做什么,这就是普林斯顿的伟大,充分信任教师,相信学校的教授不会随便浪费时间。9年过去了,这位教授就是安德鲁·怀尔斯,他攻克了360年没有攻克的数学难题——费马大定理,获得了20世纪最伟大的两个数学成就之一。还有约翰·纳什(John Nash)(图10)。他是一个天才,但天才与精神病只有一线之隔。他的精神状况出了问题,但是普林斯顿继续

▲图10 约翰·纳什

保留他的办公室,没有解聘他,身边的人继续一如既往关心他,30年后他恢复了健康,拿了1994年的诺贝尔经济学奖。有本小说叫《美丽的心灵》,拿了奥斯卡奖的影片《美丽心灵》讲的就是这个故事。美丽的心灵就是普林斯顿大学的文化内涵,它创造了使优秀、杰出人才不断涌现的环境。

2. 人生观

我讲的另一个要素是人生观。人生观是什么?动力。一个人没有动力,就不能忍受寂寞、忍受艰苦的环境。正因为有了强大的动力,他才能几年、几十年地奋斗下去。格致中学是我的母校。我10年前就开始在格致中学设立奖学金,名字就叫"爱国奖"。有人问我,你为什么对格致中学有这么深的感情?因为格致中学给了我两样东西,一是人生观,二是兴趣。1960年,我在复旦大学的体育场上遇见了一位初中同学,也是复旦的体育老师。他说,你在初中还是一个调皮捣蛋的学生,怎么进复旦大学了,而且还做了原子能科学系的副系主任?我说,我初中是被退学的,因为在黑板刷里放了一支粉笔,老师怎么擦也擦不干净,在知道是我干的之后,学校就勒令我退学了。但进了格致中学之后,我变了。因为格致中学的环境、气氛改变了人。在那里的学习,使我体会到人生是短暂的,在享受了他人创造的财富之后，不能一走了之，应该有所贡献，回报社会。说到兴趣，我从小就不喜欢英文，遇到教授英文的学校就想办法转学，但格致中学的老师教得非常好，使我对英文的兴趣大增。在1963年，中国第一次派人到西方国家去学习交流，我是候选人之一。我就和当时的另一位候选人，后来担任北京大学校长的陈佳洱一起用英语进行日常交流，不断练习，最后40个候选人中，一共有4人通过，我和他都在其中。我认为，一个好的老师，会启发学生的心灵，给学生人生观的教育，并且培养出学生的兴趣。人生观是对世界的责任，是对祖国的情怀。两弹元勋邓稼先（图11）讲过一句话："一个科学家能把自己所有的知识和智慧奉献给他的祖国，使得中华民族完全摆脱了任人宰割的危机，还有什么比这更让人自豪、骄傲的呢？"我国的"氢弹之父"于敏一直是位无名英雄，现在渐为人所知，他说："中华民族不欺负别人，也绝不受人欺负，核武器是一种保障手段。"这种朴素的民族感情和爱国思想也一直是我进步的动力。

我在2001年1月1日被任命为英国诺丁汉大学

▲图11 "两弹元勋"邓稼先

自主创新的关键

的校长,穿上了校长的金色袍服,也戴上了学校唯一一顶金边帽。但每当我坐在台上主持毕业典礼,看着五星红旗在校园中升起时,我的心情都非常激动。一位当地老华侨流着泪对我讲,最初来英国时,他们不是被称为"华人",而是被称为"清人",而清朝是最腐败的。祖国的日益强盛对所有炎黄子孙都有特别重要的意义。"爱国"两字不是中国才有的,就如同20世纪最伟大的物理学家玻尔,对自己的祖国——不到500万人口的丹麦有很深的爱国情怀。胡锦涛主席2006年4月在耶鲁大学讲到内森·黑尔,他是耶鲁的校友、美国的民族英雄,他有一句名言:"我唯一的憾事,就是没有第二次生命献给我的祖国。"2005年我与一位美国四星上将夫妇同机,他说他飞过5000个小时,参加过空战。我问他的夫人:"他这样飞,你怕不怕?"她回答说:"我当然怕,但为了美国的利益他必须飞。"丘吉尔在英国最苦难的时候就任首相,发表了著名演讲,他讲道:"我所能奉献的,只有我的热血、辛劳、眼泪和汗水。"最终他胜利了,领导英国人民战胜了法西斯。"我有一个梦"是过去一千年中的十大名言之一,那么,我们的梦是什么?要让中国人民站起来,站得直,站得稳,这是所有华人的梦。

3. 兴趣

没有兴趣,没有好奇心,是没有创造的。上面提到普林斯顿大学的安德鲁·怀尔斯,他攻克了360年的难题。在他10岁的时候,老师给他们讲了毕达哥拉斯定理,直角三角形直角两边平方之和等于第三边的平方,在中国叫商高定理。但这位老师的高明之处在于,他同时还对10岁的学生们说有一个类似的题目300多年没有被解决,平方是成立的,但三次方、四次方是不是成立?300多年前的一位法国科学家就说,不管几次方都是不成立的,并且说他已经有办法证明,但没有写出证明的过程。几百年过去了,没有人能证明。怀尔斯从此对数学产生了兴趣,在1985年当上了普林斯顿大学数学系的教授,开始专注于解决这个难题,最终攻克难关。这就是兴趣,如果没有这个兴趣,他的道路会完全不同。

杨向中(图12)是美籍华人,他从小生活在中国农村,对农学和养牛很感兴趣。在有机会到美国留学后,他进了美国康涅狄格州立大学的农学院。他是第一个克隆出牛的,不同于克隆羊从羊的乳房拿出细胞进行克隆,而是从牛耳朵取出细胞克隆,并解决了克隆动物的寿命问题,成了世界有名的克隆专家。兴趣源于青少

▲ 图12　杨向中

年时代,好奇心是科学研究的原动力,愉快教育应该是基础教育的主旋律。

上海一位朋友对我说,他有一个第三代的5岁小孩,每天从幼儿园回来后还要学七八门功课,周末还要去补课。如果不补课,就进不了好的小学,最后进不了好的大学。但美国的5岁的小孩在做什么?他也很忙。我见过一个小孩,他在搭积木。用成百上千的积木搭出一个火箭发射模型。他们谁更有创造性,不言而喻。如果不改变"一分定终生"、"一卷定终生",学生就不能快乐学习。创造力和兴趣从何而来?在我担任校长的、新成立的宁波诺丁汉大学(图13),其教学模式或许能给我们一些启示。这里主要运用英国的教育理念与方式开展互

▲图13　宁波诺丁汉大学

动式教学,关键是启发学生的心灵,不单单传授知识,而是要发现学生的火种在哪里。我请林海帆教授来学校作生物学方面的报告,尽管我们并没有开设生物学专业,但整个报告厅座无虚席。林教授演讲时间是45分钟,学生之后的踊跃提问,就又花了45分钟。他在演讲结束后对我说,这些问题都很有质量,这样的气氛在中国其他大学很少见。

提问是非常重要的,没有问题是没有机会的,是不可能有创造的。复旦大学的校训是:博学而笃志,切问而近思。在建校九十周年校庆的时候,学校请李政道来为校训墙揭牌,他说:"我最欣赏每句话的第二个字——'学'和'问'。学问学问,就要学习问问题,不是学习答问题。"孔子早就讲过,"每事问"。爱因斯坦说,"我没有特别的才能,只不过是喜欢刨根问底罢了"。美国的"氢弹之父"泰勒,进实验室都要问问题,每天至少提10个问题。往往有八九个问题是错得离谱的,但他的伟大创造或许就在另外一两个问题上。

我们的老师或者家长,有很大的责任去关心学生和子女,发现他们的火种,点燃他们的火种。教师应该是广大学生的点火者,而不是灭火者。人无全才,人人有才,学校的任务就是发挥学生的天才。

耶鲁大学培养了很多美国总统,他们就是向英国学习了住宿学院制和导师制。导师与学生生活在一起,并且通过住宿学院发展学生社团,学校有250个学生社团,就有250个小领袖,大领袖就自然而然地产生了。

加州理工学院是一个2000人的小学校,但拿了32个诺贝尔奖。钱学森就是该校1939年的博士毕业生。它有三个特色专业,即航天航空、遗传生物科学、物理学,绝对世界第一。它对学生的要求和培养方向与耶鲁大学又不相同,耶鲁大学要求学生有领导能力,加州理工学院则要求学生有好的心理素质,因为搞科学必须耐得住寂寞。加州理工学院乐于吸收爱好音乐的学生,因为他们一般能够静下心来做事。不同的学校,有不同的特色。英国高等院校的亮点是导师制。

牛津大学最有名的一句话是:导师边抽烟边与学生交谈,在向学生不断喷烟时,点燃了学生心灵的火种。人的头脑不是被填充的容器,而是被点燃的火种。哈佛大学350年校庆时说,我们最值得夸耀的,不是出了6位总统、36位诺贝尔奖得主,而是使进入哈佛的每一颗金子都发光。

最后,我再讲一下诚信问题。

最近,中央人民广播电台作了一个调查:"讲真话是学生基本的品质,你们认可不认可?"调查结果显示,小学生对此的认可度小于10%,初中生只有0.6%。诚信缺失是我们今天面临的一大问题。没有诚信,自主创新就会很难。温总理一再强调,教人求真,先做真人。

2000年我在《文汇报》上发表了一篇短文(图14)。美国波士顿大学一位历史学教授,也是波士顿大学传媒系的系主任,在要下课时说了一段话,64个字,非常精彩。但一个听课的同学找到了学院院长,说教授最后讲的64个字是其他人发表在杂志上的,他没有说这句话的出处。这位教授知道了这个反映后,立刻申请辞职了。1996年我在美国最好的出版社出了一本书,中间用了一张某实验室送我的照片。但出版社在校稿时给我写信说,送你不等于同意你用,你必须有本人的背书确认。结果我这本书每张照片后面都有一封确认信,允许我用别人的照片。我在此呼吁,一定要诚信,这样知识经济才能蓬勃发展,才能为创新型国家的建设打下坚实的基础。

▲ 图14 文章《虚实谈》(2000年1月13日《文汇报》头版)

民族文化教育与自主创新道路

杨叔子

【作者简介】杨叔子,华中理工大学教授,机械工程专家。1933年9月5日生于江西湖口。1956年毕业于华中工学院。1991年当选为中国科学院学部委员(院士)。

　　杨叔子立足于机械工程,致力于机械工程与有关新兴学科的交叉,着重在机械工程中的信息技术与智能技术,拓宽了机械工程学科的研究领域。在精密机械加工与机械加工自动化方面,发展了切削振动理论与误差补偿技术,研制出切削监控系统,解决了生产中重大关键问题。在机械设备诊断理论与实践方面,建立了一套概念体系,发展了诊断模型与策略,研制出不解体的发动机诊断系统,发展了钢丝绳无损检测理论与技术,解决了国际上断丝定量检测难题。在时序分析的应用基础与工程应用上,结合系统理论与数据处理技术,发展了某些理论与方法,对时序分析的工程应用起了一定的推动作用。

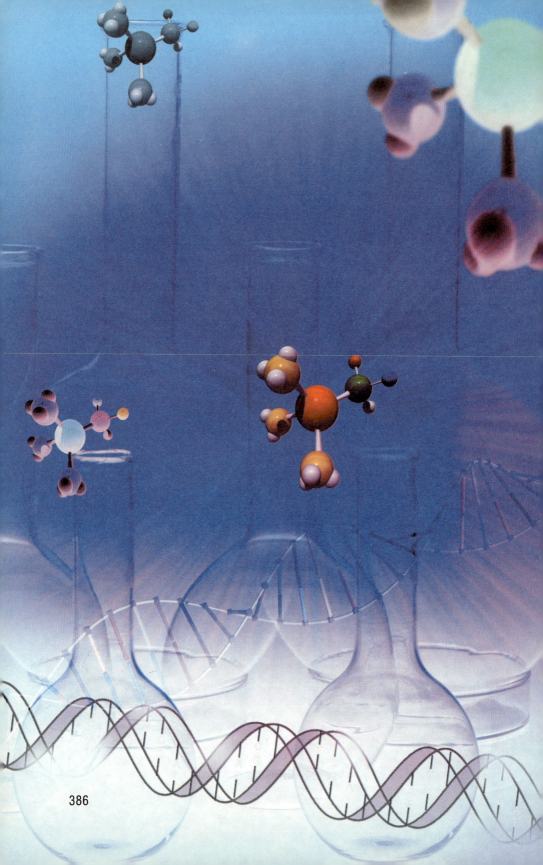

民族文化教育与自主创新道路

2006年1月9日我们国家召开了全国科学技术大会,会上胡锦涛同志作了报告,这个报告非常好,提出要为坚持走中国特色的自主创新道路,为建设创新型国家而奋斗。在这个报告里,胡锦涛同志多次提出了民族文化与自主创新的关系,因此我想到在这个问题上作一些思考和探索。胡锦涛同志说:"一个国家的文化,同科技创新有着相互促进、相互激荡的密切关系,创新文化孕育创新事业,创新事业激励创新文化。"显然,这个文化主要是指人文文化,而科技创新讲的是科学技术、科学文化的创新,就是讲创新的人文文化一定会孕育着科技创新,而科技创新一定会激励着人文文化的发展。他还指出了中华文化包含鼓励创新的丰富内涵,强调推陈出新,强调"天行健,君子以自强不息"。因此,看了这个报告以后,我就反复思考这个问题。要讲这个问题,就要讲文化,要讲民族文化、民族文化教育,要讲民族文化教育与自主创新道路。下面我从以下四个方面加以阐述。

首先我们讲讲文化。《国家"十一五"时期文化发展规划纲要》中开章讲得非常清楚:"文化是国家和民族的灵魂,集中体现了国家和民族的品格。"一个民族应该有自己的文化。有位领导同志讲过,民族文化是一个民族的"身份证"。这讲得很生动,如果没有身份证,就是"黑户口",没有民族文化,就没有灵魂,那怎么谈得上民族、国家的品格?是谈不上的!因此我首先从文化这个方面讲。

大家知道,生物界要能够延续靠的是基因遗传,生物界要不断演化靠的是基因变异,因此生物界是靠基因遗传而存在,是靠基因变异而得到发展的。人类社会的基因是什么?人类社会的基因就是文化,如果没有文化就不是人类社会。大家都知道,一个孩子生下来以后,被豺狼、被猩猩或熊抱走了,因为某种原因,由豺狼、猩猩或熊抚养长大,到了五六岁再被找回来的时候,表面是人,其实不是真正的人。因为尽管他的生物基因是人的,但是没有人的文化,所以不算一个真正的人。一切经济活动会过去,一切政治活动会过去,一切军事活动也会过去,一切活动都会过去,剩下的只是历史和文化。所以,人类社会的基因就是文化,人类社会是靠文化的传承而延续,靠文化的创新而发展的。那民族的基因是什么?民族的基因就是民族的文化,一个民族没有自己的文化,最多算个种族而已,不是一个真正的民族。

其次,再讲讲民族文化这个方面。我先讲一个例子,2005年国民党主席连战来中国内地,并送给了中国内地三件礼品,其中一件是他爷爷写的《台湾通史》。他的爷爷叫连横,我一看就很惊讶。因为我过去知道连横,他是台湾的一位爱国人士,是一位历史学家。

我记得1996年1月份,中国内地的10所大学校长访问台湾,当时南开大学校长是刚刚上任的侯自新教授,是搞数学的,其余9个大学校长也全部是搞理工科的。我想,到了台湾以后,台湾的同胞、台湾的教育界,会怎么看内地?看你们内地都是搞科学技术的,没有搞人文文化的。我想给他们看看内地的大学校长也懂得人文文化。访问的第一所大学是台南的成功大学,成功大学是台湾一所很大的大学,主要是工科。第一天见面的时候,我们所有大学校长跟成功大学校长吴京教授交换了礼物,我就对他讲,我没有到过台湾、台南,但我深深了解台湾、台南,台南有一位诗人、历史学家叫连横,他曾经写过一首诗叫《台南》,我的孙女那时才7岁,她也会背,这首诗写得非常好。这首七律是这样讲的:"文物台南是我乡,归来何处问行藏。奇愁缱绻惊江柳,大泪滂沱哭海桑。卅载弟兄犹异宅,一家儿女各地方。夜深细共荆妻语,青史青山尚未忘。"说的是,有着丰厚文物遗产的台南是他的故乡,有着丰富文化传统的台南是他的故乡,但哪里是他的家呢?为什么这么讲?因为在1895年清政府被迫把台湾、澎湖、琉球割让给日本,当时连横带着他的一家人从台湾来到内地,从1895年到1925年的30年间,连横在台湾和内地之间来来往往,1925年他回到台湾时当然很有感触,当然要问:哪里是他的家呢?后两句说的是,他看到台湾的沧桑剧变,愁闷就像江边杨柳被烟困住那么沉重,眼泪像大雨滂沱一样落到台湾大地。30年,兄弟姐妹分居各地;30年,一家人不能见面！夜深了就悄悄地跟老伴讲话，因为不能大声（声音大了会被日本人抓了杀头）。讲什么呢？讲的是，中华民族的历史、台湾的历史，神州大好山河、台湾大好河山，他没有忘记！这有着多么深沉的民族感情！

因此我就想，这个连横是不是连战的爷爷呢？很快我就在书架上找到了一本安徽人民出版社出版的《华夏正气篇——历代爱国诗词选注》，一查就可以断定是他的爷爷。因为我查到这个连横比连战大了58岁，我比我孙女大了56岁，第二天看到报纸上也刊登连横是他的爷爷。为什么连战来到内地呢？不仅仅是基因相同的关系，更重要的是民族文化相同的原因，所以，民族文化是一个民族的基因。民族是个什么概念？党的十七大报告中讲，中华文化是中华民族生生不息、团结奋进的不竭动力。《国家"十一五"时期文化发展规划纲要》中讲，民族文化是一个民族生生不息的精神纽带。因此，民族文化对一个民族非常重要。中国科学院自动化研究所的一个国家重点实验室中，有一位先生叫王飞跃，他是美国亚利桑那大学从事信息科技研究的教授。他在美国拿了博士学位，而且后来被聘为终身教授。他从事信息、人工智能研究，哲学不错，中华文化不错，思维也极为活跃。王先生没有加入美国籍，他非常爱国、非常能干，前几年回国后，来到中国科学院自动化研究所工作。1985年，《科学时报》记者采访时问他：你为什么这

民族文化教育与自主创新道路

么喜欢中华文化,对你工作有什么帮助?王先生答得非常好,他讲:因为我是中国人。他不是讲中华文化有什么用处,而是说中国人不懂中华文化能行吗?

英国哲学家罗素就讲,中国与其说是一个政治实体,还不如说是一个文明实体,是一个唯一幸存至今的文明。是不是政治实体我不讨论,但是他不得不承认,中华民族、中华文明和中华文化是至今唯一保存下来的最古老的民族、最古老的文明和最古老的民族文化。世界有四大古文明,尼罗河流域的古埃及文明,恒河流域的古印度文明,幼发拉底河与底格里斯河流域的古巴比伦文明,再就是黄河长江流域的中华文明。现在其他三个文明都没有了,只有中华文明还存在。古埃及文明不存在,是因为现在的埃及是阿拉伯埃及共和国,埃及大地上已经没有5000多年前的文化和人种了,有古迹存在但是没有文化存在。而我们神州大地上现在的文化和人种是5000年前文化和人种的延续和发展。印度是一个伟大的国家,拥有伟大的人民和伟大的文化,中国的佛教也是从印度传过来的,可现在的印度不是古印度,是印欧民族进入印度半岛以后,把古印度消灭了,成了现在的印度,现在的印度曾经是英国的殖民地,官方语言和官方文字是英文。中国不是这个情况。两河流域的古巴比伦是现在的伊拉克,大家更知道伊拉克多么可怜,有些西方国家想怎么整他就怎么整他,中国更不是这个情况。只有中华民族、中华文明、中华文化传承了下来,为什么?就是因为中华民族文化本身的力量。

我举第二个例子,是俄罗斯经济学家弗拉基米尔·波波夫。2004年10月12日,他在俄罗斯的《政治杂志》发表了一篇文章《在通往巅峰的途中》,就谈中国为什么走向新的巅峰。这本杂志加了一个"编者按",是这么讲的:如果要问中国为什么走向新的巅峰,经济学家一定会从1978年改革开放以后寻找经济因素;政治家则不会这样,一定会从3000多年的文化中寻找这个因素。这篇文章就是从文化方面剖析了中华民族延续3000多年的原因。

我举第三个例子,日本有一位学者叫伊藤肇,他讲了一句令人深思的话:在日本,实业家能够各据一方,使得战后日本的经济迅速恢复,中国经典文化的影响功劳应居首位。还有一个日本人叫做涩泽荣一,这位先生是1840年出生的,我想大家都知道鸦片战争也是1840年。明治维新以后他从事工商业,办了500多个企业,非常成功,日本人把他叫做"金融之王"、"日本企业之父"、"日本近代经济的最高指导者"、"日本现代文明的创始人"。日本的一本著名杂志,选了日本100位最著名的企业家作了调查,推选谁是最值得尊敬的人,这位先生名列第二。这位先生在事业上取得了巨大的成功。到了80多岁他退休以后,日本财团请他讲课,讲他办企业为什么这么成功,并将他的讲稿整理成书,书中的内容可归纳为一句话,就是按照《论语》的思想办企业,这本书叫做《〈论语〉加算盘》。1931年,他去世以后,日本给他树立了铜像,一手拿《论语》,一手拿算盘。大家知道《论语》是我国非常著名的经典之作。在基督教世界,每个人必读的一本书是《圣经》;在伊斯兰世界,每个人必读的一本书是《古兰经》。在中国,人们读什么书呢?国家图书馆馆长任继愈先生也讲,《老子》和《论语》这两本书对中国的影响极深。而涩泽荣一就是按照《论语》来办企业的,以《论语》达到"义",以"算盘"达到"利",他就能很好地把"利"和"义"、文化和经济紧密结合起来。他在这本书里有一段话,商才不能背离道德而存在,因此论道德之《论语》自然成为培养商才的圭臬。他生平把《论语》作为处世的金科玉律,经常铭之座右而不离。日本对中华文化的评价与应用,这就是一个典型。

我再举一个西方的例子,F.卡普拉是美国的一个物理学家,在20世纪70年代写了一本书《物理学之道——近代物理学和东方神秘主义》。东方神秘主义主要指中国古代的哲学思想,如佛教、老子、庄子,书中有这样一段话,东方宇宙观的两个基本主题是,所谓现象都是相互统一的、相互联系的,宇宙在本质上是能动的。一句话,中华文化的哲学思想是认为世界是整体的、是在变动的,而西方不是这个情况。所以中国科学技术大学校长、中国科学院化学部院士朱清时和他的一位研究生,前几年写了一本书《东方科学文化的复兴》，这本书还请吴文俊先生写了一个长长的序言。这本书的中心思想是说，中国的文化思想就是整体论，而西方文化思想是还原论。中国的文化看的是整体，包括诺贝尔奖的获得者普利高津也讲，中国的哲学思想更适合现代科学发展。因此，中华民族、中华文明和中华文化能传下来的关键是文化的本身、文化中包含的哲学哲理。中国人不能不了解中华文化。2006年胡锦涛同志在全国科学技术大会上讲，中华文化包含丰富的鼓励创新的思想。在党的十六大上，江泽民同志讲，文化跟政治、经济分不开，在国力竞争中越来越突出，他进一步指出文化深深熔铸在民族的生命力、创造力、凝聚力中。胡锦涛同志2006年4月1日在美国耶鲁大学发表演讲，有一段话非常精彩。他说，一个民族的文化，往往凝聚着这个民族对世界和生命的历史认知和现实感受，也往往积淀着这个民族最深层的精神追求和行为准则。什么意思呢？就是说，世界和生命是客观存在，历史认知和现实感受都是认识，历史认知是理性认识，现实感受是感性认识，这个民族的文化包含了对客观存在的理性认识和感性认识的深刻哲理；精神追求就是理性认识与感性认识交融形成的世界观、人生观和价值观，就是价值取向，而行为准则就是精神追求的体现。

2007年9月初，中国科学技术协会在武汉举办年会,路甬祥同志也去了。年会期间,华中科技大学研究生会请科学技术协会主席韩启德先生和党组书记邓楠同志开了个座谈会,会上有的研究生提出,现在社会发展太快,变化太大,诱惑很多、很大,面对诱惑应该怎么办?韩启德同志说得非常好。他说:"文化大革命"时期,我在农村当赤脚医生,最大的诱惑就是上大学、学医;到了大学最大的诱惑就是做一个好医生,所以什么是诱惑,诱惑就是精神追求,就是价值的取向。非常对!行为准则体现了精神追求与伦理道德,民族文化沉淀着这个民族最深层的精神追求和行为准则。什么是最深层?一个人要是"大写"的人,要自立自尊,要有高尚的尊严。中华民族之所以能够延绵不断,就是因为中华文化中包含着深刻的哲理。民族文化发展到现在当然要与时俱进,中华民族也是与时俱进的,具体到现在,就是我们要建设社会主义和谐社会。因此我国提出,和谐文化是和谐社会的重要特征,是实现和谐社会的思想保证、精神动力和智力支撑。这句话讲得非常对,和谐文化一方面是和谐社会的重要特征,另一方面,思想上要保证方向正确。思想像汽车的方向盘,精神动力像汽车的发动机,智力支撑像汽车的整体结构,配合起来,汽车才能沿着正确的方向行驶。因此,构建和谐文化是构建和谐社会的重要任务,也是构建和谐社会的重要条件。为什么这么讲?前几年我经常听到,很多地方在讲

"文化搭台,经济唱戏",这话至少不全面。文化搭台是什么意思？文化就是为了赚钱的,只是把文化看成一个条件,没有把文化看成一个任务,那是片面的,这就会把文化引导到错误的方向上去。为什么现在很多文物、很多文化被糟蹋了,被摧毁了,被篡改了,就是为了赚钱,这显然是片面的,乃至是错误的。因此,构建一种文化是构建社会本身的任务,当然也是构建这个社会的重要条件。

2006年11月中国文学艺术界联合会、中国作家协会召开全国代表大会,会上李长春同志作了一个报告,这个报告讲得非常好。他说,建设和谐文化中最重要的是坚持社会主义核心价值体系,坚持马克思主义思想的指导地位是这个体系的灵魂,树立共同理想是这个体系的主题,培养以弘扬爱国主义为核心的民族精神与弘扬以改革创新为核心的时代精神是这个体系的精髓,树立和践行社会主义荣辱观是这个体系的道德基础。我认为他把建设和谐文化的最重要的社会主义价值体系这四点解释得很好,非常清楚,一个是灵魂,一个是主题,一个是精神,一个是道德基础。所谓灵魂就要贯穿和统率主题、精髓和道德基础;所谓主题,就是理想追求,我们现在的理想追求就是建设中国特色的社会主义;而精髓,就是两个弘扬,是我们的情感,我们的责任所在;而社会主义道德基础,就是行为准则,是行动。我认为后

民族文化教育与自主创新道路

二者的关系就是：情感、责任感是关键，它体现出理想和精神追求，体现为行动和行为准则。这就是说，理想和精神追求用责任感和情感体现出来。那么，情感和责任感怎么表现呢？用行为和行为准则来表现。因此，我认为理想和精神追求转化为责任和情感，责任和情感转化为行动和力量。社会主义核心价值体系中精髓的关键所在是教育，教育主要是指文化教育，教育是文化传承的主要形式，是文化创新的必要条件，没有文化传承就没有文化创新，所以没有教育谈不上创新。我们讲社会靠文化来延续，也可以讲社会主要靠教育来延续；社会靠文化而得以发展，也可以讲社会主要靠教育才得以发展。因此，教育在国家建设中，具有基础性、全局性、先导性。过去我们为什么看不清教育的重要性？因为教育是先导的，不能立竿见影，教育是明天的事业，不是今天的事业。而教育中要培养高层、拔尖的创新人才，这就是高等教育的任务。高等教育在教育战线上具有龙头地位。为什么具有龙头地位？一出高层次人才，二出高科技成果，三直接服务社会，同时为基础教育提供师资、提供源源不断的力量。因此，江泽民同志在我国交通大学百年校庆时对我国四所交通大学的领导讲，高等教育是教育战线的龙头。民族文化的教育关系着国家民族存亡，和谐文化的教育关系到和谐社会建设的成败和快慢，因此教育是极为重要的事情。

我再谈第三个方面,民族文化教育。我刚才讲了,胡锦涛同志2006年4月1日在耶鲁大学的演讲中说:"一个民族的文化往往凝聚着这个民族对世界和生命的历史认知和现实感受,也往往积淀着这个民族最深层的精神追求和行为准则。"这句话讲得非常深刻。那么文化内涵是什么呢?文化内涵至少包含五个方面:一是知识,二是思维,三是方法,四是原则,五是精神。知识是文化的载体,没有知识就谈不上文化。因此,文化的内涵之一是知识。知识以这种形式、那种形式传递下来。有文化先得有知识,好好学习首先是学习知识,没有知识绝对不行,但是只有知识也不行。20世纪50年代我国有一本刊物,是从苏联翻译过来的,叫做"知识就是力量"。英国哲学家培根也说过:知识就是力量。这句话对不对?不全对,因为有知识不一定有力量,这是由于人没有思维的话就绝对没有力量。如果说"知识就是力量",不如说"没有知识就没有力量",这更正确。因此,文化的内涵之二是思维。有知识不一定有力量,人是万物之灵,没有思维绝对不行。2006年11月在复旦大学举行的一个信息电子类研究生教育学术研讨会上,一位中国工程院研究信息的院士讲了一件事情。他说,你别看计算机那么高妙,但现在最好的计算机智力还不如五六岁小孩的灵性,一个五六岁的小孩在六七百人的报告厅中要找妈妈,很快可以把妈妈找到,而计算机就没办法找到。我就告诉他,我听说过,周岁左右的小孩当妈妈不在时号啕大哭,妈妈一来,就不哭了。而计算机不会这样,因为它不是人,没有人的灵性,也没有人的思维能力,所以只有知识而没有思维,就不能超越知识,不能创新知识,即不能发展知识。要超越、创新、发展,就必须要有思维。很感谢中国科学院和中国工程院联合推出的一套《院士思维》,共四大本,由安徽教育出版社出版。书中收集了256位院士写的有关思维的256篇文章,后来还精选了其中的50篇出了精选本。书里每位院士都谈了自己的思维,谈了思维的重要性,认为思维是文化的关键。文化的内涵之三是方法,这是根本。因为知识对不对,思维对不对,对多少,为什么,都要靠实践检验,要实践就要有方法,不管你是否能意识到。而且,追根溯源,实践还是创新之源。这点极为重要。当然,不同的领域有不同的实践形式。要实践一定要有方法,方法就是知识和思维与实践间的桥和路。因此文化内涵里面必定还要包含方法,没有方法,知识、思维是不能实现的。文化内涵之四,还要有原则。知识、思维、方法靠原则来指导。比如,科学文化的原则就是求真,知识是不是对的?要是对,一定是一元的。思维是不是对的?要是对,一定要符合逻辑。方法对不对,一定要实证。因此,对科学文化而言,知识是一元的,思维是逻辑的,方法是实证的,都是靠科学文化的求真原则来指导的。文化的原则指导着思维、知识、方法。而超出这四者之上的就是精神,即文化的第五个内涵,这是文化的灵魂,没有这个精神,文化就没有灵魂。如果讲得抽象一点,就是过去冯友兰先生讲的关于一个人的境界如何的问题。具体讲,人能不能求真、能不能务善、能不能完美、能不能创新,这就是追求最高的境界。"大学之道,在明明德,在新民,在止于至善。"这个至善,就是求真、务善、完美、创新,是人的最高境界。精神一定会融入前四者之中,如果说知识、思维、方法、原则是才的话,那么精神就是德。文化教育就是要育人,要德才兼备,而不是做个机器出来。我认为把德与才的关系讲得最精辟的就是司马光在《资治通鉴》中讲的:"才者,德之资也;德者,才之帅也。"这句话是说,"才"用来体现"德",体现出精神境界,而"德"、精神是用来统率"才"的。1960年陈毅同志在广州知识分子工作会议上的讲话中举了一个简单而深刻的例子,就讲明了这两句话。他说一个高级飞行员连飞机都开不好,行吗?但是,飞机开得很好,开到敌人那儿去了,又返回来打自己人,就更糟糕。当然,一个飞行员连飞机都开不好,又怎么体现"德"呢?高级人才一定是要用自己的工作才能、工作能力体现自己的"德",同时更重要的是,工作才能、工作能力必定要用"德"来统率。我认为,"才"是用来体现"德"、升华"德"的,艺高人胆大,艺是才能,有很高"才"的话可以把"德"

体现得更加彻底，会激发更大的"德"；同时，"德"不但统率"才"，而且能激活"才"，使"才"得到发展。因此，中国自古强调德才兼备，20世纪五六十年代谈"又红又专"，现在谈德智体美、德育为先，也是这个意思。我们国家非常重视"德"与"才"的关系，"德"一定放在前面。胡锦涛同志讲，教育最根本的任务是立德树人，讲的就是"德"的问题。这个"德"不是抽象的，一定是通过"才"体现的，没有"才"怎么体现"德"呢？例如，做人、做事、做学问。我理解做学问是研究做人的学问、研究做事的学问、研究做人做事关系的学问，做人要用做事来体现，做事要由做人来统率，就是这么一个关系。因此没有抽象的"德"，更没有不被统率的"才"。我们民族文化中，把"德"放在精神层面、做人层面，把"才"放在操作层面、做事层面。精神层面，升华人的理念，陶冶人的情操；操作层面，启迪人的思维，锤炼人的能力。精神层面就是灵魂与根本，操作层面就是智慧和才能，下面我就讲一下灵魂和根本。

　　中华民族文化的灵魂和根本就是责任感，我不知道对不对，但我认为就是责任感。"天下兴亡，匹夫有责。"这个责任感不仅是优秀传统，而且是现代世界潮流，任重而道远。1998年联合国教科文组织在巴黎召开全世界首届高等教育大会，会上发表了两个文件，一个是《宣言》，一个是《行动纲领框架》。《宣言》开章就讲了，高等教育的根本任务是培养高素质的毕业生和负责任的公民。在学校里是做高素质的学生,到社会上要做一个负责任的公民。第二年,1999年,联合国教科文组织同其他组织一起在布达佩斯召开一个全世界的科学家大会,大会的中心议题就讲科学家必须对自己的工作负责任。责任感是中华民族文化的灵魂与根本之所在。一个人要有强烈的责任感,什么是强烈的责任感?就是对工作有强烈的责任感,对社会有高度的命运感,对历史有神圣的使命感,对时代有紧迫的发展感,对他人有真诚的同情感,对自己的良心有鲜明的荣辱感。责任感是非常重要的。没有责任感就没有激情,没有激情就没有动力,没有动力就不能达到忘我境界,不能达到忘我境界就不可能在忘我境界里创造奇迹。

2000年的六七月份,我去参加了一个在上海召开的21世纪初先进制造技术研讨会。我在会上作了一个不到15分钟的发言。我讲,据我所知,现在的机电设备中,75%需要进口,为什么进口?因为进口大有好处。一是经手的人利益很多;二是进口的设备出了问题没有什么关系,如果不是进口的,出了问题就不行。那就进口吧。主持会议的人是原来机械工业部的一位老干部,大学毕业。他说:"杨院士讲得很对,非不能也,是不为也。"有两位教授到一个重点单位对一台很复杂的机电设备进行改造,把普通的控制改成计算机控制,其他都没动。他们对我说这台设备现在做不出来。我问："这台设备什么时候做的？"他们回答："三年困难时期做的。"我反问："三年困难时期做得出来，现在为什么做不出来？"他们说："难道你不知道，那时候人们怎么想，要对毛主席负责，对党负责，对人民负责，啃都要啃出来！现在呢？人们怎么想，傻瓜才干这事情，干对我有什么好处？"我听了很有感慨，很多事情做不出来，也不想干，能有什么责任感？一切只从个人利益考虑怎么行？如果没有责任感就不能忘我；不能忘我就不能创造奇迹。所以我跟很多人讲了，在《红楼梦》中，曹雪芹写了一首小诗："满纸荒唐言，一把辛酸泪。都云作者痴，谁解其中味。""痴"就是忘我。没有忘我就不可能在忘我境界中创造奇迹，因此责任感是非常关键的问题。所谓的责任感，在深的层面就是世界观、人生观、价值观的追求；在浅的层面，表现出来的就是社会行为和行为准则。只要有可能，我每天都看"新闻联播"，其中有个栏目叫做"永远的丰碑"，其中有一次就播了一段白求恩的故事，节目里说，白求恩同志的精神非常伟大，他去世后，毛泽东同志写了篇文章纪念他，叫"学习白求恩"，这篇文章被收入《毛泽东选集》的时候，改名为"纪念白求恩"；《纪念白求恩》与《为人民服务》、《愚公移山》一起成为党的历史上的三篇重要文献。节目这个评论写得非常好，我看了非常感动。是的，《为人民服务》讲的是精神追求，讲的是价值体现,生要生得重如泰山,死要死得重如泰山;《纪念白求恩》讲的是责任感,技术精益求精,专门为人,对工作极端负责任;《愚公移山》讲的是行为,下定决心,不怕牺牲,排除万难,去争取胜利。这三篇讲的就是精神追求、责任感和行为。中央电视台把这三篇文章讲成我们党历史上的三篇重要文献,是非常正确的。中华文化价值观的核心是什么?杨振宁先生和新加坡李光耀先生都讲过,是国家重于家庭,家庭重于个人。我经常说我这个人很喜欢中国文化,但是也喜欢外国文化,匈牙利爱国诗人裴多菲写了一首诗:"生命诚可贵,爱情价更高;若为自由故,二者皆可抛。"生命诚可贵,是一个人的价值;爱情价更高,是两个人的价值,计划生育,是三个人的价值,超计划生育,是四五个人的价值;若为自由故,为了国家、民族的自由;二者皆可抛,都可以牺牲。国家与民族要延续下去,一定要有集体重于个人的精神。中华民族就有这个传统,过去忠孝节义讲的就是责任感的问题。忠,天下兴亡,匹夫有责,对国家对民族要负责任;孝,孝悌也者,为人之本,对父母和长辈要负责任;节,相敬如宾,偕行到老,对配偶和家庭要负责任;义,荣辱与共,重于泰山,对朋友要负责任。讲究负责任是中国人的根本。

孝子孝子,孝顺之子,孝顺的儿子,孝顺的女儿。弗拉基米尔·波波夫认为,中国能延续五千多年,有三个文化因素,第一个是奇妙的文字,第二个是浩瀚如海的文献,第三个是尊重祖先。什么是尊重祖先?尊重祖先就是尊重历史,没有历史哪能有今天。尊重父母就是尊重自己的成长,不尊重怎么行,没有责任感怎么行,不对历史负责任怎么行,绝对不行。我们学校有位搞经济学的老教授,近百岁高龄,抗日战争胜利前就在哈佛大学拿到了经济学博士学位,他博士论文的题目是"农业国的工业化",用现在的话讲就是发展中国家如何实现现代化。别人讲了,如果不因为种种原因,他早就拿到了诺贝尔经济学奖。这位先生"文化大革命"以后80多岁了才复出,现在干得很不错,95岁还在带研究生。他说:邓小平讲社会主义是中国特色社会主义;讲商品经济、市场经济是社会主义商品经济、市场经济。邓小平非常的英明,非常的贤明,非常的聪明,了不起!为什么?他说邓小平同志就没有否定过去,没有否认历史,在过去基础上做,要改的照样改了,所以中国能够稳定下来。我们学校有位老先生叫涂又光,是冯友兰先生的高足,冯友兰先生是我国著名的现代哲学家,20世纪90年代去世的。涂先生讲,什么叫做婚姻?婚姻是爱情加责任,只讲爱情,不讲责任,绝对不行。因此中国有句形容夫妻关系的古话,叫做"相敬如宾",是宾客的话就要相互尊重。我跟我们的同学讲过:现在谈恋爱,拼命追对方,对对方的什么缺点都能容忍,自己的什么缺点都拼命克服;一旦结婚,就倒过来了,对对方的缺点不能容忍,自己的缺点暴露无遗,那不垮台才怪呢。丈夫与妻子一定要相敬如宾,是夫妻又是朋友,一定要负责任。中华文化的核心就是讲负责任的问题。负责任就要爱国,对国家负责任。中国古代的伟人都知道爱国首先爱民,民为邦本。孟子说,民为重,社稷次之,君为轻。古训讲,民以食为天,官以民为天。我经常跟同学们讲,有一部电视纪录片要好好看看,非常好,那就是《邓小平》。我看了很感动。这部片子开始时,邓小平说:"我是中国人民的儿子,我深情地爱着我的祖国和人民。"这句话讲得太好了,"我是中国人民的儿子"是什么意思?就是指我是属于人民的。"我深情地爱着我的祖国和人民"是什么意思?就是要为了人民、相信人民、依靠人民。所以,首先要爱民,不在老百姓之上,而在老百姓之中,应该为了人民、相信人民、依靠人民。人民是官的衣食父母,官不是人民的衣食父母。我曾到保定看过府衙,省一级的衙门保存最完整的在保定,国家一级保存最完整的衙门是故宫,县一级的衙门保存最完整的在河南南阳的内乡。内乡的衙门我看过两次,令我很感动。这个县衙门有一副对联写得很好,"吃百姓之饭,穿百姓之衣,莫道百姓可欺,自己也是百姓;得一官不荣,失一官不辱,勿说一官无用,地方全靠一官。"对联的意思是:吃的饭是老百姓的,穿的衣服是老百姓的,自己也是老百姓;得了一个县官并没有什么光荣，丢了一个县官没什么耻辱，一个地方治理得好坏，就全靠县官。清朝一个县官达到这个境界不容易，能够正确看待自己跟老百姓的关系。在那个社会当官的不可能超过的一条线就是造反。甚至有人讲，清官比贪官还坏，因为清官麻痹老百姓，维护皇帝的统治，而贪官激起老百姓造反。这个讲法完全违背了历史唯物主义观点。过去讲过载舟覆舟，老百姓是水，水可以载船，也可以把船翻过来。因此，还是要相信人民，依靠人民。

第四个方面我们谈一下民族文化教育与自主创新道路。从上面讲的，我们可以知道，中华民族文化不仅为自主创新提供了灵魂与根本，还为其提供了智慧和才能。我前面谈了文化的五个内涵：知识、思维、方法、原则、精神。下面也就这五个方面谈谈文化的智慧与才能。

第一点是文化提供了创新的基础。创新一定要有知识，没有知识绝对不行，我前面讲了，《论语》是中国最经典的著作之一，原国家图书馆馆长任继愈先生也讲这本书应作为中国人必读的图书。《论语》第一篇第一章第一句就讲"学而时习之"，"学而时习"不是讲学知识要经常温习，这个习不是温习的意思，这个习是实践、实习的意思，要经常地实践，向书本学习，向实际学习，向群众学习。因此才有第二句"有朋自远方来，不亦乐乎"，因为学习要向群众学习,有朋友从远方来当然是学习的好对象。因此这段话讲明了学习的重要性。毛泽东同志给小朋友题词说,"好好学习,天天向上",成年人也应如此,现在社会发展这么快,你不好好学习怎么行呢。湖南长沙岳麓书院有四句话:"博于问学,明于睿思,笃于务实,志于成人。"这句话是说学问要渊博,思考要明晰深刻,实践要扎扎实实,这样才能成就一个人才,其中也阐明了要把学习、思考、实践紧密结合起来的重要性。现在科学技术发展日新月异,已经进入信息社会和知识经济时代,没有学习型社会就绝对没有知识经济。因此,创新的基础是要有知识。

第二点是文化提供了创新的思维。"和而不同"是孔子讲的,是说大家彼此不同,而能和谐相处,有差异又有和谐,这就很好。我举个例子,就是《左传》中有个故事,讲的是齐侯跟晏子的一段对话。晏子是春秋时候齐国一位了不起的大臣。有一次齐侯打猎回来,晏子在等他,有位很喜欢拍马屁的臣子叫梁丘据的也赶了过来,齐侯很感动地说:"哎呀,只有梁丘据跟我很和啊!"晏子说:"不对,梁丘据不是和而是同。"齐侯说:"和跟同不同吗?"晏子讲:"对!和就像做汤,把醋、姜、盐、梅子、各种佐料,以及鱼、肉都放进锅里,慢慢加温,味道不够的地方加一点,味道过多的地方去掉一点,做出好汤,别人喝了心里很舒服。譬如君臣,你跟我之间也是这样,你觉得这个事情可以做,我觉得还有不可以做的理由,我就讲为什么不可以做,然后你充分考虑不可以做的原因,再做出决定,就可以成功;反之亦然。这样做问题才比较少,老百姓才能安定。而梁丘据呢,你讲可以做,他也讲可以做;你讲不可以做,他也讲不可以做,这就好像水里加水还是水;你弹一个音符,他也弹这个音符,这就不成为音乐。这就叫做同。和与同的区别就在这里。"有人说,和就是搞五湖四海,同就是搞清一色,搞清一色不行,搞五湖四海才行。华中科技大学的涂又光先生,1994年在美国参加了全世界第九次的中国哲学大会。他回来告诉我,会上有人问他,中国哲学里最精彩的是什么,他说,讲一个字就是"和",讲两个字就是"中和",讲三个字就是"致中和","致中和"是《中庸》里讲的,做到中和,万事万物各就其位、各司其职,万物欣欣向荣,所以中和、中庸的思想是中华文化的一个了不起的哲学思想。如果用现代哲学讲,就是对立统一思想的生动体现。1999年1月27号《光明日报》报道了一个消息,标题是"中国传统文化对计算机技术的一大贡献——访中国科学院软件研究所唐稚松院士"。因为唐院士开发了一个软件,叫XYZ系统软件,这个系统非常不错,在1990年获得了国家自然科学奖一等奖。这个软件用的语言叫时序逻辑语言,发明这个时序逻辑语言的不是唐稚松,而是一位以色列专家卜诺里。1997年卜诺里因此获得了计算机界最高的奖,即图灵奖。他得了这个奖以后,写封信给唐稚松先生,说这个奖也有你一部分,因为没有你这个软件,时序逻辑语言就得不到应用。日本的软件协会主席岸田孝一评价这个软件说,这个软件用的工具是现代数学,但指导思想是孔子中庸哲学和佛教禅宗认识论。"和而不同"的思想在现代仍起着重要作用。

第三点是文化提供了创新的方法,"顺天致性"。"顺天"是按客观规律办事,"致性"是使所办的事能合乎本性健康地发展。这点老子讲的是"无为",无为不是消极、不干活,老子的无为是指不去干违背客观规律的事情,无为才能无所不为。唐宋八大家之一的柳宗元写了一篇短文,扣除标点符号471个字,文章名为"种树郭橐驼传"。文章分四个部分,第一部分写郭橐驼是何许人也,第二部分写他种树的经验,第三部分写经验的推广,第四部分是结论。文章中说,郭橐驼是个种树的人,因为生病腰弯了,像骆驼一样。他很会种树,不管种的树还是移种的树都能活,不但活而且长得又快、又好,结的果子又多、又早、又好,别人学都学不会。他种树有什么经验?经验就是,"顺木之天,以致其性",即按照树的生长规律来发展树的个性。种树时树根要张开,种树的土不要更换,树要放正,土不要太紧、太松、太湿或太干,种的时候要像对孩子那么细心,种了以后就别再管了,这样种的树就会长得好,果也会结得好,这是树的本性。

有的人种树就不是这样,种下去根卷了、土换了,土要么太紧、要么太松,还种歪了,那怎么行?有些人对树很爱护,早上看看、晚上看看,还不放心,把树皮剥开,看看树活了没有,把树摇来摇去,看看树根长固了没有,这样一来树就完了,"虽曰爱之,其实害之"。我想到了毛泽东同志在1964年春天谈到教学要改革,改变教学内容太多、"硬灌"、考试死记硬背、搞突然袭击、把学生作为敌人来对待的状况。我觉得这句话讲得很有道理。所以,"顺天"就是按照科学规律办事,"天"是客观规律。文章的第三部分讲经验推广,有人问郭橐驼,你这个经验能够推广到管理上面吗?他讲,我不是做官的,是种树的,也不懂得管理,但是我在农村看到乡村干部经常麻烦老百姓,似乎是在关心,但最后带来的却是祸害。他们喜欢频繁地发布命令,如上级命令你快点播种、快点插秧、快点收割、快点纺纱、快点缫丝、快点养家禽、快点教孩子读书,一下敲鼓、一下敲锣,要聚合、要训话,农民连饭都来不及吃,还得对付干部,那怎么能休养生息?我想这跟1958年搞人民公社一样,一起按照规定行事,吃大食堂,搞平均主义,最后带来了巨大的灾难。凡是按照主观主义办事,最后必定会带来很大的祸害。因此,中华民族文化的思想是要按照客观规律办事。

第四点是文化提供了创新的原则,即"实事求是"。孔子讲,"知之为知之,不知为不知",意思是懂就是懂,不懂就是不懂。老子讲,"人法地,地法天,天法道,道法自然"。"人法地",意思是人要向地学习;"地法天",地要向天学习;"天法道",天向道学习;"道法自然",道的运动就是自然。"自",即客观存在的实体,"然",即运动。客观存在的实体按照本身规律运动,就是"自然"。所以有人讲老子的精髓是无为、自然,这是有道理的。自然就是承认客观存在,承认客观存在是有其本身规律的,要按规律办事。中国革命的胜利、中国建设的胜利、现在科学发展观的胜利,就是马克思主义中国化现代化的胜利,就是实事求是的胜利。我经常讲,党对干部的要求有三个标准:为民、务实、清廉。务实就是讲实事求是,为老百姓首先要实事求是,再就是清廉,千万不能弄虚作假,千万不能贪污腐败。所以,中华文化讲实事求是,不能作假。毛泽东同志在延安就讲了,说假话的人是最笨的人。

第五点是文化提供了创新的精神,"自强不息"。《周易》里面讲的六十四卦,其中最重要的是两卦,即乾卦与坤卦。乾卦讲,"天行健,君子以自强不息"。这个"健"严格讲是"乾",君子应该向"乾"学习、向天学习,自强不息地运转。坤卦讲,"地势坤,君子以厚德载物"。君子要向坤学习,向地学习,用宽广的胸怀去承载万物。这两句话讲的是自己应该自强不息,对别人要厚德载物,要懂厚德载物必定要自强不息,没有自强不息就不可能厚德载物。所以《周易》讲,要天助一定要自助,没有自助就不能有天助,没有什么绝对固定的标准,一切按照客观存在的变化规律来做。2002年10月,我到北京大学评估一个重要项目,我一走进校史馆,看到八个大字:温故知新,继往开来。我很感动,觉得这八个字说得很对。只有温故才能知新,只有继往才能开来;知新不是为了温故,但是知新一定要温故;开来不是为了继往,但是开来必定要继往,要尊重历史。自强不息用现代话讲就是与时俱进。所以,我们要解放思想、实事求是、与时俱进,这是中华民族文化现代化的典范。因此,我认为中华民族文化不仅提供了自主创新的灵魂与根本,而且从文化的知识层面、思维层面、方法层面、原则层面、精神层面提供了智慧与才能,即提供了具体可操作的东西。

　　最后我还想谈谈经济建设中的文化思考的问题。我前面讲了"文化搭台,经济唱戏",这不对!所以在现代化经济建设中,一定要有文化思考。我讲五点:一是团结拼搏、抢抓机遇;二是求真务实、突破关键;三是高瞻远瞩、持续发展;四是固本浚源、加强基础;五是弘扬人文、以人为本。

　　第一,团结拼搏、抢抓机遇,这是最根本的。为什么75%的机电设备要进口,为什么三年经济困难时期能做出来的设备现在做不出来?团结拼搏,二人同心,其利断金。机不可失,时不再来,两个人同不同心,效果大不相同。我举两个数字,中国的经济占全世界经济的总量,我查了一下,在1800年,也就是嘉庆五年,中国的经济总量占全世界的33%,美国占0.8%;到1998年我们的经济总量占全世界的3.4%,到目前为止没有一个国家经济总量能够占全球的33%。1750年,现在发达国家的人均GNP(国民生产总值)与现在第三世界的人均GNP比例是0.97,到1900年变成2.57,到1990年变成8.12,差距很大。为什么?因为第一次工业革命的时候,中国的闭关锁国,自高自大;第二次工业革命的时候,中国遭受帝国主义的侵略,濒临危亡;第三次工业革命的时候,中国经历"文化大革命",又丧失了时机;现在第四次机遇是信息革命,我们一定要抓住机遇。

第二,还要求真务实、突破关键。1958年"大跃进",全国人民为炼制1000多万吨钢而热火朝天地奋斗,但是因为不求真务实而碰得"头破血流"。要求真务实,就一定要按客观规律办事,还要突破关键,不能面面俱到,不能不抓关键。成都武侯祠有这样一副对联:"能攻心,则反侧自消,自古用兵非好战;不审势,则宽严皆误,从来治蜀要深思。"很多领导都从这副对联里得到了启示。上联的意思是,会打仗的人,百战百胜不是最好的,不战而屈人之兵最好,要能攻心,要把敌人、反对派心里的防线击垮,这就是讲要突破关键,关键是把精神攻垮,把思

民族文化教育与自主创新道路

想攻下来。下联讲求真务实,凡是不讲实际情况都是错的。下联讲的是求真务实,上联讲的是突破关键。什么是关键?观念!胡锦涛同志在十七大报告中讲,2007年6月25日在中央党校对省级干部报告中也讲,最关键的就是20个字:解放思想、改革开放、科学发展、社会和谐、全民小康。第一个就是解放思想,这就是观念问题,我们知道要把经济搞上去,国家一定要经济有实力;要有经济实力,一定要有技术储备;要有技术储备,一定要有科学技术优势;要有科学技术优势,一定要把教育搞上去;教育要搞上去,一定要体制、机制顺;要体制、机制顺,一定要观念转变,观念不转变绝对不行。所以胡锦涛同志首先提的是解放思想。只有解放思想、转变观念,才可能进一步推动其他的发展。

  第三,必须高瞻远瞩、持续发展。不仅仅是看目前,还要看长远。我到过成都多次,有一次我到成都电子科技大学去,跟接待我的校办主任讲,成都山美、水美、人更美。他讲,杨校长讲得不太对。我说,为什么不对?他说,山美,峨眉山、青城山很美;水美,岷江、锦江很美;人就不太美。我说,人为什么不太美?他讲,有人认为,成都只有小家碧玉没有大家闺秀。我说,卓文君还不算大家闺秀?薛涛比大家闺秀更大家闺秀。他说,别人不这么看。我说,男人也可以吧。他说,当然可以,那有谁呢?我说,有人,李冰父子最美,因为李冰父子筑了都江

415

堰，有了都江堰以后才有富饶的成都平原，下雨不怕涝、天晴不怕旱，而修了都江堰不但没有破坏自然环境，而且使自然环境更加美，这是非常有远见的，这就是全面、协调地按照客观规律办事，才能获得真正的发展。办事一定要看到明天，不能只看到今天。老子讲得非常好，"祸兮福之所倚，福兮祸之所伏"。党的十七大提出了科学发展观，提出了五个统筹，就是这个意思。因此做事情一定要高瞻远瞩。1997年有个世界组织作了一个调查，20年间，工业发达国家的烟草消费量降了10%，发展中国家增加了24%，中国增加了2倍，居世界第一。我有一位同事是烈士的弟弟，很喜欢抽烟。我说，你别抽烟了，对身体不好。他说，对身体有什么坏处？我说，抽烟有什么好处呢？他说，抽烟两大好处，一是减少人口，二是发展生产，有人说还有第三个好处，即增加税收。根据世界卫生组织统计，烟草是全球人口致死的第二大原因，我国烟草税收入现在占总税收收入的比重太大了，一定要慎重对待。但从全面长远看，不戒烟是不行的。有的国家已经规定，电影里、电视里不准出现抽烟的镜头。

第四，必须固本浚源、加强基础。基础不牢，地动山摇。社会需要是一个轮子，探索未知是另外一个轮子，社会进步要靠这两个轮子转动，缺一不可。社会需要当然是第一位的，但不能只看到眼前，不能一切都要立竿见影。既要看到目前的需要,要"急功近利",但是也不能全部"急功近利"。科学研究中应用研究和基础研究的最佳比例是"黄金分割"(0.618),应用研究要投入62%的经费,基础研究要投入38%的经费,在基础研究中,应用基础研究投入62%,纯基础研究投入38%,那么纯基础研究、应用基础研究、应用研究三者的比例就是14∶24∶62。根据统计数据,美国、法国、德国、日本均是如此,俄罗斯也是如此,乃至印度也大体如此。而我国2003年报纸上公布的数据是7∶15∶78。这怎么能够引领未来呢?为什么新中国成立60多年了,还没有诺贝尔奖的获得者呢?很重要的一个原因就是轻视基础研究经费的投入,讲大一点包括教育方面,教育经费在国外不少国家要占GDP的4%,而我国教育经费绝对数虽然年年增加,但相对GDP的增长却在下降。教育不是立竿见影的事情,但是绝对不能不着眼于未来。

  第五,要弘扬人文、以人为本。胡锦涛同志在耶鲁大学的讲话中引用了中国一句古话:"天地之间,莫贵于人。"讲得非常对。老子有一句话:"道大,天大,地大,人亦大。域中有四大,而人居其一焉。"所以,中华文化中一是讲究对立统一,二是讲究人的主动性,绝对不能不重视人的主动性。1998年北京大学百年校庆时李岚清同志在世界大学名校的校长会上作了一个讲话,其中讲了一点,告诫我们国家的老师和学生,不要只精于科学而荒于人文。后来我把这个话展开成了五点。

一是不要只精于科学而荒于人学。不要只看到了科学重要而丢掉了人。没有金属的发现,没有金属工具的发明,就没有农业革命;没有热力学的发现,没有蒸汽机的发明,就没有第一次工业革命;没有电磁现象的发现,没有电机、电器的发明,就没有第二次工业革命;没有半导体的发现,没有芯片、计算机的发明,就没有计算机革命,就没有网络革命,就没有信息革命。现在《国家中长期科学和技术发展规划纲要(2006—2020年)》里,特别提到三个领域,生命科技、纳米科技、量子科技,这三个领域科技的发展,对未来社会发展的影响是难于估量的。但是,在充分看到科学技术的作用的同时,更不能忽视人的作用。科学技术是第一生产力,但是科学技术用得不对的话,就是第一破坏力。《科学时报》登了一条消息,上面提到在中国科学院2003年在北京召开的一个座谈会上,日本有一位2000年诺贝尔化学奖获得者野依良治说,世界现在的基本矛盾是科学技术"双刃剑"的矛盾,要看怎样利用科学技术。他认为,如果人的价值观的取向不改变,只顾追求科学技术的效益的话,将给人类带来灭顶之灾。所以,人需要把科学技术、社会科学、人文学科结合起来,形成一个体系,才能够使社会进步发展。因为科学技术是人创造、使用的,如果人创造不当、使用不当,反而会带来祸害,是第一生产力还是第

民族文化教育与自主创新道路

一破坏力的关键在人,而不在科学技术本身。

二是不要只精于电脑而荒于人脑。计算机改变了整个世界。但是人脑的作用,绝不可忽视。我举个例子,前不久看到一个报告,让我吃了一惊,中国有位先生背数学上的圆周率π,打破了世界吉尼斯纪录。他背了67890位,用时24个小时零5分钟;前一个纪录是一个日本人背了3万多位;但是对计算机来讲这没什么了不起。只要计算机内存位数够,即使60万、600万位甚至再多也背得出来。背数字,人没有办法跟计算机比,但是计算机没人的灵性,没人的原创性。前面讲的一个五六岁小孩可以在几百人中把他妈妈找出来,但计算机就找不出来。大家知道深蓝机器人下国际象棋的事,别人告诉我第一次走国际象棋的时候,深蓝机器人走赢了国际象棋大师,第二次深蓝机器人却输了。为什么输?因为国际象棋大师走了最蹩脚的一步,会走国际象棋的人都不会走这一步;但就是这一步让深蓝机器人宣布失败。为什么?因为"深蓝"机器人宣布:查无此程序。它不是人,没有天赋的灵性,没有原创性,只能按一切已给定的程序办事,而人脑是有灵性、有原创性的。所以只注重电脑,不注重人脑;只注重电脑的分析能力、记忆能力等,而不注重人脑的灵性原创性的能力,就犯了大错误。在武汉曾举行过一次国际机器人足球队的比赛,在开幕式上有位负责人讲,将来机器人足球队一定会战胜人类足球队。在那之后不久,美国也有刊物预测40年、50年以后机器人足球队会战胜人类足球队。他讲了以后,也要我讲几句,我就讲,机器人足球队将来一定会战胜人类足球队,但我也补充一句,当机器人足球队战胜人类足球队之日,也是人类更大的原创性、更大的智慧发挥之时。因为如果没有人类更大的智慧、更大的原创性,又怎么会制造出能战胜人类足球队的机器人足球队呢?所以一定要开发人脑。

三是不要只精于"网情"而荒于"人情"。现代社会网络太重要了。进一步的现代化要靠网络,全球一体化也要靠网络。有一个网站曾让我题词,我就写了三句话:"谁赢得网络,谁赢得青少年,谁就赢得未来。"中共中央政治局开全体会议专门讨论了网络建设的问题。没有网络,很多事情就无法开展,但是也绝对不能忽略人情,1996年中国内地10个大学校长到境外参加一次学术讨论会,会上有位校长发言说,我相信有一天大学只有三大功能,一招生,二考试,三发毕业证书。我说,我不同意,照你这个讲法,国家议会大厦可以取消,国家剧院可以取消,这不行,网络交往不能替代人与人之间的直接交往,虚拟世界也不能代替实际世界。我们可以在网上找对象,网上谈恋爱,网上结婚,但是绝对不能在网上生孩子。因此,要懂得人与人之间的直接交往,人与人之间直接的感情交流、思想交流,不是网络能取代的。人与人之间的直接交往产生的很多情况是只能感觉到而难以言喻的。中国科学院组织在深圳召开了几次会议,深圳领导讲得很好,他们说网络越发达,我们越是欢迎院士直接到深圳举办活动,这真是有远见。

四是不要只精于商品而荒于人品。2006年11月在中国文联第八次全国代表大会、中国作协第七次全国代表大会上李长春同志讲的话很精彩,他说,如果没有市场经济,我们国家的建设绝对没有今天。这句话说得完全对!没有市场经济,中国能够发展到今天吗?这是不可能的事情!但市场、商品是用在经济上的,而不是用在政治上,更不是用在人格上,如果把政治商品化、把人格商品化,那将是有问题的。中央没有讲商品政治,也没有讲商品教育,也没有讲商品人格;相反,提倡共产主义理想、社会主义道德。因此,不讲商品经济的话,我们要吃大亏,要坚定不移地以经济建设为中心,发展社会主义市场经济,但是千万不能忘记人的思想道德建设不能当做商品。我有个学生是20世纪80年代中期毕业的研究生,在一个中等城市开了一个中等公司,生意不错。前几年他来看我的时候,我就问他,你们公司今年进了多少人。我关心就业的问题。他讲进了八九个人。我又问专科生多少、本科生多少、硕士生、博士生多少?他说,一个也没有!我问,那进的是什么人?他说,进的是下岗人员。我说怪了,为什么一个应届毕业生也不进啊?他说,他们缺德,进来以后一切为跳槽作准备。下岗的人员进来,以公司为家,生怕公司搞黄了。我认为对应届毕业生的这种看法过分了,但是有的学生在人品上有缺陷,的确值得注意。社会上过去有一句话,小学学共产主义,中学学社会主义,大学学不要打架。现在换了一种讲法,幼儿园向小学学习,小学向中学学习,中学向大学学习,大学向幼儿园学习。这就更生动,幼儿园向小学学,小学向中学学,中学向大学学,学知识,拼命地灌输知识;而大学向幼儿园学,学什么?学基本做人!因此幼儿教育、少年教育的根本是做人,要做人,做好人,做中国人,做个有为的现代中国人。人都做不好,行吗?2005年我到上海去,有一位搞科学技术哲学研究的教授说,杨院士你有一句话讲得不对。我说,什么不对?他说,我们培养出的是一只香蕉,皮是黄的,心是白的,他懂亚里士多德吗,他懂柏拉图吗,他懂爱因斯坦、懂华盛顿吗?一窍不通,是空心香蕉!我说,空心香蕉不怕,黑心香蕉就麻烦了。因此,在商品经济的社会中,绝对不能忘记人品的问题。前几年美国经济学家纳什获得诺贝尔经济学奖,以纳什与他夫人为素材拍摄的故事片《美丽心灵》获得了五项奥斯卡奖。纳什有什么贡献?他说商品经济可以"双赢",而"双赢"的基础是诚信,因此,商品经济条件下也不能丢掉对人的人格的教育。

民族文化教育与自主创新道路

　　五是不要只精于灵性而荒于人性。就是不要只关注孩子有没有才华,而更要关注对孩子人格的培养。约翰·奈斯比特是搞未来学的,在20世纪90年代初写了一本书《大趋势》,预测世界的趋势,很畅销。他在1999年又写了一本书,《高科技·高思维——科技和人性的追寻》。写的是他看到了科学技术的迅速发展,他很高兴,但是他更加担忧。他说信息科学技术正在改变着人类的环境,改变着人类和环境的关系,这个改变是好是坏说不清楚。尤其是生物科学技术不但改变着人类的环境,改变着人类与环境的关系,而且改变着人的本身。这个改变是好是坏更说不清楚。这句话讲得对!现在在心脏里面搭个"桥"都成为可能,据说到2020年要把芯片植到人大脑里,将来还要把动物的基因往人的身上移,增强人的智力、能力与健康,那人是人还是机器人,还是非人,就搞不清楚了。他很担心。这本书的中文版于2000年出版,他给中文版写了一个序言说,科学技术给人类送来了神奇的创新,也带来了潜在的毁灭性的后果。我还见过有的生物学家认为,人的生命奥秘彻底揭开之日就是人类彻底灭亡之时。哪有那么厉害!当时我很怀疑。经过美国"9·11"事件以后我真相信,那些极端的恐怖分子拿人的生命做武器说:"啊,我们一起见真主去吧!"绝对是灾难!结果很难设想!科学技术发展到今天,正如约翰·奈斯比特在中文版序言中呼吁的那样，要作人性思考：我们是谁？我们应该成为怎样的人？我们应该怎样成为这样的人？所以，以人为本，"培养什么人，怎么培养人"是最根本的问题。胡锦涛同志在2006年的全国科学技术大会上作报告时又讲，建设创新型国家必须大力发扬中华文化的优良传统，大力增强全民族自强自尊的精神，大力增强全社会的创造活力。他一再强调中华文化的重要性。我这些年来一直在讲，在科学技术高度发达、高速发展的今天，一个国家、一个民族，没有现代科学、没有先进技术，就是落后，一打就垮，只能痛苦地受人宰割；但是一个国家、一个民族，没有民族传统，没有人文文化，就会异化，不打自垮，甘愿受人侮辱。因此，我们一定要有先进的科学技术，但是我们也不能丢掉民族传统。所以我讲，既要背靠五千多年的历史，又要坚持"三个面向"，即面向现代化、面向世界、面向未来。因此，在十七大报告中，中央强调要弘扬中华文化，建设中华民族的精神家园，让中华文化成为中华民族生生不息、团结奋进的不竭动力。

编辑说明

这套书中的个别报告曾经在其他场合讲过,或曾经在其他刊物发表,为了保持报告完整性并加以更广泛的科普宣传,仍将其收入书中。为了统一风格,所附参考文献不再列出,敬请谅解。

书中所配插图主要系编辑所加,其中大部分取得了版权所有者的授权。由于时间紧急,个别图片尚未联系到版权人,敬请图片作者与北京大学出版社联系。联系电话(010)62767857。